高等学校机电工程类"十三五"规划教材

液压与气动技术

主　编　董军辉

副主编　李虹霖　周幼民

西安电子科技大学出版社

内 容 简 介

  本书以培养"基础知识扎实、应用能力强"的人才为目的,按照"基础理论—元件—基本回路—系统分析"进行论述,紧密结合液压与气压技术的最新成果,重点介绍了液压与气压传动在机床工业、工程机械、橡塑机械等行业的应用实例;在叙述上,突出重点和共性问题,深入浅出,以便于自学。各章末均附有思考题与习题,便于读者巩固所学内容,提高分析、解决实际问题的能力。

  本书可作为应用型本科院校机械类和机电类各专业的教材,也可作为各类成人高校、自学考试等相关专业的教材,亦可供从事流体传动与控制技术的工程技术人员参考。

图书在版编目(CIP)数据

液压与气动技术/董军辉主编. —西安:西安电子科技大学出版社,2017.8
ISBN 978 - 7 - 5606 - 4485 - 1

Ⅰ. ① 液… Ⅱ. ① 董… Ⅲ. ① 液压传动 ② 气压传动 Ⅳ. ① TH137 ② TH138

中国版本图书馆 CIP 数据核字(2017)第 170858 号

策　　划　万晶晶
责任编辑　万晶晶
出版发行　西安电子科技大学出版社(西安市太白南路 2 号)
电　　话　(029)88242885　88201467　　邮　　编　710071
网　　址　www.xduph.com　　　　　　电子邮箱　xdupfxb001@163.com
经　　销　新华书店
印刷单位　陕西华沐印刷科技有限责任公司
版　　次　2017 年 8 月第 1 版　　2017 年 8 月第 1 次印刷
开　　本　787 毫米×1092 毫米　1/16　印张 16.5
字　　数　389 千字
印　　数　1～3000 册
定　　价　32.00 元
ISBN 978 - 7 - 5606 - 4485 - 1/TH
XDUP 4770001 - 1

* * * 如有印装问题可调换 * * *

前　言

　　液压与气动是机械学中发展较快的一门学科分支，近年来与微电子、计算机技术相结合，液压与气动技术进入了一个新的发展阶段。液压与气动技术所具有的独特技术优势，使其在国民经济各领域获得了广泛应用，成为工业、农业、国防和科学技术现代化进程中不可替代的一项基础技术及现代传动与控制的重要手段，也是当代工程技术人员所应掌握的重要基础技术之一。

　　本书从应用型本科培养目标的要求出发，结合教学实际，在内容安排上重点突出应用性，旨在培养适应社会发展需求的高素质应用型人才。

　　本书在编写过程中，围绕应用型本科院校学生所要掌握的基础理论展开论述，体现理论够用的原则，充分考虑了应用型本科人才培养的特点。在教学内容设计上，注重教材的理论性和系统性的同时，强调与前后课程的联系，力求做到内容少而精、架构科学以及可学以致用。教师在介绍传统内容的同时，注意反映液压与气动技术在元件及系统设计分析方法上的一些新发展和新成就，推进机—电—液(气)一体化技术的教学与应用。在体系结构上，液压与气动均按照基础理论—元件—基本回路—系统分析进行论述。对于液压与气动元件，侧重于基本原理的介绍而不过多涉及其具体结构；对于典型系统，紧密结合液压与气压技术的最新成果，重点介绍了液压与气压传动在机床工业、工程机械、橡塑机械等行业的应用实例；在叙述上，突出重点和共性问题，深入浅出，便于自学。各章末均附有思考题与习题，便于读者复习巩固所学内容，提高分析、解决实际问题的能力。书后附有液压及气动技术中现行液压气动图形符号国家标准，以便于读者查阅使用。

　　本书第 1～2 章、10～13 章由周幼民编写，第 3～7 章由董军辉编写，第 8、9、14章及附录由李虹霖编写。全书由董军辉统编。本书的编写得到了西安电子科技大学出版社、成都工业学院机械工程学院的大力支持，在此表示感谢。

　　书中参考了部分专业资料和书籍，在此对其作者表示感谢。

　　由于编者的水平和学识有限，书中难免存在不妥之处，恳请读者批评指正。

编　者

2017 年 3 月

目　录

第 1 章　绪　　论

传动是指传递运动和动力的能量传递。常见的传动有机械传动、电气传动和流体传动。

流体传动是指以流体为工作介质，在密闭容器中实现能量的转换、传递和控制。以气体为工作介质的流体传动为气体传动；以液体为工作介质的流体传动为液体传动。液体传动又分为液压传动和液力传动。

在密封的回路里，用液体作为工作介质，以液体的压力能进行能量传递的传动方式，称为液压传动，即利用液体压力能实现运动和动力的传动方式。而主要以液体流动的动能来传递动力的传动方式，称为液力传动。

液压与气压传动技术，又称为液压气动技术，是机械设备中发展最快的技术之一，近年来，随着机电一体化技术的发展，与微电子、计算机技术相结合，液压与气压传动进入了一个新的发展阶段。

1.1　液压传动的工作原理与系统组成

1.1.1　液压传动的工作原理

液压传动的工作原理可用一个液压千斤顶的工作原理来说明。如图 1-1-1(a)是液压千斤顶的工作原理：大油缸 9 和大活塞 8 组成举升液压缸，杠杆手柄 1、小油缸 2、小活塞 3、单向阀 4 和 7 组成手动液压泵。如提起手柄使小活塞向上移动，小活塞下端油腔容积增大，形成局部真空，这时单向阀 4 打开，通过吸油管 5，从油箱 12 中吸油，进入小油缸 2；用力压下手柄，小活塞下移，下腔压力升高，单向阀 4 关闭，单向阀 7 打开，下腔的油液经管道输入举升油缸 9 的下腔，迫使大活塞 8 向上移动，顶起重物。再次提起手柄吸油时，单向阀 7 自动关闭，使油液不能倒流，从而保证了重物不会下落。不断地往复扳动手柄，就能不断地把油液压入举升缸下腔，使重物逐渐地升起。如果打开截止阀 11，举升缸下腔的油液通过管道 10、截止阀 11 流回油箱，重物就向下移动。这就是液压千斤顶的工作原理。

通过对液压千斤顶工作过程的分析，可以初步了解到液压传动的基本工作原理。液压传动是利用有压力的油液作为传递动力的工作介质，压下杠杆 1 时，小油缸活塞下腔液体压力升高，将机械能转换成油液的压力能，压力油经过管道6及单向阀7，推动大活塞8举起重物，它将油液的压力能又转换成机械能。由此可见，液压传动是一个利用油液压力能进行能量转换传递的过程。

图1-1-1(b)为液压千斤顶简化模型图，据此可分析推导出两活塞间的力比、速比及功率关系。设大、小活塞的面积为A_2、A_1，当作用在大活塞的负载为G，作用在小活塞的作用力为F时，根据帕斯卡原理，即"在密闭容器内，施加于静止液体上的压力将同时以等值传递到液体内各点"。

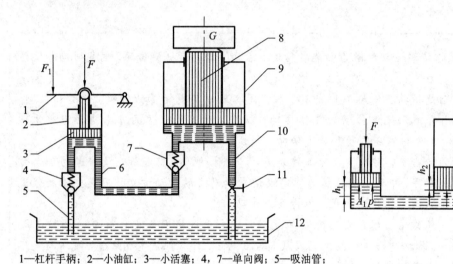

1—杠杆手柄；2—小油缸；3—小活塞；4，7—单向阀；5—吸油管；
6，10—管道；8—大活塞；9—大油缸；11—截止阀；12—油箱

(a) 液压千斤顶原理图　　　　　　　　　　　(b) 液压千斤顶简化模型图

图1-1-1　液压千斤顶工件原理

设缸内压力为p，运动摩擦力忽略不计，则有

$$p = \frac{F}{A_1} = \frac{G}{A_2}$$

或

$$\frac{G}{F} = \frac{A_2}{A_1} \qquad\qquad (1-1-1)$$

如果不考虑液体的可压缩性、泄漏损失和缸体、油管的变形，则从图1-1-1(b)可看出，被小活塞压出的油液的体积必然等于大活塞向上升起后大缸扩大的体积，即

$$A_1 \cdot h_1 = A_2 \cdot h_2 \qquad\qquad (1-1-2)$$

式中，h_1、h_2——小活塞和大活塞的位移。

将式(1-1-2)两端同除以活塞移动的时间t，得

$$A_1 \frac{h_1}{t} = A_2 \frac{h_2}{t} \qquad\qquad (1-1-3)$$

$A\dfrac{h}{t}$的物理意义是单位时间内，液体流过截面积为A的体积，称为流量q，即

$$q = A \cdot v \quad 或 \quad v = \frac{q}{A} \qquad\qquad (1-1-4)$$

因此，得

$$q = A_1 \cdot v_1 = A_2 \cdot v_2 \qquad (1-1-5)$$

即

$$\frac{v_1}{v_2} = \frac{A_2}{A_1}$$

式中，v_1、v_2 分别为小活塞和大活塞的运动速度。

使负载 G 上升所需的功率为

$$P = G \cdot v_2 = p \cdot A_2 \frac{q}{A_2} = p \cdot q \qquad (1-1-6)$$

式中，p 的单位为 $Pa(N/m^2)$，q 的单位为 m^3/s，P 的单位为 $W(N \cdot m/s)$。

由此可见，压力 p 和流量 q 是流体传动中最基本、最重要的两个参数，它们相当于机械传动中的力和速度，它们的乘积即为功率，可称为液压功率。

从以上分析可知，液压传动是以流体的压力能来传递动力的。

液体的压力是指液体在单位面积上所受的作用力，确切地说应该是压力强度（或压强），工程上习惯称其为压力，单位为 $Pa(N/m^2)$。

从液压千斤顶的工作原理得出液压传动的两个重要的概念：

1. 压力取决于负载

在图 1-1-1(b)所示的简化模型中，只有大活塞上有了重物 G（负载），小活塞上才施加上作用力 F，而有了负载和作用力，才产生液体压力 p。有了负载，液体才会有压力，并且压力大小决定于负载，而与流入的流体多少无关，这是一个很重要的概念。今后，在分析液压系统中元件和系统的工作原理时经常要用到它。实际上，液压传动中液体的压力相当于机械传动中机械构件的应力。机械构件的应力是决定于负载的，同样液体的压力也是决定于负载的，但是机械构件在传动时可以承受拉、压、弯、剪等各种应力，而液压传动中液体只能承受压力，这是二者的重要区别。

2. 速度取决于流量

从式(1-1-4)可得到另一个重要的基本概念，即调节进入缸体的流量 q，便可调节活塞的运动速度 v，这就是液压传动能实现无级调速的基本原理，即活塞的运动速度（马达的转速）取决于进入液压缸（马达）的流量，而与流体压力大小无关。

以上两个重要概念将在本门课程的学习和应用中贯穿始终，必须掌握。

1.1.2 液压传动系统的组成

工程实际中比较完善的液压系统工作原理是如图 1-1-2 所示的磨床工作台液压系统工作原理。图 1-1-2(a)是磨床工作台液压传动系统的半结构式工作原理图，直观性强，容易理解，但绘图复杂和困难。液压泵 4 在电动机（图中未画出）的带动下旋转，油液由油箱 1 经过滤器 2 被吸入液压泵，由液压泵输入的压力油通过手动换向阀 11、节流阀 13 和换向阀 15 进入液压缸 18 的左腔，推动活塞 17 和工作台 19 向右移动，液压缸 18 右腔的油液经换向阀 15 排回油箱。

如果将换向阀 15 转换成如图 1-1-2(b)所示的状态，则压力油进入液压缸 18 的右腔，推动活塞 17 和工作台 19 向左移动，液压缸 18 左腔的油液经换向阀 15 排回油箱。

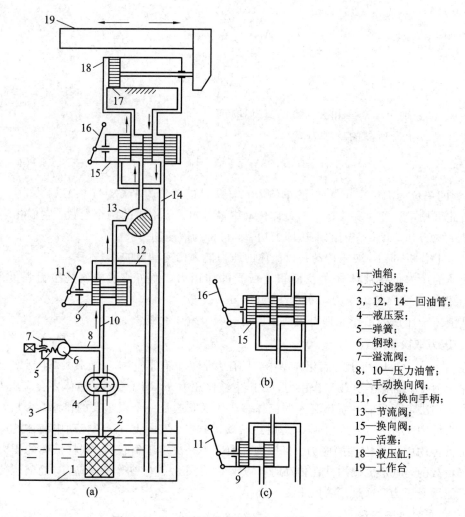

图 1-1-2　磨床工作台液压传动系统工作原理

1—油箱；
2—过滤器；
3，12，14—回油管；
4—液压泵；
5—弹簧；
6—钢球；
7—溢流阀；
8，10—压力油管；
9—手动换向阀；
11，16—换向手柄；
13—节流阀；
15—换向阀；
17—活塞；
18—液压缸；
19—工作台

　　工作台 19 的移动速度由节流阀 13 来调节。当节流阀开大时，进入液压缸 18 的油液增多，工作台的移动速度增大；节流阀关小时，工作台的移动速度减小。

　　液压泵 4 输出的压力油除了进入节流阀 13 以外，其余的打开溢流阀 7 和回油管 3 流回油箱。当压力油管 8 中的油液压力对溢流阀钢球 6 的作用力等于或略大于溢流阀中弹簧 5 的预紧力时，油液才能顶开溢流阀中的钢球流回油箱。因此，在图示系统中液压泵的出口压力是由溢流阀来决定的，它和液压缸中的油液不同。

　　如果将手动换向阀 9 转换成如图 1-1-2(c) 所示的状态，液压泵输出的油液经手动换向阀 9 流回油箱，这时工作台停止运动，液压系统处于卸荷状态。

　　为了克服移动工作台时所受到的各种阻力，液压缸必须产生一个足够大的推力，这个推力是由液压缸中的油液压力所产生的。要克服的阻力越大，缸中的油液压力越高；反之压力就越低。这种现象正说明了液压传动的一个基本原理——液压系统中的压力取决于负载。

　　从磨床工作台液压系统的工作过程可以看出，一个完整的、能够正常工作的液压系统，应该由以下五个主要部分来组成：

（1）动力元件。动力元件是将原动机所输出的机械能转换成液体压力能的装置，其作用是向液压系统提供压力油。最常见的形式是液压泵。

（2）执行元件。执行元件是把液体压力能转换成机械能以驱动工作机构的元件，执行元件包括作直线运动的液压缸和作旋转运动的液压马达。

（3）控制调节元件。控制调节元件是对系统中油液压力、流量、方向进行控制和调节的元件，包括压力、方向、流量控制阀，如换向阀7、9、13、15属控制元件。

（4）辅助元件。辅助元件是指上述三部分之外的其他元件，例如油箱、滤油器、油管等。它们对保证系统正常工作是必不可少的。

（5）工作介质。工作介质是指传递能量的流体物质，一般采用矿物质的液压油，作为传递运动和动力的载体。

1.2　液压传动系统的表示方法

图1-2-1所示为磨床工作台液压传动系统原理图。它用图形符号表示各类元件功能，但不表示元件结构和参数，使液压系统简单明了，易于绘制。图形符号图一般按照国家标准所规定的液压和气动图形符号来绘制。液压及气动图形符号（GB/T 786.1—2001）可参见附录。

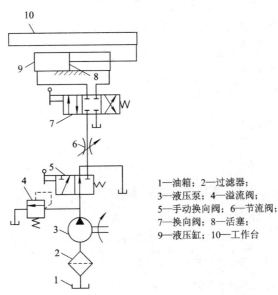

1—油箱；2—过滤器；
3—液压泵；4—溢流阀；
5—手动换向阀；6—节流阀；
7—换向阀；8—活塞；
9—液压缸；10—工作台

图1-2-1　磨床工作台液压传动系统原理图

1.3　液压传动的特点及应用

1.3.1　液压传动的优缺点

1. 液压传动的优点

液压传动之所以能得到广泛的应用，是由于它与机械传动、电气传动相比，具有以下的主要优点：

（1）在同等功率情况下，液压执行元件体积小、重量轻、结构紧凑。例如同功率液压马达的重量约只有电动机的 1/6 左右。

（2）液压传动的各种元件，可根据需要方便、灵活地来布置。

（3）液压装置工作比较平稳，由于重量轻、惯性小、反应快，液压装置易于实现快速启动、制动和频繁的换向。

（4）操纵控制方便，可实现大范围的无级调速（调速范围达 2000∶1），它还可以在运行的过程中进行调速。

（5）一般采用矿物油为工作介质，相对运动面可自行润滑，使用寿命长。

（6）容易实现直线运动。

（7）既易实现机器的自动化，又易于实现过载保护，当采用电液联合控制甚至计算机控制后，可实现大负载、高精度、远程自动控制。

（8）液压元件实现了标准化、系列化、通用化，便于设计、制造和使用。

2. 液压传动的缺点

（1）液压传动是以液压油为工作介质，在相对运动表面间有缝隙，很难避免漏油等现象，因此液压传动不能保证严格的传动比。

（2）为了减少泄漏，液压元件的制造精度要求较高，加工工艺复杂，成本高。

（3）由于采用油管传输压力油，传输距离越长，沿程压力损失越大，故不宜远距离输送动力。液压传动需要建立液压站，要求有单独的能源，不像电源那样使用方便。

（4）液压传动对油温的变化比较敏感，温度变化时，液体黏度会发生变化，引起运动特性的变化，使得工作的稳定性受到影响，所以不宜在温度变化大的条件下工作。

（5）液压系统发生故障不易检查和排除。

1.3.2　液压传动的应用

液压传动在一些机械工业部门的应用情况见表 1-3-1 所示。

表 1-3-1　液压传动在各类机械行业中的应用实例

行业名称	应 用 举 例	行业名称	应 用 举 例
工程机械	挖掘机、装载机、推土机	矿山机械	凿石机、开掘机、提升机、液压支架
建筑机械	打桩机、液压千斤顶、平地机	灌装机械	食品包装机、真空镀膜机、化肥包装机
冶金机械	轧钢机、压力机、步进加热炉	轻工机械	打包机、注塑机
锻压机械	压力机、模锻机、空气锤	汽车工业	高空作业车、自卸式汽车、汽车起重机
纺织机械	织布机、抛砂机、印染机	铸造机械	砂型压实机、加料机、压铸机
机械制造	组合机床、冲床、自动线、气动扳手	智能机械	机器人等

思考题与习题

1-1　简述液压传动的定义及特点。

1-2　简述液压系统的五大组成部分及其作用。

1-3　简述液压传动的优缺点。

第 2 章　流体力学基础

> 流体力学是研究流体平衡和运动规律的一门学科，本章主要阐述与液压及气动技术有关的流体力学基本内容，为本课程的后续学习打下必要的理论基础。

2.1　液　压　油

液压传动所用液压油一般为矿物油，它不仅是液压系统的工作介质，还起润滑、冷却和防锈作用。其质量的优劣直接影响液压系统的工作性能。

2.1.1　液压油的主要物理性质

1. 密度

液体单位体积所具有的质量称为密度，通常用 ρ 表示为

$$\rho = \frac{m}{V} \qquad (2-1-1)$$

式中，m 是液体的质量（kg）；V 是液体的体积（m^3）。

在国际单位制（SI）中，液体的密度单位用 kg/m^3。

液体的密度随着压力和温度的变化而变化。在一般工作条件下，压力和温度对液压油的密度影响很小，可以忽略。在计算时液压油可取 $\rho = 900 \ \text{kg/m}^3$。

2. 压缩性

液体受压力作用体积缩小的性质叫压缩性。压缩性的大小用体积压缩系数 κ 表示。

体积压缩系数即单位压力变化时，液体体积的相对变化量，其表达式为

$$\kappa = \frac{1}{\Delta p} \frac{\Delta V}{V_0} \qquad (2-1-2)$$

式中，Δp 是液体压力的变化值（N/m^2）；ΔV 是液体体积在压力变化时的变化量（m^3）；V_0 是液体的初始体积（m^3）。式中负号是因为压力增大时，液体的体积变小，反之则增大。为了使 κ 值为正值，故加一负号。

体积压缩系数 κ 的倒数，称为液体体积弹性模量，用 K 来表示，其值为

$$K = \frac{1}{\kappa} = -\frac{\Delta p}{\Delta V} V_0 \qquad (2-1-3)$$

液压油的的体积压缩系数很小，$\kappa = (5 \sim 7) \times 10^{-10} (\text{m}^2/\text{N})$，因此，在系统压力变化不大时，液压油的压缩性可以忽略不计，即认为液压油是不可压缩的。

当系统压力变化较大，或研究液压系统的动态性能、设计液压伺服系统时，必须考虑其压缩性。在实际压缩系统中，如果油中混有气体，则会使液压油的压缩性显著增大。

3. 黏性

液体在外力作用下流动时，由于液体分子间的内聚力而产生阻止液体分子相对运动的摩擦力，液体的这种流动特性称为黏性。黏性的大小用黏度表示。黏度是液体最重要的物理特性之一，是选择液压油的主要依据。

在图 2-1-1 中，设两平行平板之间充满油液，上平板以速度 u_0 向右运动，下平板固定不动，紧贴在上平板之间油液在附着力的作用下随上平板以相等的速度 u_0 向右运动，紧贴在下平板的油液保持静止不动。当两平板间的距离较小时，中间油层的速度按线性分布。由于各层之间的速度不同，运动快的流层拖动运动慢的流层，运动慢的流层阻滞运动快的流层，因此，流层之间产生相互作用力，即内摩擦力。

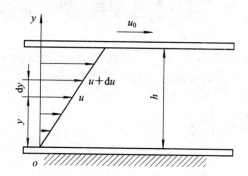

图 2-1-1　相对运动与黏度

实验测定，流层间的内摩擦力 F_τ 与流层接触面积 A 及流层间相对运动速度 $\mathrm{d}u$ 成正比，而与流层间的距离 $\mathrm{d}y$ 成反比，即内摩擦力

$$F_\tau = \mu A \frac{\mathrm{d}u}{\mathrm{d}y} \qquad (2-1-4)$$

式中，μ 是比例系数，又称为动力黏度；$\mathrm{d}u/\mathrm{d}y$ 是速度梯度，即流层相对速度对流层距离的变化率。

1）动力黏度 μ

由式（2-1-4）可知，对静止液体来说，$\mathrm{d}u=0$，则 $F_\tau=0$，所以静止液体不呈现黏性。

如以 τ 表示切应力，即单位面积上的内摩擦力，则有

$$\tau = \frac{F_\tau}{A} = \mu \frac{\mathrm{d}u}{\mathrm{d}y} \qquad (2-1-5)$$

由式（2-1-5）可得动力黏度为

$$\mu = \frac{\tau}{\dfrac{\mathrm{d}u}{\mathrm{d}y}} = \tau \frac{\mathrm{d}y}{\mathrm{d}u} \qquad (2-1-6)$$

式(2-1-6)的物理意义是，液体在单位速度梯度下流动时液层单位面积上产生的内摩擦力。动力黏度 μ 又称绝对黏度。

在国际单位制(SI)中，动力黏度 μ 的单位是帕斯卡·秒或帕·秒，代号(Pa·s)。

动力黏度 μ 为常数的液体称牛顿液体；速度梯度变化而 μ 值也随之变化的液体称为非牛顿液体。除高黏度或含有特殊添加剂的油液外，一般液压油均可视为牛顿液体。

2) 运动黏度

动力黏度 μ 与液体密度 ρ 之比值叫做运动黏度 ν，即

$$\nu = \frac{\mu}{\rho} \tag{2-1-7}$$

在国际单位制(SI)中运动黏度 ν 单位为 (m^2/s)。

运动黏度并无特殊的物理意义，只是因为在理论分析和计算中常遇到 μ/ρ，为方便起见，采用 ν 表示。它的量纲中只有长度与时间，故称其为运动黏度。

我国一般采用运动黏度来表示机械油的牌号；每一种机械油的牌号，就是表示这种油在 40℃时以 mm^3/s 为单位的运动黏度 ν 的平均值。例如，N32 机械油，就表示其在 40℃时的运动黏度的平均值为 $32\ mm^2/s$。ISO 规定统一采用运动黏度，我国液压油一般采用运动黏度。

3) 相对黏度

动力黏度和运动黏度都难以直接测量。工程上常用的是便于测量的相对黏度。相对黏度又称条件黏度，根据测量条件不同，各国采用不同的相对黏度称谓。美国用赛氏黏度 SSU，英国用雷氏黏度 R，中国、俄罗斯和德国用恩氏黏度 $°E_t$。

恩氏黏度的测定方法如下：用恩氏黏度计(如图 2-1-2)测定体积为 $200\ cm^3$，温度为 $t℃$ 的液体，在重力作用下流过直径为 2.8 mm 小孔所需的时间 t_1，然后测出同体积的蒸馏水在 20℃时流过同一小孔所需时间 t_2。t_1 与 t_2 的比值即为被测液体在 $t℃$ 的恩氏黏度，可表示为

$$°E_t = \frac{t_1}{t_2} \tag{2-1-8}$$

工业上一般以 20℃、50℃和 100℃作为测定恩氏黏度的标准温度，并分别以符号 $°E_{20}$、$°E_{50}$ 和 $°E_{100}$ 表示。

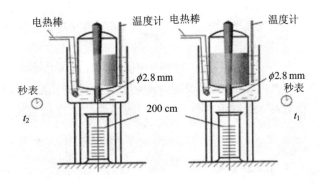

图 2-1-2　恩氏黏度计

恩氏黏度与运动黏度的换算关系为

$$\nu = \left(7.31°E_t - \frac{6.31}{°E_t}\right) \times 10^{-6} \qquad (2-1-9)$$

工程应用中,常采用先测定出液体的相对黏度$°E_t$,再根据式(2-1-9)换算出运动黏度ν和动力黏度μ。

4. 液压油的其他物理性质

1)黏温特性

液压油黏度对温度的变化是十分敏感的,温度升高,油的黏度下降。不同种类的油的黏度随温度变化的规律也不同。我国常用黏温图表示油液黏度随温度变化的关系,如图2-1-3所示为不同类型油液黏温图(黏度指数=95)。

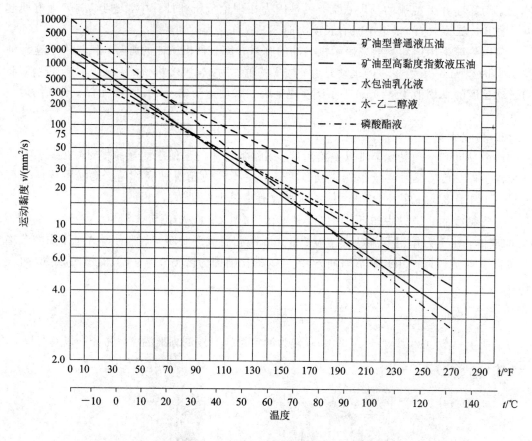

图2-1-3 不同类型油液黏温图

液压油的黏度指数(VI),表明液压油的黏度随温度变化的程度同标准油黏度变化程度比值的相对值。黏度指数高,则黏温特性好。一般液压油的黏度指数要求在90以上,优异的在100以上。

2)黏度与压力的关系

油液的黏度也受压力变化的影响。压力增加,其分子间距离缩小,黏度增大。但压力在20 MPa以下时,黏度变化不大,实际应用中可忽略不计。当压力很高(>100 MPa)时,黏度将急剧增大,不容忽视。

2.1.2　液压系统对液压油的要求

液压油是液压系统中最重要的材料介质,它将系统中各元件联系起来成为一个有机整体,液压系统对所用油液的要求主要有以下几点:

(1)黏度适宜和黏温特性好。适宜的黏度和良好的黏温特性对液压系统是十分重要的。一般液压系统所用的液压油的黏度范围为 $\nu = (11.5 \sim 41.3) \times 10^{-6}$ m^2/s 或 $(2 \sim 5.8)$ $°E_{50}$。

(2)润滑性能好。液压机械设备中,除液压元件外还有一些相对运动的零件,也需要润滑,因此,液压油应具有良好的润滑性和很高的油膜强度。

(3)稳定性要好。稳定性好即对热、氧化、水解和剪切都有良好的稳定性,使用寿命长。油液抵抗受热时发生化学的能力叫做它的热稳定。热稳定性差的油液在温度升高时油的分子容易裂化或聚合,产生脂状沥青、焦油等物质,所以一般液压油的工作温度限制在65℃以下。油液与空气中氧或其他含氧物质发生反应后生成酸性化合物,能腐蚀金属。这种化学的反应速度越慢,氧化稳定性就越好。油液遇水发生分解变质的程度称为水解稳定性,水解变质后的油液黏度变低,腐蚀性增加。油液在很高的压力下流过很小的缝隙或孔时,由于机械剪切作用使油的化学结构发生变化,黏度减小。液压系统所用的油液必须具有抗剪切稳定性,不至受机械剪切作用而使黏度显著变化。

(4)消泡性好。油液中的泡沫一旦进入液压系统,就会造成振动、噪声以及增大油的压缩性等,因此需要液压油具有能够迅速而充分地放出气体而不致形成泡沫的性质,即消泡性。为了改善油的削泡性,油中可加入消泡添加剂。

(5)凝固点低、低温流动性好。为了保证能够在寒冷气候情况下正常工作,液压油的凝固点应低于工作环境的最低温度,保证低温流动性,在低温下能够正常工作。

(6)闪点和燃点高。对高温或有明火的工作场合,为满足防火、安全的要求,油的闪点和燃点要高。

(7)比热和传热系数大。这样有利于系统散热。

(8)杂质少,质地纯净。

(9)对人体无害,对环境污染小,成本低,价格便宜。

2.1.3　液压油的选用

正确、合理地选用液压油,是保证液压设备高效运行的前提,也是延长液压元件使用寿命的关键。

(1)选择液压油,应该以液压元件生产厂推荐的油品及黏度为依据。各厂家的产品不同,所推荐的黏度值也有所不同。厂家推荐的黏度范围见表 2-1-1。液压系统中工作最繁重的元件是泵和马达,针对泵和马达选择的油液黏度一般也适用与阀类元件。同一厂家生产的不同设备也应尽量选用同一牌号的油品。

(2)根据液压系统的工作压力、工作温度、液压元件类及经济性等因素全面考虑,一般是先确定适用的黏度范围,再选择合适的液压油品种。同时还要考虑液压系统工作条件的特殊要求,如果在寒冷地区工作的系统则要求油的黏度指数高、低温流动性好、凝固点低;伺服系统则要求油质纯、压缩性小;高压系统则要求油液抗磨性好。正常工作黏度范围是指液压系统工作温度确定后油液黏度范围。矿物型液压油的温度范围为 $-20℃ \sim +80℃$。为使油液和液压系统获得最佳使用寿命,最高温度不宜超过 $+65℃$。

表 2 - 1 - 1 厂家推荐的液压元件适用黏度范围

厂家	元 件	推荐黏度(mm²/s)		
		黏度上限	黏度下限	正常工作范围
Vickers	直轴式柱塞泵 马达	220	13	13～54
	直齿式、叶片式、弯轴式泵马达	860	13	13～54
	低速大扭矩叶片马达	110	13	13～54
	普通阀	500	13	13～54
	叠加阀		8	13～54
	比例阀	500	13	8～51
	伺服阀	220	13	13～54
Rexroth	柱塞泵、马达	1000	10	13～54
	齿轮泵	1000	10	16～36
	变量叶片泵	200～800	10	10～160
	普通阀	800	10	
	比例阀	380	2.8	
	液压缸	380	2.8	

（3）在选用液压油时，黏度是一个重要的参数，黏度的高低将影响运动部件的润滑、缝隙的泄漏以及流动时的压力损失、系统的发热温升等。所以,在环境温度较高,工作压力高或运动速度较低时,为减少泄露,应选用黏度较高的液压油,否则相反。

（4）在选用油的品种时,一般要求不高的液压系统可选用机械油、汽轮机油或普通液压油。对于条件要求较高或专用液压设备可选用各种专用液压油,如抗磨液压油、稠化液压油、低温液压油、航空液压油等。这些油都加入了各种改善性能的添加剂,性能较好。部分国产液压油质量指标见表 2 - 1 - 2。

表 2 - 1 - 2 部分国产液压油质量指标

主要指标 \ 牌 号		运动黏度	闪点(开口)	凝点	酸值	机械杂质
		50℃ 厘斯	℃ (不低于)	℃ (不高于)	mg KOH/g (不大于)	%
汽轮机油	22 号	20～30	180	—15	0.02	无
	30 号	28～32	180	—10	0.02	无
机械油	10 号	7～13	165	—15	0.14	0.005
	20 号	17～23	170	—15	0.16	0.005
	30 号	27～33	180	—10	0.20	0.007
	40 号	37～43	190	—10	0.35	0.007

主要指标 牌　号		运动黏度 50℃ 厘斯	闪点(开口) ℃ (不低于)	凝点 ℃ (不高于)	酸值 mg KOH/g (不大于)	机械杂质 %
精密机床 液压油	20 号	17～23	170	−10		无
	30 号	27～33	170	−10		无
	40 号	37～43	170	−10		无
稠化液压油	上稠 20—1	12.51	163.5	−33	0.237	无
	上稠 30—1	18.67	185.5	−49	0.131	无
	上稠 50—1	40.56	174	−48.5	0.123	无
	上稠 90—1	60.81	217	−27.5	0.063	无
航空液压油	10 号	10	92	−70	0.05	无

（5）劣质油会对液压元件造成较大的损害，对系统造成污染，容易发生故障，影响系统的性能，缩短重要液压元件的寿命，因此选用优质油品。

（6）不允许在受污染的油液或脏油中加兑新油液，如果液压油受到污染，则必须先清洗系统，然后更换新的经过滤的油液。

2.2　液体的基本力学性质

液体是液压传动的工作介质，是能量传递的中间媒介，因此了解液体的基本力学性质，掌握液体在平衡状态与运动状态下的力学规律，有助于正确理解液压传动原理，也是合理地设计和使用液压系统的理论基础。

2.2.1　静止液体的力学性质

作用于液体上的力有质量力和表面力两种。质量力作用于液体的所有质点上，如重力和惯性力等，它与质量成正比；表面力作用于液体的表面上，它是一种外力。单位面积上作用的表面力称为应力，它有切向应力和法向应力之分。静止液体各质点间没有相对运动，故不存在内摩擦力，所以静止液体的表面力只有法向力。液体在单位面积上所受的法向力称为压强，用 p 表示。如在 ΔA 面积上作用有法向力 ΔF，则液体内某点处的压强可表示为

$$p = \lim_{\Delta A \to 0} \frac{\Delta F}{\Delta A} \tag{2-2-1}$$

液体在单位面积上所受的静压力在物理学上应称为压强，在工程实际中习惯称为压力。

液体静压力具有下列两个特性：

（1）液体的静压力垂直于受压平面，且方向与该面的内法线方向一致。

（2）静止液体任意点处所受到的静压力在各个方向上都相等。

2.2.2　液体静力学基本方程

在重力作用下静止液体的受力情况可用图 2-2-1 表示。在液体中任取一点 A，若要求得液体内 A 点处的压力，可从液体中取出一个底部通过该点的垂直小液柱。设小液柱的底面积为 ΔA，高度为 h，如图 2-2-1 所示。液体本身重力为 $G = \rho g h \Delta A$，由于液柱处于平衡状态，所以受力平衡方程为

$$p \Delta A = p_0 \Delta A + \rho g h \Delta A \qquad (2-2-2)$$

式(2-2-2)简化后为

$$p = p_0 + \rho g h \qquad (2-2-3)$$

式中，p_0 是作用在液面上的压力；ρ 是液体密度。式(2-2-3)即为液体静力学的基本方程。

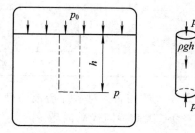

图 2-2-1　重力作用下的静止液体

由此可知，静止液体内任意点的压力由两部分组成，即液面压力 p_0 和液体自重对该点的压力 $\rho g h$。静止液体内的压力随液体的深度 h 呈线性规律分布。静止液体内同一深度的各点压力相等，压力相等的所有点组成的面为等压面。在重力作用下静止液体的等压面是一个水平面。

将图 2-2-1 所示盛有液体的密闭容器放在基准水平面（$O-x$）上加以考察，如图 2-2-2 所示，则液体静力学基本方程可改写成

$$p = p_0 + \rho g h = p_0 + \rho g (z_0 - z) \qquad (2-2-4)$$

式中，z_0 为液面与基准水平面之间的距离；z 为深度为 h 的点与基准水平面之间的距离。

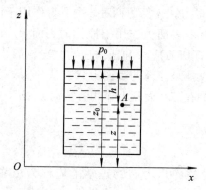

图 2-2-2　静压力基本方程的物理意义

式(2-2-4)整理后可得

$$\frac{p}{\rho g} + z = \frac{p_0}{\rho g} + z_0 = 常数 \qquad (2-2-5)$$

式(2-2-5)是静压力基本方程的另一种形式,式中$\frac{p}{\rho g}$表示了单位重力液体的压力能,故又常作为压力水头;z 表示了单位重力液体的位能,也常称作位置水头,因此,静压力基本方程的物理意义是:静止液体内任何一点都具有压力能和位能两种能量形式,且其总和保持不变,即能量守恒,但是两种能量形式之间可以相互转换。

2.2.3　压力的表示方法及单位

压力的表示方法有绝对压力和相对压力(表压力)两种。绝对压力以绝对真空为基准来进行度量。相对压力是以大气压 p_a 为基准进行度量的。当液体中某点处的绝对压力 p 小于大气压力时,就会产生真空,并将绝对压力小于大气压力的数值称为该点的真空度。绝对压力、相对压力、真空度的关系是

绝对压力 ＝ 相对压力 ＋ 大气压力

真空度 ＝ 大气压力 － 绝对压力

绝对压力、相对压力与真空度的关系如图 2-2-3 所示。绝大多数压力表测得的压力都是相对压力。

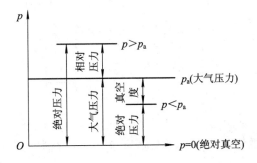

图 2-2-3　绝对压力、相对压力与真空度关系图

在 SI 中压力的单位为 N/m²,用 Pa 表示(称为帕或帕斯卡)。在工程上一般采用工程大气压,即一个工程大气压 1 at ＝1 kgf/cm²。

2.2.4　液体静压传递原理

密封容器内的静止液体,当液体边界上的压力 p_0 发生变化时,例如增加 Δp,则容器内任意一点的压力将增加同一数值 Δp。也就是说,在密封容器内施加于静止液体任一点的压力将以等值传到液体各点。这就是静压力传递原理或称帕斯卡原理。帕斯卡原理是液压传动的一个基本原理。

在静压力传动系统中,液位差 h 较小,外力产生的压力要比液体自重($\rho g h$)所产生的压力大得多,因此可把式(2-2-3)中的 $\rho g h$ 项略去,从而认为静止液体内部各点的压力处处相等。

2.2.5 液体对固体表面的作用力

在液压传动中，略去液体自重产生的压力，液体中各点的压力是平均分布的，且垂直作用于受压表面，因此，当承受力的表面为平面时，液体对该平面的总作用力 F 为液体的压力 p 与受压面积 A 的乘积，其方向与该平面相垂直。如压力油作用在直径为 D 的柱塞上，则有

$$F = pA = \frac{p\pi D^2}{4} \qquad\qquad (2-2-6)$$

当承受压力的表面为任意一个曲面时，由于压力总是垂直于承受压力的表面，所以作用在曲面上各点的力不平行但相等。作用在曲面上的液压作用力，在某一方向上分别等于静压力与曲面在该方向投影面积的乘积。图 2-2-4 为球面和锥面所受液压作用力分析图。球面和锥面在垂直方向受力 F 等于曲面在垂直方向的投影面积 A 与压力 p 相乘，即

$$F = pA = \frac{p\pi d^2}{4} \qquad\qquad (2-2-7)$$

式中，d 是承压部分力曲面投影圆的直径。

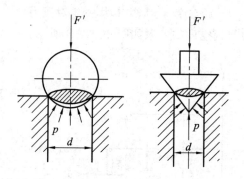

图 2-2-4　球面和锥面所受液压作用力分析图

由上可知：作用在曲面上的作用力大小只与压力与曲面在受力方向的投影面积有关，与曲面形状无关。

2.3　流体动力学

由于静止液体没有相对运动，故液体的黏性不起作用。而在实际液压系统中，元件中的液体经常是流动状态的，因而液体的黏性很重要。流动液体表面所显示的作用力除压力（法向力）外还可能出现切应力。本节讲述的流动液体的连续性方程、能量方程、动量方程是描述流动液体力学规律的三个基本方程，前两个是用于解决压力、流速与流量之间的关系问题；动量方程用来解决流动液体与固体壁面的作用力的问题。

2.3.1 描述流动液体的几个基本概念

1. 理想液体

前面已经讨论过液体是具有黏性的，也是可以压缩的。有黏性的液体流动时就要产生

内摩擦力，如果研究时把液体的黏性、压缩性考虑进去，会使问题复杂化。为了分析问题方便，开始研究时可以假想液体既没有黏性又不可压缩，然后再考虑黏性的影响，根据实际结果对上述结论进行补充和修正。我们把假定的既无黏性又无压缩性的液体称为理想液体，但实际液体是既有黏性又可压缩的。

2．恒定流动

液体流动时，液体中任意点处的压力、流速和密度都不是随着时间而变化的，称为恒定流动(或稳定流动)；反之，称为非恒定流动。恒定流动与时间无关，研究比较方便，而非恒定流动研究起来比较复杂，因此，在研究液压系统的静态性能时，往往将一些不稳定流动问题适当简化，作为恒定流动来处理。本书主要研究恒定流动。

3．流线

流线是表示某一瞬时液流中各处质点运动状态的一条曲线。在此瞬间，流线上各液体质点速度方向与该曲线相切，如图 2-3-1(a)所示。流线既不能相交，也不能转折，是一条光滑曲线。对于恒定流动，流线形状不随时间而变化。

4．流束

在一流动空间中任意画一个不属流线的封闭曲线，沿经过此封闭曲线上的每一点作流线，由这些流线组合的表面称为流管。流管内的流线群称为流束，如图 2-3-1(b)所示。由于流线是不能相交的，所以流管内外的流线均不会穿越流管。当面积流束截面积很小时，该流束称为微小流束，可以认为微小流束截面上各点液体质点的速度是相等的。

5．通流截面

流束中与所有流线正交的截面称为通流截面，该截面上每点处的流束垂直于此面，如图 2-3-1(c)中 A 面与 B 面。

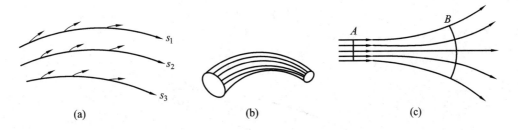

(a)　　　　　　　　　　　**(b)**　　　　　　　　　　　**(c)**

图 2-3-1　流线、流管、流束和通流截面

6．流量

单位时间内流过通流截面的液体的体积称为流量，用 q 表示，对于微小流束，通过该通流截面的流量为

$$\mathrm{d}q = u\mathrm{d}A \tag{2-3-1}$$

流过整个通流截面的流量为

$$q = \int_A u\mathrm{d}A \tag{2-3-2}$$

式中，u 为微小流束通流截面上的流速。当已知整个通流截面的流速 u 的变化规律时，利用式(2-3-2)可求出实际流量。

7. 平均流速

在实际生活中，由于液体在管道中流动时的速度分布规律为抛物面，因此计算较为困难。为了便于计算，现假设通流截面上流速是均匀分布的，且以均布流速 v 流动，则通过通流截面 A 的流量为

$$q = \int_A u\,\mathrm{d}A = vA$$

流速 v 称为通流截面上的平均流速，以后所指的流速，除特别指出外，均按平均流速来处理。于是，有 $q=vA$，故平均流速为

$$v = \frac{q}{A} \tag{2-3-3}$$

流量的单位在 SI 中为 $\mathrm{m^3/s}$，流速的单位为 $\mathrm{m/s}$。流量与平均流速是描述液体流动的两个主要参数。

在液压传动系统中，液压缸的有效面积 A 是一定的，根据式（2-3-3）可知，活塞的运动速度 v 由流进液压缸的流量 q 决定。

2.3.2　流动液体连续性方程

流动液体连续性方程是质量守恒定律在流体力学中的应用，即理想液体在密封管道内作恒定流动时，单位时间内流过任意两个截面的质量相等。

流体在图 2-3-2 所示导管中流动，称其为流管，两端的通流截面面积分别为 A_1、A_2。在管内任取一微小流束，其两端截面面积分别为 $\mathrm{d}A_1$、$\mathrm{d}A_2$，流速分别为 u_1、u_2。若液流为恒定流动，且不可压缩，则根据质量守恒定律，在 $\mathrm{d}t$ 时间内流过微小通流截面的液体质量应相等，即

$$\rho u_1\,\mathrm{d}A_1\,\mathrm{d}t = \rho u_2\,\mathrm{d}A_2\,\mathrm{d}t \tag{2-3-4}$$

或

$$u_1\,\mathrm{d}A_1 = u_2\,\mathrm{d}A_2 \tag{2-3-5}$$

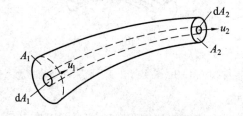

图 2-3-2　液流连续性推导示意图

对式（2-3-5）积分，得到流过流管通流截面 A_1 和 A_2 的流量为

$$\int_{A_1} u_1\,\mathrm{d}A_1 = \int_{A_2} u_2\,\mathrm{d}A_2 \tag{2-3-6}$$

用 v_1、v_2 表示通流截面 A_1、A_2 的平均流速，得

$$A_1 v_1 = A_2 v_2 \tag{2-3-7}$$

由于通流截面 A_1、A_2 是任意选取的，因此在任意一流束各截面上

$$q = Av = 常数 \tag{2-3-8}$$

式(2-3-8)是流动液体的连续性方程，它说明理想液体在管路中作恒定流动时，单位时间内通过任何截面的流量都是相等的，而液流的流速与通流截面的面积成反比，因此流量一定时，管路细的地方流速大，管路粗的地方流速小。

2.3.3　伯努利方程

伯努利方程是能量守恒定律在流体力学中的一种表达形式。为了讨论问题方便，我们先讨论理想液体的流动情况，然后再扩展到实际液体的流动情况。

1. 理想液体的伯努利方程

理想液体在管道内作恒定流动时没有能量损失。如图 2-3-3 所示，在理想液体恒定流动中，取一段微小流束，1 处断面面积为 dA_1，所受的压力为 p_1，流速为 v_1，位置高度为 z_1；2 处断面面积为 dA_2，所受的压力为 p_2，流速为 v_2，位置高度为 z_2。设时间 dt 内，1 断面处的液体质点到达 $1'$ 处，2 断面上的液体质点则到达 $2'$ 位置，则表面力所做的功为

$$p_1 dA_1 v_1 dt - p_2 dA_2 v_2 dt = dq dt (p_1 - p_2)$$

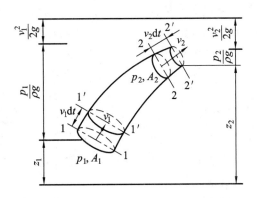

图 2-3-3　伯努利方程推导示意图

根据液体的连续性原理有

$$dA_1 v_1 = dA_2 v_2 = dq$$

式中，dq 为流过微小流束断面的流量。

重力所做的功为

$$\rho g\, dA_1 v_1 dt z_1 - \rho g\, dA_2 v_2 dt z_2 = \rho g\, dq dt (z_1 - z_2)$$

动能的变化：在时间 dt 内，由于 $1'2$ 段流束的液体各点运动参数（p、v）都没有发生变化，故动能的变化应等于 $11'$ 段和 $22'$ 段两段微小流束的动能差，即

$$m \frac{v_2^2}{2} - m \frac{v_1^2}{2} = \rho dq dt \left(\frac{v_2^2}{2} - \frac{v_1^2}{2} \right)$$

根据力学中的动能定律，外力对液体所作的功应等于这段流束的动能的增量，于是有

$$\rho dq dt \left(\frac{v_2^2}{2} - \frac{v_1^2}{2} \right) = dq dt (p_1 - p_2) + \rho g\, dq dt (z_1 - z_2)$$

以液体的重量 $\rho g \mathrm{d}q \mathrm{d}t$ 除上式并整理得到微小流束的伯努利方程为

$$z_1 + \frac{v_1^2}{2g} + \frac{p_1}{\rho g} = z_2 + \frac{v_2^2}{2g} + \frac{p_2}{\rho g} \qquad (2-3-9)$$

由于流束的 A_1、A_2 截面是任取的，因此在任意一流束各截面上的三项参数之和为常数，即

$$z + \frac{v^2}{2g} + \frac{p}{\rho g} = c \quad （常数） \qquad (2-3-10)$$

式(2-3-10)就是理想液体微小流束作恒定流动的能量方程或伯努利方程。它与液体静压基本方程式(2-2-4)相比多了一项单位重力液体的动能 $v^2/2g$（常称速度水头）。

因此，理想液体能量方程的物理意义是：在密封管道内作恒定流动的理想液体具有三种形式的能量，即压力能、动能和位能，在任意截面上的三种能量的总和等于常数，且三种能量之间可以互相转换。

2. 实际液体的伯努利方程

实际液体是有黏性的，流动时产生内摩擦力而消耗部分能量；同时，管道局部形状和尺寸的骤然变化使液流产生扰动，亦消耗能量，因此，实际液体流动有能量损失存在，设在两断面间流动的液体单位重量的能量损失为 h_{w}。另外，在推导理想液体伯努利方程时，认为任取微小流束通流截面的速度相等，而实际上是不相等的，因此需要对动能部分进行修正，设因流速不均引起的动能修正系数为 α。经理论推导和实验测定，对圆管来说，$\alpha = 1 \sim 2$，（紊流时取 $\alpha = 1.1$，层流时取 $\alpha = 2$），因此，实际液体的伯努利方程为

$$\frac{p_1}{\rho g} + z_1 + \frac{a_1 v_1^2}{2g} = \frac{p_2}{\rho g} + z_2 + \frac{a_2 v_2^2}{2g} + h_{\mathrm{w}} \qquad (2-3-11)$$

式(2-3-11)的应用条件是：不可压缩液体作恒定流动；液体所受质量力仅为重力，且液体在所取计算点处的通流截面上为缓变流动。所谓缓变流动是指流线之间的夹角很小和曲率半径很大的液流，即流线近似于平行的流线。

在液压传动系统中，管路中的压力为十几个大气压到几百个大气压，而大多数情况下管路中油液流速不超过 6 m/s，管路安装高度不超过 5 m，因此，系统中油液流速引起的动能变化和高度引起的位能变化相对压力能来说很小可略而不计，于是伯努利方程(2-3-11)可简化为

$$p_1 - p_2 = \Delta p = \rho g h_{\mathrm{w}} \qquad (2-3-12)$$

因此，在液压传动系统中，能量损失主要为压力损失 Δp。这也表明液压传动是利用液体的压力能来工作的，故又称为静压传动。

2.3.4　动量方程

动量方程是动量定理在流体力学中的具体应用。用动量方程来计算液流作用在固体壁面上的力，比较方便。动量定理指出：作用在物体上的合外力的大小等于物体在力作用方向上的动量的变化率，即

$$\sum F = \frac{\mathrm{d}I}{\mathrm{d}t} = \frac{\mathrm{d}(mv)}{\mathrm{d}t} \qquad (2-3-13)$$

在图 2-3-4 所示的流管中，任意取出被通流截面 1、2 所限制的液体体积，称之为控制体积，截面 1、2 则称为控制表面。在控制体内任取一微小流束，该微小流束在截面 1、2 上的流速分别为 v_1、v_2，设该微小流束段液体在 t 时刻的动量为 $(mv)_{1-2}$。经 Δt 时间后，该段液体移动到 $1'-2'$ 位置，在新位置上，微小流束段的动量为 $(mv)_{1'-2'}$。

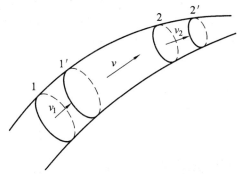

图 2-3-4　动量方程推导示意图

如果液体作稳定流动，则 $1'-2$ 之间液体的各点流速经 Δt 时间后没有变化，$1'-2$ 之间液体的动量也没有变化，故有

$$\Delta(mv) = (mv)_{1'-2'} - (mv)_{1-2} = (mv)_{2-2'} - (mv)_{1-1'}$$
$$= p_2 \Delta Q_2 \Delta t v_2 - p_1 \Delta q_1 \Delta t v_1$$

对不可压缩的液体有

$$\Delta q_2 = \Delta q_1 = \Delta q, \qquad p_2 = p_1 = p$$

于是得出流动液体的动量方程为

$$\sum F = \frac{\Delta(mv)}{\Delta t} = pq\beta_2 v_2 - pq\beta_1 v_1 \qquad (2-3-14)$$

式中，$\sum F$ 为作用与控制液体体积上的全部外力之和；β_2、β_1 为动量修正系数，在紊流时取 β 为 1，层流取 β 为 1.33，为了简化计算 β 值常取为 1；q 为通过控制体积的液体流量；ρ 为液体的密度，v_2 为流出控制体积的液体速度；v_1 为流入控制体积的液体速度；F、v 为矢量。

式 (2-3-14) 为矢量表达式，它表明：作用在液体控制体积上的外力总和，等于单位时间内流出控制表面与流入控制表面的液体动量之差。

液体在流动的过程中，若其速度的大小和方向发生变化，则一定有力作用在液体上，同时，液体也以大小相等、方向相反的力作用在使其速度或方向改变的物体上。据此，可求得流动液体对固体壁面的作用力。

2.4　管路中液体的压力损失

液体在管路中流动时会产生能量损失，即压力损失。这种能量损失转变为热量，使液压系统温度升高，所以在设计液压系统时，如何减小压力损失是非常重要的。压力损失与管道中液体的流动状态有关。

2.4.1　液体流动状态

1. 流体的层流和紊流

19 世纪末，雷诺首先通过实验观察了水在圆管内的流动情况，发现液体有两种流动状态：层流和紊流。实验结果表明，在层流时，液体质点互不干扰，液体的流动呈线性或层状，且平行于管道轴线；而在紊流时，液体质点的运动杂乱无章，除了平行于管道轴线的运动外，还存在着剧烈的横向运动。

层流和紊流是两种不同性质的流态。层流时，液体流速较低，质点受黏性制约，不能随意运动，黏性力起主导作用；紊流时，液体流速较高，黏性的制约作用减弱，惯性力起主要作用。

2. 雷诺数

实验证明，液体在圆管中的流动状态不仅与管内平均流速有关，还与管径及液体的黏性度有关。无论管径 d、液体的平均流速 v 和液体运动黏度 ν 如何变化，液流状态可用一个无量纲组合数 vd/ν 来判断，这个组合数叫雷诺数 Re，即

$$Re = \frac{vd}{\nu}$$

3. 判断层流和紊流原则

液流由层流转变为紊流时的雷诺数与由紊流转变为层流的雷诺数是不相同的。后者较前者数值小，故将后者作为判断液流状态的依据，称为临界雷诺数 Re_c。当 $Re < Re_c$ 时，液流为层流；当 $Re > Re_c$ 时，液流为紊流。常见液流管道的临界雷诺数见表 2 - 4 - 1。

表 2 - 4 - 1　常见管道临界雷诺数 Re_c

管道形式	Re_c	管道形式	Re_c
光滑金属圆管	2000～2300	带环槽的通信环状缝隙	700
橡胶软管	1600～2000	带环槽的偏心环状缝隙	400
光滑的同心环状缝隙	1100	圆柱形滑阀阀口	260
光滑是偏心环状缝隙	1000	锥阀阀口	20～100

2.4.2　沿程压力损失

液体在等径直管中流动时因黏性摩擦而产生的压力损失，称为沿程压力损失。液体在等径直管中流动时多数情况下为层流。

沿程压力损失除了与导管长度、内径和液体的流速、黏度等有关外，还与液体的流动状态有关。

1. 流速分布规律

如图 2 - 4 - 1 所示，液体在一直径为 d 的圆管中，自左向右以速度 v 作层流运动。在管流中取一轴线与管道轴线重合、长为 l、半径为 r 的微小圆柱体，作用在该圆柱体上的力有两端的压力 p_1、p_2，在圆柱表面上作用着剪切应力 τ，则沿轴线方向上的受力平衡方程式为

$$(p_1 - p_2)\pi r^2 - 2\pi r l \tau = 0 \tag{2-4-1}$$

由内摩擦定律可知

$$\tau = -\mu \frac{\mathrm{d}v}{\mathrm{d}r}$$

式中的负号表示流速 v 随 r 的增加而降低。将此式代入式(2-4-1)，积分后可得

$$v = -\frac{(p_1 - p_2)r^2}{4\mu l} + C \tag{2-4-2}$$

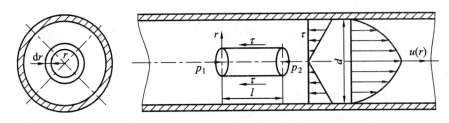

图 2-4-1　圆管层流速度分布示意图

由边界条件：当 $r = d/2$ 时，$v = 0$，可求得积分常数 C。令 $p_1 - p_2 = \Delta p$，则有

$$C = \frac{\Delta p d^2}{16\mu l}$$

代回式(2-4-2)得到

$$v = \frac{\Delta p}{4\mu l}(R^2 - r^2) \tag{2-4-3}$$

式中，$R = d/2$，为圆管半径。

从式(2-4-3)可看出，液体在圆管中作层流运动时，速度对称于圆管中心线分布，在某一压力降 Δp 的作用下，液流流速 v 沿圆管半径 r 按抛物线规律分布。并且当 $r = R$ 时，流速为零；当 $r = 0$(即管中心处)时，流速最大，其值为

$$v_{max} = \frac{\Delta p}{16\mu l}d^2 \tag{2-4-4}$$

2. 圆管层流的流量

由于速度分布不均匀，可在半径 r 处如图取大小为 $\mathrm{d}r$ 的微小圆环面积 $\mathrm{d}A$，并用式(2-4-5)求得

$$q = \int_A u\,\mathrm{d}A = \int_0^R \frac{\Delta p}{4\mu l}(R^2 - r^2)\cdot 2\pi r\,\mathrm{d}r = \frac{\pi R^4}{8\mu l}\Delta p = \frac{\pi d^4}{128\mu l}\Delta p \tag{2-4-5}$$

式中，d 是圆管直径(m)；l 是圆管长度(m)；其他符号意义同前。

平均流速为

$$v = \frac{q}{A} = \frac{\Delta p}{8\mu l}R^2 = \frac{\Delta p}{32\mu l}d^2 \tag{2-4-6}$$

将 v 与 v_{max} 比较可知，平均流速为最大流速的一半。

3. 圆管层流沿程压力损失

根据式(2-4-5)，可得圆管层流的沿程压力损失 Δp_f 为

$$\Delta p_f = \Delta p = \frac{128\mu l}{\pi d^4}q = \frac{8\mu l}{\pi R^4}q \tag{2-4-7}$$

将 $q=\pi R^2 v$，$u=\rho v$，$Re=\dfrac{vd}{\nu}$，$R=\dfrac{1}{2d}$，代入式（2-4-7）并化简得沿程压力损失公式为

$$\Delta p_{\mathrm{f}} = \frac{64}{Re}\frac{l}{d}\frac{\rho v^2}{2} = \lambda \frac{l}{d}\frac{\rho v^2}{2} \tag{2-4-8}$$

式中，λ 是沿程阻力系数，是理论值，$\lambda=\dfrac{64}{Re}$。由于考虑到实际流动时还存在温度变化等问题，因此液体在金属管道中流动时宜取 $\lambda=75/Re$，在橡胶软管中流动时则取 $\lambda=80/Re$。

4. 圆管紊流的压力损失

式（2-4-8）适用于层流和紊流状态的沿程压力损失计算，只是 λ 取值不同。

紊流是一种复杂的流动，λ 值需按具体情况来确定。根据 Re 的取值范围，λ 值可用下列经验公式来计算：

$$\lambda = 0.316 Re^{-0.25} \qquad (4000 < Re < 10^5) \tag{2-4-9}$$
$$\lambda = 0.032 + 0.22 Re^{-0.237} \qquad (10^5 < Re < 3\times10^6) \tag{2-4-10}$$
$$\lambda = \left[1.74 + 2\lg(d/\Delta)\right]^{-2} \qquad (3\times10^6 < Re \ \text{或} \ 900d/\Delta < Re) \tag{2-4-11}$$

管道粗糙密度 Δ 值与制造工艺有关。计算时可考虑下列 Δ 取值：铸铁管取 0.25 mm，无缝钢管取 0.04 mm，冷拔钢管取 $0.0015\sim0.01$ mm，铝管取 $0.0015\sim0.06$ mm，橡胶软管取 0.03 mm。

2.4.3 局部压力损失

液体流经阀口、弯管及突然变化的截面时，产生的能量损失称为局部压力损失。由于液体流经这些局部阻力区，流速和流向发生急剧变化，局部地区形成漩涡，所以使液体质点互相碰撞和摩擦而产生能量损失。

由于液体在上述局部阻力区的流动很复杂，所以从理论上计算局部压力损失非常困难。一般用实验来得出局部阻力系数，然后按式（2-4-12）计算

$$\Delta p\zeta = \frac{\zeta \rho v^2}{2} \tag{2-4-12}$$

式中，ζ 是局部阻力系数（由实验确定，具体数据可查阅有关手册）；v 是平均流速（一般指局部阻力区域下游的流速）。

液体流经各种阀的局部压力损失可由阀产品技术规格中查得。查得的压力损失为在其额定流量 q_{n} 下的压力损失 Δp_{n}。当实际通过阀的流量 q 不等于额定流量 q_{n} 时，局部压力损失为

$$\Delta p = \Delta p_{\mathrm{n}}\left(\frac{q}{q_{\mathrm{n}}}\right)^2 \tag{2-4-13}$$

2.4.4 管路系统的总压力损失

管路系统的总压力损失等于所有沿程压力损失和所有局部压力损失之和，即

$$\Delta p_{\mathrm{w}} = \sum \Delta p_{\mathrm{f}} + \sum \Delta p_{\mathrm{r}} = \sum \lambda \frac{l}{d}\frac{\rho v^2}{2} + \sum \zeta \frac{\rho v^2}{2} \tag{2-4-14}$$

应用式（2-4-14）计算系统压力损失，要求两个相邻局部阻力区的距离（直管长度）应大于 $10\sim20$ 倍直管内径。否则，液流经过一局部阻力区后，还没稳定下来，又要经过

另一局部阻力区，将使扰动更严重，阻力损失将大大增加，实际压力损失可能比用式 (2-4-14)计算出的值大好几倍。

由前面推导的压力损失计算公式(2-4-14)可知，减少流速、缩短管路长度、减少管路截面的突变、提高管壁加工质量等，都可以使压力损失减少。在这些因素中，流速的影响最大，特别是局部压力损失与速度的平方成正比例关系，故在液压传动系统中，管路的流速不应过高(一般 $v<6$ m/s)。但流速过低，又会使管路及阀类元件的尺寸加大，造成成本增高，所以液压系统设计时要权衡和综合考虑。

2.5　液体流经孔口及缝隙的流量—压力特性

在液压系统中，液流流经小孔或缝隙的现象是普遍存在的，前者是节流调速和液压伺服系统工作原理的基础，后者是计算和分析液压元件及系统泄露的根据。

2.5.1　小孔流量—压力特性

液体流经小孔的情况可分为薄壁小孔、短孔和细长孔。

1. 薄壁小孔流量压力特性

所谓薄壁小孔，是指孔的长径之比 $l/d \leqslant 0.5$，一般为带有刃口边沿的孔。液体流经薄壁小孔的情形如图 2-5-1 所示，因 $D \gg d$，所以通过断面 1-1 的流速较低，流过小孔时，液体质点突然加速，在惯性力作用下，流过小孔后的液流形成一个收缩断面 2-2。对圆形小孔，此收缩断面离孔口的距离约 $d/2$，然后再扩散。这一收缩和扩散过程，造成能量损失，并使油液发热。

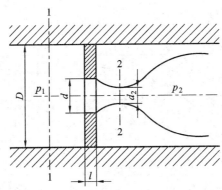

图 2-5-1　流经薄壁小孔的液流

收缩截面 A_2 与孔口截面积 A_T 之比值称为收缩系数 C_c，即 $C_c = A_T/A_2$。

液流收缩的程度取决于 Re、孔口边缘形状、孔口离内壁的距离等因素。对于圆形小孔，当管道直径 D 与小孔直径 d 之比 $D/d \geqslant 7$ 时，流速的收缩作用不受管壁的影响，称为完全收缩。反之，管壁对收缩程度有影响时，则成为不完全收缩。

取断面 1-1 及收缩断面 2-2，选轴线为参考基准，则 $z_1 = z_2$，列伯努利方程为

$$\frac{p_1}{\rho g} + \frac{\alpha_1 v_1^2}{2g} = \frac{p_2}{\rho g} + \frac{\alpha^2 v_2^2}{2g} + h_w \qquad (2-5-1)$$

式中，p_1、v_1 表示通流断面 1—1 处的压力和流速；p_2、v_2 表示收缩断面 2—2 处的压力和流速；α_1、α_2 表示动能修正系数，其中 α_2 为收缩断面 2—2 处的动能修正系数，完全收缩时，因流速均匀，故 $\alpha_2=1$。h_w 表示为流体流经小孔的能量损失，由于孔的长度很小，因此可不考虑沿程压力损失，主要是局部压力损失，$h_\mathrm{w}=\zeta\rho v^2/2$。

由于 $D\gg d$，$v_1\ll v_2$，故 v_1 可忽略不计，式(2—5—1)经整理后可得

$$v_2=\frac{1}{\sqrt{\alpha_2+\zeta}}\sqrt{\frac{2}{\rho}\Delta p} \qquad (2-5-2)$$

令 $C_\mathrm{v}=\dfrac{1}{\sqrt{\alpha_2+\zeta}}$ 为小孔流速系数，则流经小孔的流量为

$$q=A_2v_2=C_\mathrm{c}A_\mathrm{r}v_2=C_\mathrm{c}C_\mathrm{v}A_\mathrm{T}\sqrt{\frac{2\Delta P}{\rho}}=C_\mathrm{q}A_\mathrm{T}\sqrt{\frac{2\Delta P}{\rho}} \qquad (2-5-3)$$

式中，C_q 是流量系数，$C_\mathrm{q}=C_\mathrm{c}C_\mathrm{v}$，流量系数 C_q 一般由实验确定。

(1) 在液流完全收缩的情况下，当 $Re\leqslant 10^5$ 时，C_q 可按公式 $C_\mathrm{q}=0.964Re^{-0.05}$ 计算。当 $Re\gg 10^5$ 时，C_q 可视为常数，取值为 $C_\mathrm{q}=0.6\sim 0.62$。

(2) 在液流不完全收缩的情况下，流量系数 $C_\mathrm{q}=0.7\sim 0.8$。

由式(2—5—3)可知：薄壁小孔的流量与小孔前后的压差的 1/2 次方成正比，且薄壁小孔的沿程阻力损失非常小，流量受黏度影响小，对油温变化不敏感，且不易堵塞，故常用作液压系统的节流器或流量计。

2. 短孔与细长孔的流量压力特性

短孔一般指小孔的长径比 $0.5<l/d\leqslant 4$ 时为短孔；短孔的流量压力特性仍可用式(2—5—3)计算，但其流量系数应由图 2—5—2 查出。短孔加工比薄壁小孔容易，故常作为固定的节流器使用。

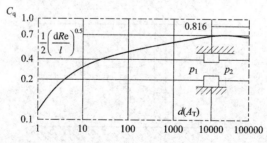

图 2—5—2　短孔的流量系数

小孔的长径比 $l/d>4$ 时为细长孔。液流在细长孔中的流动一般为层流，可用式(2—4—5)来表达其流量压力特性，即

$$q=\frac{\pi d^4}{128\mu l}\Delta p=\frac{d^2}{32\mu l}CA\Delta P \qquad (2-5-4)$$

式中，A 是细长孔截面积，$A=\pi d^2/4$；C 是系数。

由式(2—5—4)可知，液体流经细长孔流量 q 与其前后压力差 Δp 的一次方成正比，且系数 C 与黏度有关，流量 q 受液体黏度变化的影响较大，故当温度变化而引起液体黏度变化时，流经细长孔的流量也发生改变。另外，细长孔较易堵塞，这些特点都与薄壁小孔不同。

综合上述，可得到小孔流量通用方程为

$$q = CA_\mathrm{T}\Delta p^\varphi \qquad\qquad (2-5-5)$$

式中，A_T 是孔截面积；C 是流量系数；φ 是指数，短孔和薄壁小孔 $\varphi=1/2$；细长孔 $\varphi=1$；其他类型孔缝见有关手册。其他符号意义同前。

2.5.2　流体流经缝隙的流量—压力特性

液压油从压力较高处经过配合间隙，流到压力较低处的地方或大气中，这就是泄漏。泄漏分内泄和外泄两种，如图 2-5-3 所示。泄漏量过大，使系统的油温升高，从而影响元件和系统的正常工作。另外，泄漏量与压差的乘积为功率损失，泄漏的存在将使系统效率降低。

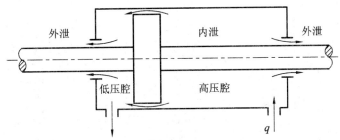

图 2-5-3　液压缸的间隙泄漏

1. 液体流经平行平板缝隙的流量压力特性

如图 2-5-4 中，设平板长为 l，宽为 b，两板之间的间隙为 h，且 $l\gg h$，$b\gg h$，液体不可压缩，质量力忽略不计，黏度为常数。

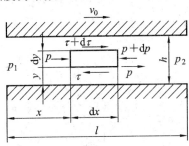

图 2-5-4　平行平板缝隙间的液流

在流动油液中取一微元体 $\mathrm{d}x\mathrm{d}y$（宽度方向取单位长），则列出此微元体在 x 方向的受力平衡方程式为

$$p\mathrm{d}y + (\tau + \mathrm{d}\tau)\mathrm{d}x = (p+\mathrm{d}p)\mathrm{d}y + \tau\mathrm{d}x$$

经整理后将 $\tau = \mu\dfrac{\mathrm{d}v}{\mathrm{d}y}$ 代入则有

$$\frac{\mathrm{d}^2 v}{\mathrm{d}y^2} = \frac{1}{\mu}\frac{\mathrm{d}p}{\mathrm{d}x}$$

因为液体作层流运动时，压力降是 x 的线函数，即

$$\frac{\mathrm{d}p}{\mathrm{d}x} = \frac{p_2 - p_1}{l} = -\frac{p_1 - p_2}{l} = -\frac{\Delta p}{l} = 常数 \qquad\qquad (2-5-6)$$

所以对式(2-5-6)进行两次积分得

$$v = \frac{1}{2\mu}\frac{\mathrm{d}p}{\mathrm{d}x}y^2 + C_1 y + C_2 \qquad (2-5-7)$$

式中 C_1、C_2 为边界条件所确定的积分常数。

下面分三种情况讨论：

（1）当两平行平板均固定不动，即 $v_0 = 0$ 时，液体在缝隙两端压差的作用下流动，称为压差流动，边界条件为：$y=0$ 时，$v=0$；$y=h$ 时，$v=0$。

将此边界条件代入式（2-5-6）可得

$$C_1 = -\frac{h}{2\mu}\frac{\mathrm{d}p}{\mathrm{d}x}, \quad C_2 = 0$$

代入式（2-5-7）并整理，有

$$v = -\frac{y}{2\mu}(h-y)\frac{\mathrm{d}p}{\mathrm{d}x}$$

所以

$$q = \int_A v\mathrm{d}A = \int_0^h -\frac{y}{2\mu}(h-y)\frac{\mathrm{d}p}{\mathrm{d}x}b\mathrm{d}y = -\frac{bh^3}{12\mu}\frac{\mathrm{d}p}{\mathrm{d}x}$$

又因 $\dfrac{\mathrm{d}p}{\mathrm{d}x} = -\dfrac{\Delta p}{l}$，所以流量值为

$$q = \frac{bh^3}{12\mu l}\Delta p \qquad (2-5-8)$$

由以上分析可以看出，在压差作用下，通过缝隙的流量 q 与缝隙 h^3 成正比，说明元件内缝隙的大小对其泄漏量的影响很大，因此必须严格控制缝隙大小。

（2）当两平行平板间有相对运动，但缝隙两端无压差，即 $\dfrac{\mathrm{d}p}{\mathrm{d}x} = 0$ 时，液体在运动平板的作用下流动，称为纯剪切流动，边界条件为：$y=0$ 时，$v=0$；$y=h$ 时，$v=v_0$。

将此边界条件代入式（2-5-6）可得

$$v = \frac{v_0}{h}y \qquad (2-5-9)$$

从式（2-5-9）可看出，速度沿 y 方向呈线性分布，则流量为

$$q = \int_A v\mathrm{d}A = \int_0^h \frac{v_0}{h}yb\mathrm{d}y = \frac{bh}{2}v_0 \qquad (2-5-10)$$

（3）压差和剪切联合作用下的流动。最常见的情况为：两平行平板间既有相对运动，缝隙两端又存在压差。其速度和流量是以上两种情况的线性叠加，即

$$\begin{cases} v = \dfrac{y(h-y)}{2\mu l}\Delta p \pm \dfrac{v_0}{h}y \\ q = \dfrac{bh^3}{12\mu l}\Delta p \pm \dfrac{bh}{2}u_0 \end{cases} \qquad (2-5-11)$$

式（2-5-11）中，平板运动速度与压差作用下液体流向相同时取"+"号，反之取"－"号。

2. 液体流经环行缝隙的流量压力特性

在液压传动系统中，流体流经同心和偏心环形缝隙是最常见的情况，如液压缸缸体与活塞之间的缝隙、阀套与阀芯之间的缝隙等，如图 2-5-5 所示。

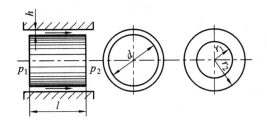

图 2 - 5 - 5　同心环形缝隙间的液流

　1）压差作用下（$v_0 = 0$），通过同心环形缝隙的流量

　　如图 2 - 5 - 5 所示为同心环形间隙。如果将环形间隙展开，就相当于平面间隙，因此，用 πd 代替式（2 - 5 - 8）中的 b，即得同心环形间隙在压差作用下的流量公式为

$$q = \frac{\pi d h^3}{12 \mu l} \Delta p \qquad (2 - 5 - 12)$$

　　2）压差作用下（$v_0 = 0$），通过偏心环形间隙的流量

　　实际工程中，形成间隙的两个圆柱表面的同心不易保证，往往有一定的偏心量。如图 2 - 5 - 6 所示，其内孔半径为 r_2，柱塞半径为 r_1，偏心量为 e，在任意位置 θ 角处，缝隙为 h，因缝隙很小，$r_1 \approx r_2 \approx r$。$h$ 值可按图示几何关系求得

$$h \approx h_0 - e\cos\theta = h_0(1 - \varepsilon\cos\theta)$$

式中，h_0 为内外圆同心时的间隙量，$h_0 = r_2 - r_1$；ε 为相对偏心率，$\varepsilon = e/h_0$。

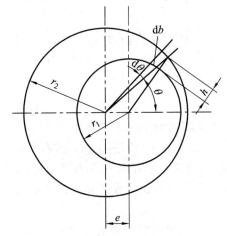

图 2 - 5 - 6　偏心环形缝隙间的液流

　　此外，可将微元圆弧 db 所对应的环形缝隙间的流动近似地看作是平行平板缝隙间的流动，将 $db = rd\theta$ 代入式（2 - 5 - 8）得

$$dq = \frac{r h^3 d\theta}{12 \mu l} \Delta p = \frac{r h^3 \Delta p}{12 \mu l} d\theta \qquad (2 - 5 - 13)$$

将 h 值代入式（2 - 5 - 13）并积分得

$$q = \int_0^{2\pi} \frac{r h_0^3 \Delta p}{12 \mu l}(1 + \varepsilon\cos\theta)^3 d\theta = \frac{\pi d h_0^3}{12 \mu l} \Delta p(1 + 1.5\varepsilon^2) \qquad (2 - 5 - 14)$$

　　从式（2 - 5 - 14）可看出，当 $\varepsilon = 0$ 时，就是同心时的流量公式。当 $\varepsilon = 1$ 时，就是最大偏

心情况下的间隙流量公式,其流量为同心时流量的 2.5 倍,因此在液压元件中,应尽量要求两配合表面保持同心,以减少泄漏量。

2.6 瞬 变 流 动

在液压系统中,有时会出现流体的流速在极短的瞬间发生很大变化的现象,从而导致压力的急剧变化,这就是所谓的瞬变流动。瞬变流动会给系统带来很大的危害,应尽量避免。本节主要介绍液压冲击和气穴现象。

1. 液压冲击

在液压系统中,由于某种原因,液体压力在瞬间会突然升高,产生很高的峰值的现象称为液压冲击。

液压冲击产生的压力峰值往往比正常工作压力高好几倍,常伴有噪声和振动,从而损坏元件、密封、管件等,有时还会引起某些液压元件的误动作,因此,必要时要作最大压力峰值的估算。

引起液压冲击的原因:

(1)液流通道迅速关闭或液流迅速换向,液流速度的大小或方向突然变化时,由液流的惯性而引起;

(2)运动着的工作部件突然制动或换向时,由工作部件的惯性引起;

(3)某些液压元件动作失灵或不灵敏,使系统压力升高而引起。

减小液压冲击的措施:

减慢阀门关闭速度或减小冲击波传播距离;限制管中油液流速;用橡胶软管或在冲击源处设置蓄能器;在易发生液压冲击的地方,安装限制压力升高的安全阀等。

2. 气穴现象

在液压传动中,液压油总是含有一定量的空气。空气可溶解在液压油中,也可以气泡形式混合在液压油中,对于矿物质型液压油,常温时在一个大气压下约含有 6%～12% 的溶解空气。如果某一处的压力低于空气分离压力时,溶解于油中的空气就会从油中大量分离出来形成气泡,当压力降至油液的饱和蒸汽压力以下时,油液就会沸腾而产生大量气泡。这些气泡混杂在油液中,使得原来充满导管和元件容腔的油液成为不连续状态,这种现象称为气穴现象。

在液压系统中,泵的吸油口及吸油管路中的压力低于大气压力容易产生气穴现象。油液流经节流孔等狭小缝隙处,由于速度增加,压力下降至空气分离压力以下时,也会产生气穴现象。

气穴现象产生的气泡,随着油液运动到高压区时,气泡在高压油作用下迅速破裂,并又凝结成液体,使体积突然减小而形成真空,周围高压油高速流过来补充。由于这一过程是在瞬间发生的,所以引起局部液压冲击,压力和温度急剧升高,并产生强烈的噪声和震动。在气泡凝结区域的管壁及其他液压元件表面,因长期受冲击压力和高温作用,以及从油液中游离出来的空气中的氧气的酸化作用,使零件表面受到腐蚀,这种因气穴而产生的零件腐蚀,称为气蚀。

为了防止气穴现象的产生,在液压元件系统设计时,对于液压泵来说,要正确设计泵的结构参数和泵的吸油管路。对于元件和系统管路，应尽量避免油道狭窄处或急剧转弯，以防止产生低压区。另外，应合理选择液压元件的材料，增加零件的机械强度，提高零件表面质量等，以提高抗腐蚀能力。

思考题与习题

2-1 什么是理想液体和实际液体？

2-2 什么叫液体的黏性？它的度量指标是什么？常用的指标代表的物理意义是什么？

2-3 简述静压传动的原理。

2-4 简述连续性方程、伯努利方程的物理意义。

2-5 简述液压冲击与空穴现象、气蚀现象的形成过程。

2-6 简述液压传动中对液压油（液）的要求及选用方法。

2-7 如图题 2-7 所示，在两个相互连同的液压缸中，已知大缸内径 $D=100\ \text{mm}$，小缸内径 $d=20\ \text{mm}$，大缸活塞上放置的物体质量 G 为 5000 kg。问：在小缸活塞上所加的力 F 有多大才能使大活塞顶起重物？

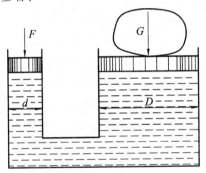

图题 2-7

2-8 如图题 2-8 所示，液压泵的流量 $q=32\ \text{L/min}$，吸油管（金属）直径 $d=20\ \text{mm}$，液压泵吸油口距离液面高度 $h=500\ \text{mm}$，液压油运动黏度 $\nu=20\times10^{-6}\ \text{m}^2/\text{s}$，油液密度为 $\rho=0.9\ \text{g/cm}^3$，求液压泵吸油口的真空度。

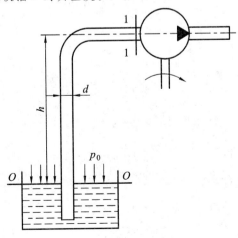

图题 2-8

2-9　在图题2-9中，已知管径为 d，油液密度为 ρ，当阀门关闭时压力计读数为 p，阀门开启前后水龙头高度不变，开启后流量为 q，问此时压力计读数为多少？

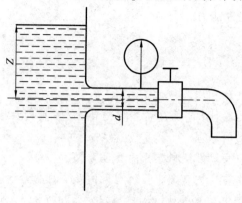

图题 2-9

第 3 章 液 压 泵

3.1 概 述

液压泵是将原动机(电动机或其他动力装置)所输出的机械能转化为油液压力能的能量转换装置。它向液压系统提供一定的流量和压力的液压油,起着向系统提供动力的作用,是系统不可缺少的核心元件。

3.1.1 液压泵的工作原理及分类

1. 液压泵的工作原理

图 3-1-1 是一个简单的液压泵工作原理图,图中 4 是由柱塞 2 和缸体 7 构成的一个密封的容积 V,当偏心轮 1 由电机带动旋转时,柱塞 2 做往复运动。柱塞右移时,密封容积逐渐增大,产生局部真空,油箱内的油在大气压力作用下,通过单向阀 5 进入液压缸内,这就是吸油过程。当柱塞左移时密封容积逐渐减小,是腔内油液打开单向阀 6 进入系统,这是压油过程。偏心轮不断旋转,泵就不断地吸油和压油。从这里可以看到:

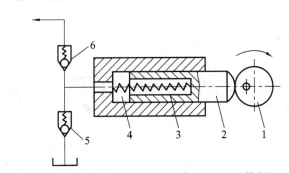

1—偏心轮;2—柱塞;3—弹簧;4—密封容积;5,6—单向阀;7—缸体

图 3-1-1 液压泵工作原理图

(1) 形成密封容积,且密封容积大小交替变化是吸油和压油的根本原因,所以这种泵也称为容积式泵。泵的输油量是与这个密封容积变化的大小及每分钟往复运动次数成正比的,与其他因素无关。这是容积式液压泵的一个重要特性。

(2) 油箱内液体的绝对压力必须恒等于或大于大气压力。这是容积式液压泵能够吸入油液的外部条件,因此,为保证液压泵正常吸油,油箱必须与大气相通,或采用密闭的充压油箱。

（3）具有相应的配流机构，将吸油腔和排油腔隔开，保证液压泵有规律地、连续地吸、排液体。如图 3-1-1 中的单向阀 5、6 就是配流机构。单向阀 5 和 6 保证吸油时使油腔与油箱接通，同时切断供油管道；压油时使油腔与压力管道相通而与油箱切断。不同结构的液压泵其配油装置不尽相同，但它是泵工作不可缺少的部分。

容积式液压泵中的油腔处于吸油时称为吸油腔。吸油腔的压力决定于吸油高度和吸油管路的阻力，吸油高度过高或吸油管路阻力太大，会使吸油腔真空度过高而影响液压泵的自吸能力；油腔处于压油时称为压油腔，压油腔的压力则取决于外负载和排油管路的压力损失，从理论上讲排油压力与液压泵的流量无关。

容积式液压泵排油的理论流量取决于液压泵的有关几何尺寸和转速，而与排油压力无关。但排油压力会影响泵的内泄露和油液的压缩量，从而影响泵的实际输出流量，所以液压泵的实际输出流量随排油压力的升高而降低。

2. 液压泵的分类

液压泵的类型很多，其结构不同，但是它们的工作原理相同，都是依靠密闭容积的变化来工作的，因此都称为容积式液压泵。

按液压泵输出的排量是否可调可分为定量泵和变量泵。按液压泵的结构型式可分为齿轮式、叶片式和柱塞式三大类，每类中还有很多形式，具体在后面章节讲述。液压泵按进、出口的方向是否可变分为单向泵和双向泵，其中单向定量泵和单向变量泵只能一个方向旋转；双向泵可以改变泵的转向，变换进、出油口。按液压泵的压力可分为低压泵、中压泵、中高压泵、高压泵和超高压泵，如表 3-1-1 所示。

表 3-1-1 按压力分类

液压泵类型	低压泵	中压泵	中高压泵	高压泵	超高压泵
压力范围（MPa）	0~2.5	2.5~8	8~16	16~31	32 以上

常用的液压泵的图形符号如图 3-1-2 所示。

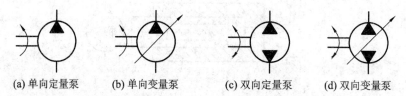

(a) 单向定量泵　　　(b) 单向变量泵　　　(c) 双向定量泵　　　(d) 双向变量泵

图 3-1-2　液压泵图形符号

3.1.2　液压泵的基本性能参数

1. 液压泵的压力

1）工作压力

液压泵的工作压力是指它的输出压力，其大小由负载决定。当负载增加时，液压泵的压力增高；当负载减小时，液压泵的压力下降。如果负载无限制增加，液压泵的工作压力也无限制地升高，直到液压泵本身工作机构和零件被损坏，因此，在液压系统中应设置安全阀来限制泵的最大压力，起过载保护作用。

2）额定压力

液压泵的额定压力是指在连续使用中允许达到的最大工作压力，超过此值就是过载。

3）最大压力

液压泵的最大压力是指其在短时间内过载时所允许的极限压力（由泵本身的条件所决定），由液压系统中的安全阀限定。安全阀的调定值不允许超过液压泵的最大压力。

2. 液压泵的排量和流量

1）排量 V

液压泵的排量是指泵轴每转一转，由其密封容积的几何尺寸变化计算出的排出液体的体积，亦即在无泄漏的理想情况下，其每转一转所能输出的液体体积。

2）流量 q

（1）理论流量 q_t。液压泵的理论流量 q_t 是指在没有泄漏的情况下，单位时间内所输出液体的体积。其大小与排量和转速有关。理论流量等于排量与其转速的乘积，与工作压力无关，即

$$q_t = Vn \qquad (3-1-1)$$

（2）实际流量 q。液压泵的实际流量 q 是指泵工作时实际输出的流量，等于理论流量减去因泄漏损失的流量 Δq。实际流量与工作压力有关。液压泵工作压力越高，则泄漏量越大，实际流量越小。

（3）额定流量 q_n。液压泵的额定流量是指泵在额定转速和额定压力下的输出流量。

3. 液压泵的功率和效率

液压泵由电机驱动，输入量是转矩和转速（角速度），输出量是液体的压力和流量。如果不考虑液压泵在能量转换过程中的损失，则输出功率等于输入功率，可表示为

$$P_t = pVn = T_t\omega = 2\pi T_t n$$

式中 T_t 为液压泵的理论转矩；ω 为泵的角速度；n 为泵的转速。

实际上，液压泵在能量转换过程中是有损失的，因此输出功率总是比输入功率小。两者之间的差值为功率损失。功率损失可分为机械损失和容积损失。

（1）输入功率 P_i。驱动泵轴的机械功率叫泵的输入功率 P_i，则有

$$P_i = 2\pi Tn \qquad (3-1-2)$$

式中，T 为泵轴上实际输入转矩，n 为泵轴的转速。

（2）机械损失。因泵内摩擦而造成的转矩上的损失称机械损失。设转矩损失为 ΔT，则泵的实际输入转矩为 $T = T_t + \Delta T$，用机械效率 η_m 为表征机械损失，则有

$$\eta_m = \frac{T_t}{T} = \frac{T_t}{T + \Delta T} \qquad (3-1-3)$$

对液压泵而言，驱动泵的转矩总是大于理论上需要的转矩。

（3）容积损失。因内泄漏、气穴和油液在高压下受压缩等而造成的流量上的损失称容积损失，其中内泄漏是主要原因，因而泵的压力增高，输出的实际流量就减小。其容积效率 η_v 为

$$\eta_v = \frac{q}{q_t} = \frac{q_t - \Delta q}{q_t} = 1 - \frac{\Delta q}{q_t} \qquad (3-1-4)$$

（4）泵的输出功率 P_o。泵输出的液压功率叫泵的输出功率，则有

$$P_o = pq \tag{3-1-5}$$

（5）泵的总效率 η。由于泵在能量转换时有能量损失（机械摩擦损失、泄漏流量损失），泵的输出功率总是小于泵的输入功率，所以总效率为

$$\eta = \frac{P_o}{P_i} = \eta_m \eta_v \tag{3-1-6}$$

即泵的总效率等于机械效率 η_m 和容积效率 η_v 的乘积。

3.1.3 液压泵的特性曲线

液压泵的性能曲线是在一定的介质、转速和温度下，通过试验得出的。其表示液压泵的工作压力与容积效率 η_v（或实际流量）、总效率 η 与输入功率 P_i 之间的关系。图 3-1-3 所示为某一液压泵的性能曲线。

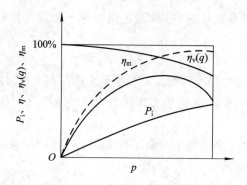

图 3-1-3　液压泵的性能曲线

由图示性能曲线可以看出：容积效率 η_v（或实际流量 q）随压力增高而减小，压力 p 为零时，泄漏流量 Δq 为零，容积效率 $\eta_v = 100\%$，实际流量 q 等于理论流量 q_t。总效率 η 随工作压力增高而增大，且有一个最高值。

对于某些工作转速可在一定范围内变化的液压泵或排量可变的液压泵，为了显示在整个允许工作的转速范围内的全性能特性，液压泵常用的通用特性曲线表示，如图 3-1-4 所示。

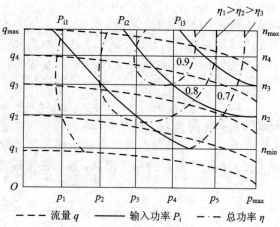

图 3-1-4　液压泵的通用性能曲线

图中除表示工作压力 p、流量 q、转速 n 的关系外，还表示了等效率曲线 η_i、等功率曲线 P_i 等。

3.2 齿 轮 泵

齿轮液压泵是一种常用的液压泵，在结构上可分为外啮合齿轮泵和内啮合齿轮泵。

3.2.1 外啮合齿轮泵的结构和工作原理

外啮合齿轮泵的结构如图 3-2-1(a)、(b)和(c)所示。外啮合齿轮泵为分离三片式结构，三片是指端盖 4、8 和泵体 7。泵体中装有一对与泵体宽度相等、齿数模数相同而又互相啮合的齿轮 6。这对齿轮被包围在两端盖和泵体形成的密封容积中，它们的啮合线把密封容积划分两部分，即吸油腔和压油腔。泵的前、后盖和泵体靠两个圆柱销 17 定位，用螺钉 9 压紧。主动齿轮用键固定在长轴 12 上，由电动机带动旋转。

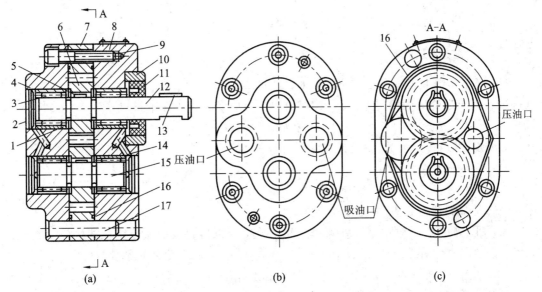

1—弹簧挡圈；2—压盖；3—滚针轴承；4—后盖；5—键；6—齿轮；7—泵体；8—前盖；9—螺钉；
10—密封座；11—密封环；12—长轴；13—键；14—泄露通道；15—短轴；16—卸荷沟；17—圆柱销

图 3-2-1 外啮合齿轮泵结构

当电动机带动齿轮转动时啮合线一侧(吸油腔一侧)的齿轮脱开啮合，齿轮的轮齿退出齿间，其密封容积增大，形成部分真空，油箱中油液在外界大气压力作用下，经吸油管、吸油腔进入齿间。吸入到齿间的油液随齿轮旋转带到另一侧及压油腔，这时齿轮进入啮合，容积减小，齿间部分的油被挤出，形成压油过程。而啮合线本身恰好把吸油腔和压油腔分开。当齿轮不断旋转时，吸油腔就不断从油箱中吸油，压油腔不断地排油。齿轮泵的吸压油工作原理图见图 3-2-2。

泵的前后盖和泵体靠两个定位销 17 定位，用螺钉 9 压紧。为了齿轮能转动，齿轮必须比泵体稍薄些，也就是存在端面间隙。为了防止油从端面间隙漏到泵外，并减轻压紧螺钉的负担，在前、后盖的端面上开有卸荷槽，使漏出的油重新回到吸油腔。

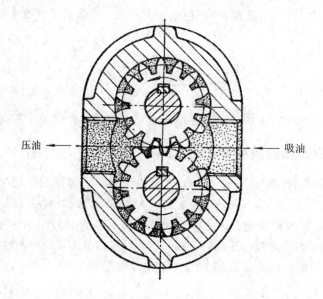

图 3 - 2 - 2 齿轮泵的吸压油工作原理图

3.2.2 齿轮泵的流量

外啮合齿轮泵的排量 V，相当于一对齿轮的齿间容积之总和。近似计算时，可假设齿间的容积等于齿轮的体积，且不计齿轮啮合时的径向间隙。泵的排量为

$$V = \pi Dhb = 2\pi z m^2 b \qquad (3-2-1)$$

式中，m 是模数；z 是齿数；b 是齿宽。

齿轮泵的流量公式为

$$q = q_t \eta_v = V n \eta_v = 2\pi z m^2 b \eta_v \qquad (3-2-2)$$

式中，η_v 是泵的容积效率；n 是齿轮泵转速。

实际上齿间的容积要比轮齿的体积稍大一些，所以齿轮泵的流量应比按式（3-2-2）的计算值大一些，引进修正系数 $K(K=1.05\sim1.15)$，因此齿轮泵的流量公式为

$$q = q_t \eta_v = V n \eta_v = 2\pi K z m^2 b \eta_v \qquad (3-2-3)$$

低压齿轮泵推荐 $2\pi K=6.66$，则

$$q = 6.66 z m^2 b \eta_v \qquad (3-2-4)$$

高压齿轮泵推荐 $2\pi K=7$，则

$$q = 7 z m^2 b \eta_v \qquad (3-2-5)$$

实际上齿轮泵的输油量是有脉动的，故式（3-2-4）、式（3-2-5）所表示的是泵的平均输油量。泵的流量和主要参数关系如下：

（1）输油量与齿轮模数 m 的平方成正比。

（2）在泵的体积一定时，齿数少时模数就大，故输油量就增加，流量脉动大；齿数增加时模数就小，输油量就减小，流量脉动也小。

（3）输油量和齿宽 b、转速 n 成正比。转速过高会造成吸油不足，转速过低泵也不能正常工作。

由于齿轮啮合过程中工作腔容积变化率不是常数，因此齿轮泵的瞬时流量是脉动的。

以流量脉动率 σ 来评价瞬时流量的脉动。设 q_{max}、q_{min} 表示最大瞬时流量和最小瞬时流量。流量脉动率可表示为

$$\sigma = \frac{q_{max} - q_{min}}{q} \qquad (3-2-6)$$

齿轮泵产生噪声的根源来自于流量脉动，为减少齿轮泵的瞬时理论流量脉动，可同轴安装两套齿轮，每套齿轮之间错开半个齿距，两套齿轮之间用一平板相互隔开，组成共同吸油和压油的两个分离的齿轮泵，由于两个泵的脉动错开了半个周期，各自的脉动量相互抑制，因此，总的脉动量大大减小。

3.2.3 齿轮泵的结构性能分析

1. 困油现象

齿轮泵要做到连续供油，就要求重迭系数 ε 大于1，也就是要求在一对齿轮尚未脱开之前，后面的一对齿轮就进入啮合。在同时有两对齿轮进入啮合的瞬间，就会有一部分油液留在两对齿轮封闭的空间内，如图3-2-3所示。

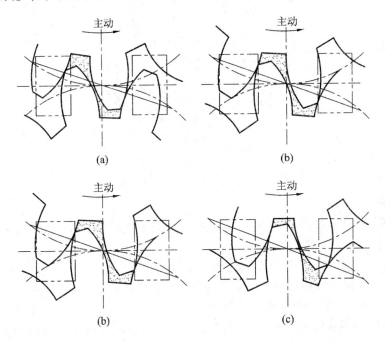

图3-2-3 齿轮泵的困油现象

随着齿轮连续旋转，由图3-2-3(a)转到(b)所示位置，被封闭的容积首先由大变小，直到封闭容积达到最小容积。由于液体的可压缩性很小，造成封闭容积内的压力急剧增高，液体会从一切可以泄漏的缝隙里挤出去，所以这样使齿轮和轴承受到很大的附加载荷，造成功率损失，油液发热，产生噪音，降低齿轮泵的寿命。当齿轮(b)转到(c)所示位置，封闭的容积又开始变大，直到封闭容积达到最大容积，又会造成局部真空，使溶解在油中的气体分离出来，产生气穴现象，造成很大的噪音。这种现象就叫做困油现象。

为了消除困油现象，在端盖上开有卸荷槽，如图3-2-3虚线所示，使密封容积减小时与压油腔相通，容积增大时与吸油腔相通。

2. 径向不平衡力

齿轮泵工作时，排油腔的油压高于吸油腔的油压，从排油腔起沿齿轮外缘至吸油腔的每一个齿间内的油压是不同的，压力依次递减，压力的分布情况见图 3-2-4。可见，泵内齿轮所受的径向力是不平衡的。这个不平衡力把齿轮压向一侧，并作用到轴承上，影响轴承的寿命。为了减小径向不平衡力的影响，低压齿轮泵中常采取缩小排油口的办法。

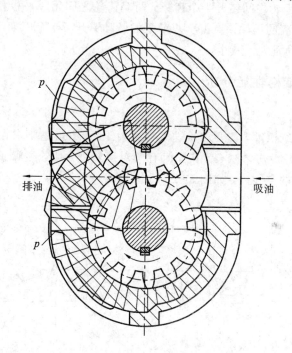

图 3-2-4　齿轮泵的径向压力分布

3. 泄漏

泵中齿轮要旋转就一定的有配合间隙，有间隙就会有泄漏，所以泵的实际流量比理论流量小，即

$$q = q_t - q_s = q_t \eta_v$$

在液压泵中，运动件间的密封是靠微小间隙密封的，这些微小间隙从运动学上形成摩擦，同时，高压腔的油液通过间隙向低压腔的泄漏是不可避免的。齿轮泵压油腔的压力油可通过三条途经泄漏到吸油腔去：一是通过齿轮啮合线处的间隙——齿侧间隙，二是通过泵体定子内孔和齿顶间的径向间隙——齿顶间隙，三是通过齿轮两端面和侧板间的间隙——端面间隙。在这三类间隙中，端面间隙的泄漏量最大，压力越高，由间隙泄漏的液压油就越多。为了减少泄漏，应尽量减小间隙，但间隙太小又会使泵的转动部分卡死，所以泵的密封性和旋转所需要的配合间隙是一对矛盾。

泄漏量与密封性的好坏程度有关，同时也与工作压力、油液的黏度有关。间隙越大，工作压力越高，油液的黏度越低，其泄漏量越大，因此容积效率也随之减小。

3.2.4　齿轮泵的优缺点及其应用

齿轮泵结构简单，结构紧凑，自吸能力好，转速范围大，不容易咬死，对油中脏物不敏感，但齿轮泵的齿轮、轴及轴承上承受的压力不平衡，径向负载大，因此产生很大的摩擦力，加上齿轮泵的端面泄漏大，因而限制了它的最大工作压力的提高。齿轮泵的流量脉动大，引起压力脉动也较大，致使管道阀门等产生振动，带来的噪音也较大。

由于齿轮泵有上述优缺点，故它适用在精度不太高的一般的机床及工作环境不清洁的工程机械上，亦可用在压力不高而流量较大的液压系统中。

3.2.5 其他类型的齿轮泵

1. 具有压力补偿装置的齿轮泵

外啮合齿轮泵由于轴向泄漏严重，它的容积效率和使用压力是比较低的。要提高外啮合齿轮泵的工作压力，必须减小端面轴向间隙。为此一般采用齿轮端面间隙自动补偿的办法来解决这个问题。

通常采用的自动补偿端面间隙装置有浮动轴套式和弹性侧板式两种，分别如图3-2-5(a)、(b)所示。其原理都是引入压力油使轴套或侧板紧贴在齿轮端面上，压力愈高，间隙愈小，可自动补偿端面磨损和减小间隙。齿轮泵的浮动轴套是浮动安装的，轴套外侧的空腔与泵的压油腔相通，当泵工作时，浮动轴套受油压的作用而压向齿轮端面，将齿轮两侧面压紧，从而补偿了端面间隙，如图3-2-5所示。

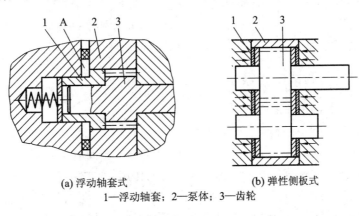

(a) 浮动轴套式　　　　　　　　(b) 弹性侧板式

1—浮动轴套；2—泵体；3—齿轮

图3-2-5　端面间隙补偿装置示意图

2. 内啮合齿轮泵

内啮合齿轮泵有渐开线齿形和摆线齿形两种，其结构示意可见图3-2-6。这两种内啮合齿轮泵工作原理和主要特点皆同于外啮合齿轮泵。在渐开线齿形内啮合齿轮泵中，小齿轮和内齿轮之间要装一块月牙隔板，以便把吸油腔和压油腔隔开，如图3-2-6(a)；摆线齿形啮合齿轮泵又称摆线转子泵，在这种泵中，小齿轮和内齿轮只相差一个齿，因而不需设置隔板，如图3-2-6(b)。内啮合齿轮泵中的小齿轮是主动轮，大齿轮为从动轮，在工作时大齿轮随小齿轮同向旋转。

内啮合齿轮泵的结构紧凑，尺寸小，重量轻，运转平稳，噪声低，在高转速工作时有较高的容积效率。但在低速、高压下工作时，压力脉动大，容积效率低，所以一般用于中、低压系统。在闭式系统中，常用这种泵作为补油泵。内啮合齿轮泵的缺点是齿形复杂，加工困难，价格较贵，且不适合高速高压工况。

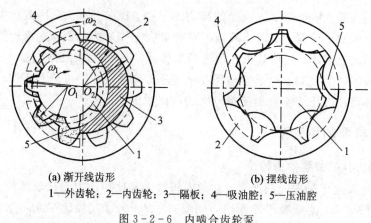

(a) 渐开线齿形 **(b) 摆线齿形**
1—外齿轮；2—内齿轮；3—隔板；4—吸油腔；5—压油腔

图 3-2-6 内啮合齿轮泵

3.3 叶 片 泵

  叶片泵的结构较齿轮泵更复杂，但其工作压力较高，且流量脉动小，工作平稳，噪声较小，寿命较长。所以它被广泛应用于机械制造中的专用机床、自动线等中低液压系统中，但其结构复杂，吸油特性不太好，对油液的污染也比较敏感。

  按照每转吸排油次数和轴承上是否受径向力分为单作用非卸荷式和双作用卸荷式两大类。单作用叶片泵多为变量泵，双作用叶片泵均为定量泵。

3.3.1 单作用非卸荷式叶片泵

1. 单作用叶片泵的工作原理

  单作用叶片泵的工作原理如图 3-3-1 所示。单作用叶片泵由转子 1、定子 2、叶片 3 和端盖、配油盘组成。定子具有圆柱形内表面，定子和转子间有偏心距。叶片装在转子槽中，并可在槽内滑动。当转子回转时，由于离心力的作用，使叶片紧靠在定子内壁，这样在定子、转子、叶片和两侧配油盘间就形成若干个密封容积。当转子按图示的方向回转时，在图的右部，叶片逐渐伸出，叶片间的工作空间逐渐增大，从吸油口吸油，这是吸油腔；在图的左部，叶片被定子内壁逐渐压进槽内，工作空间逐渐缩小，将油液从压油口压出，这是压油腔。在吸油腔和压油腔之间，有一段封油区，把吸油腔和压油腔隔开。转子不停地旋转，泵就不断地吸油和排油。

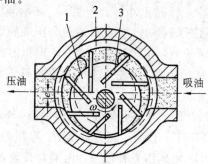

压油   吸油

1—转子；2—定子；3—叶片

图 3-3-1 单作用叶片泵工作原理

这种叶片泵转子每转一周,每个密封容积完成一次吸压油工作循环,因此称为单作用泵。这种泵由于转子受到压油腔的油压作用,使轴承受到较大的径向载荷,所以称为单作用非卸荷式叶片泵。改变定子和转子间的偏心量,便可改变泵的排量,故这种泵都是变量泵。

2. 流量计算

由图 3-3-2 可看出,转子转一转,每个工作腔容积变化为 $\Delta V = V_1 - V_2$,于是叶片泵每转输出的油液体积为 ΔVZ(Z 为叶片数)。由此可得单作用叶片泵的排量近似为

$$V = 2be\pi D \qquad\qquad (3-3-1)$$

式中 b 为转子宽度;e 为转子和定子间的偏心距;D 为定子内圆直径。

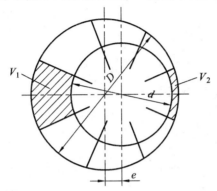

图 3-3-2　单作用叶片泵排量计算

单作用叶片泵的实际输出流量为

$$q = n \times V \times \eta_v = 2\pi e DBn\eta_v \qquad\qquad (3-3-2)$$

单作用叶片泵的流量也是有脉动的,理论分析表明,泵内叶片数越多,流量脉动率越小。此外,奇数叶片的泵的脉动率比偶数叶片的泵的脉动率小,所以单作用叶片泵的叶片数均为奇数,一般为 13 或 15 片。

3.3.2　双作用卸荷式叶片泵

1. 双作用叶片泵的工作原理

双作用叶片泵的工作原理如图 3-3-3 所示。它的作用原理和单作用叶片泵相似,不

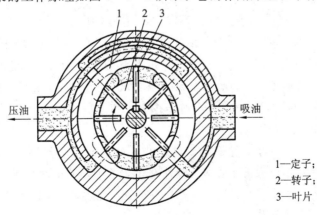

压油　　　　　　　吸油

1—定子;
2—转子;
3—叶片

图 3-3-3　双作用叶片泵的工作原理

同之处在于定子内表面由两段长半径圆弧、两段短半径圆弧和四段过渡曲线八个部分组成，且定子和转子是同心的。在图示转子顺时针方向旋转的情况下，密封工作腔的容积在左上角和右下角处逐渐增大，为吸油区；在左下角和右上角处逐渐减小，为压油区；吸油区和压油区之间有一段封油区把它们隔开。这种泵的转子每转一转，每个密封工作腔完成吸油和压油各两次，所以称为双作用叶片泵。泵的两个吸油区和压油区是径向对称的，作用在转子上的液压力径向平衡，又称为卸荷式叶片泵。

2. 双作用叶片泵的流量

根据图 3-3-4 所示，V_1 为吸油后封油区内的油液体积，V_2 为压油后封油区内的油液体积，考虑到叶片厚度 s 对吸油和压油时油液体积的影响，泵轴一转完成两次吸油和压油，因此泵的排量为

$$V = 2(V_1 - V_2)Z = 2b\left[\pi(R^2 - r^2) - \frac{R-r}{\cos\theta}SZ\right] \qquad (3-3-3)$$

式中 R、r 为叶片泵定子内表面圆弧部分长、短半径；b 为叶片宽度；θ 为叶片倾角；Z 为叶片数。

双作用叶片泵的实际输出流量为

$$q = 2b\left[\pi(R^2 - r^2) - \frac{R-r}{\cos\theta}SZ\right]n\eta_v \qquad (3-3-4)$$

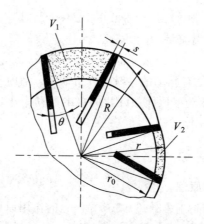

图 3-3-4 双作用叶片泵流量计算

双作用叶片泵如不考虑叶片厚度，泵的输出流量是均匀的，但实际叶片是有厚度的，长半径圆弧和短半径圆弧也不可能完全同心，尤其是叶片底部槽与压油腔相通，因此泵的输出流量将出现微小的脉动，但其脉动率较其他形式的泵（螺杆泵除外）小得多，且在叶片数为 4 的整数倍时最小。为此，双作用叶片泵的叶片数一般为 12 或 16 片。

3. 定子曲线

双作用叶片泵的定子曲线直接影响泵的性能，如流量均匀性、噪声、磨损等。过渡曲线应保证叶片贴紧在定子内表面上，保证叶片在转子槽中径向运动时速度和加速度的变化均匀，使叶片对定子内表面的冲击尽可能小。等加速—等减速曲线、高次曲线和余弦曲线等是目前得到较广泛应用的几种曲线。

4. YB 系列双作用叶片泵的结构

YB 系列双作用叶片泵的结构如图 3－3－5 所示。它由前泵体 6、和后泵体 7、左右配油盘 1、5、定子 4、转子 12、叶片 11、传动轴 3 等组成，右配油盘 5 的右侧与高压油腔相通，使配油盘与定子端面紧密配合，对转子端面间隙自动补偿。

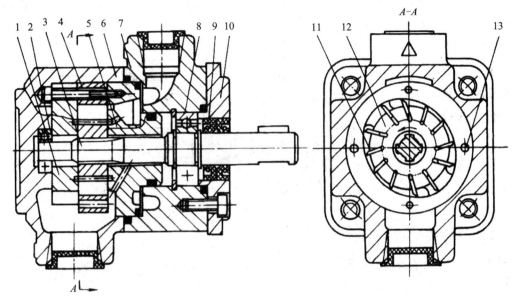

1，5—配油盘；2，8—轴承；3—传动轴；4—定子；6—前泵体；7—后泵体；
9—密封圈；10—盖板；11—叶片；12—转子；13—定位销

图 3－3－5　YB 系列双作用叶片泵的结构

5. 高压叶片泵的结构特点

由于一般双作用叶片泵的叶片底部通压力油，就使得处于吸油区的叶片顶部和底部的液压作用力不平衡，这时叶片的顶部是低压油，而底部是压力油。叶片顶部以很大的力压向定子的内表面，加速了定子内表面的磨损，影响泵的寿命和额定压力的提高。对高压叶片泵常采用以下措施来改善叶片受力状况：

（1）减小通往吸油区叶片根部的油液压力，即在吸油区叶片根部与压油腔之间串联一减压阀或阻尼槽，使压油腔的压力油经减压后再与叶片根部相通。这样叶片经过吸油区时，叶片压向定子内表面的作用力不会太大。

（2）减小叶片低部承受压力油作用的面积。

3.3.3　限压式变量叶片泵

限压式变量叶片泵的流量改变是利用压力的反馈作用实现的（外反馈和内反馈），故其可分为外反馈式和内反馈式两种。其中，外反馈限压式变量叶片泵能根据外负载（泵的工作压力）的大小自动调节泵的排量。

外反馈限压式变量叶片泵的工作原理如图 3－3－6 所示。它能根据泵出口负载压力的大小自动调节泵的排量。图中转子 1 的中心是固定不动的，定子 3 可沿滑块滚针轴承 4 左右移动。定子右边有反馈柱塞 5，它的油腔与泵的压油腔相通。作用在定子上的反馈力小于作用在定子上的弹簧力时，弹簧 2 把定子推向最右边，柱塞和流量调节螺钉 6 用以调节泵的原始偏心，进而调节流量，此时偏心达到预调值 e_0，泵的输出流量最大。当泵的压力升高到大于弹簧力时，反馈力克服弹簧预紧力，推定子左移距离 x，偏心减小，泵输出流量随之减小。压力愈高，偏心愈小，输出流量也愈小。当压力达到使泵的偏心所产生的流量全部用于补偿泄漏时，泵的输出流量为零，不管外负载再怎样加大，泵的输出压力不会再升高，所以这种泵被称为外反馈限压式变量叶片泵。

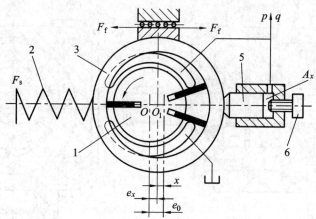

1—转子；2—弹簧；3—定子；4—滑块滚针轴承；5—反馈柱塞；6—流量调节螺钉

图 3-3-6　外反馈限压式变量叶片泵的工作原理

外反馈限压式变量叶片泵的静态特性曲线参见图 3-3-7，曲线 AB 段是泵的不变量段，只是因泄漏量随工作压力增加时，实际输出流量减小；BC 段是泵的变量段，泵的实际流量随着压力增大而迅速下降，B 点叫做曲线的拐点，拐点处的压力 p_B 主要由弹簧预紧力 F_s 确定。

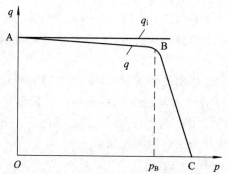

图 3-3-7　限压式变量叶片泵的静态特性曲线

调节限压式变量叶片泵的流量调节螺钉，可改变其最大偏心距，从而改变泵的最大输出流量。这时流量—压力特性曲线 AB 段上下平移；调节弹簧的预紧力可改变拐点处 p_B 的大小，使曲线 BC 段左右平移；若改变限压式弹簧的刚度，可改变 BC 段的斜率。

限压式变量叶片泵对既要实现快速行程，又要实现保压和工作进给的执行元件来说是一种合适的油源泵；快速行程需要大的流量，负载压力较低，正好使用其 AB 段曲线部分；保压和工作进给时负载压力升高，需要流量减小，正好使用其 BC 段曲线部分。

3.3.4 叶片泵的优缺点

1. 叶片泵的优点

（1）可制成变量泵，特别是结构简单的压力补偿型变量泵；

（2）单位体积的排量较大；

（3）定量叶片泵可制成双作用或多作用的，轴承受力平衡，寿命长；

（4）多作用叶片泵的流量脉动较小，噪声较低。

2. 叶片泵的缺点

（1）吸油能力较差；

（2）受叶片与滑道间接触应力和许用滑摩功的限制，变量叶片泵的压力和转速均难以提高，而根据叶片外伸所需离心力的要求，其转速又不能低，故实用工况范围较窄；

（3）对污染物比较敏感。

3.4 柱 塞 泵

柱塞泵是通过柱塞在柱塞孔内往复运动时密封工作容积的变化来实现吸油和排油的。由于柱塞与缸体内孔均为圆柱表面，滑动表面配合精度高，所以这类泵的特点是泄漏小，容积效率高，可以在高压下工作。柱塞泵按柱塞的排列和运动方向不同，可分为径向柱塞泵和轴向柱塞泵两大类。

3.4.1 径向柱塞泵

径向柱塞泵的工作原理如图 3-4-1 所示，柱塞 1 径向排列装在缸体 2 中，缸体由原动机带动连同柱塞 1 一起旋转，所以缸体 2 一般称为转子，柱塞 1 在离心力的(或在低压油)作用下抵紧定子 4 的内壁，当转子按图示方向回转时，由于定子和转子之间有偏心距

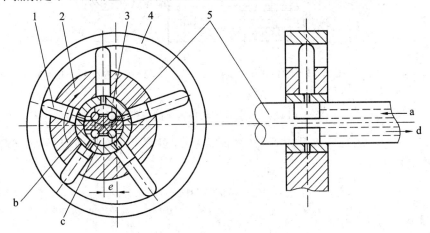

1—柱塞；2—缸体；3—衬套；4—定子；5—配油轴

图 3-4-1 径向柱塞泵的工作原理

e，柱塞绕经上半周时向外伸出，柱塞底部的容积逐渐增大，形成部分真空，因此便经过衬套 3（衬套 3 是压紧在转子内，并和转子一起回转的）上的油孔从配油轴 5 和吸油口 b 吸油；当柱塞转到下半周时，定子内壁将柱塞向里推，柱塞底部的容积逐渐减小，向配油轴的压油口 c 压油，当转子回转一周时，每个柱塞底部的密封容积完成一次吸压油，转子连续运转，即完成压吸油工作。配油轴固定不动，油液从配油轴上半部的两个孔 a 流入，从下半部两个油孔 d 压出，为了进行配油，配油轴在和衬套 3 接触的一段加工出上、下两个缺口，形成吸油口 b 和压油口 c，留下的部分形成封油区。

当移动定子，改变偏心量 e 的大小时，泵的排量就发生改变；当移动定子使偏心量从正值变为负值时，泵的吸、排油口就互相调换，因此，径向柱塞泵可以是单向或双向变量泵，为了流量脉动率尽可能小，通常采用奇数柱塞数。

3.4.2　轴向柱塞泵

轴向柱塞泵可分为斜盘式和斜轴式，图 3 - 4 - 2 为斜盘式轴向柱塞泵的工作原理。泵由斜盘 1、柱塞 2、缸体 3、配油盘 4 等主要零件组成，斜盘 1 和配油盘 4 是不动的，传动轴 5 带动缸体 3、柱塞 2 一起转动，柱塞 2 靠机械装置或在低压油作用下压紧在斜盘上。当传动轴按图示方向旋转时，柱塞 2 在其沿斜盘自下而上回转的半周内逐渐向缸体外伸出，使缸体孔内密封工作腔容积不断增加，产生局部真空，从而将油液经配油盘 4 上的配油窗口 a 吸入；柱塞在其自上而下回转的半周内又逐渐向里推入，使密封工作腔容积不断减小，将油液从配油盘窗口 b 向外排出，缸体每转一转，每个柱塞往复运动一次，完成一次吸油动作。改变斜盘的倾角 γ，就可以改变密封工作容积的有效变化量，实现泵的变量。

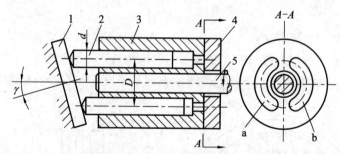

1—斜盘；2—柱塞；3—缸体；4—配油盘；5—传动轴；a—吸油窗口；b—压油窗口

图 3 - 4 - 2　斜盘式轴向柱塞泵的工作原理

如图 3 - 4 - 2，若柱塞数目为 Z，柱塞直径为 d，柱塞孔分布圆直径为 D，斜盘倾角为 γ，则泵的排量为

$$V = \frac{\pi}{4} d^2 Z D \tan\gamma \tag{3 - 4 - 1}$$

则泵的实际输出流量为

$$q = \frac{\pi}{4} d^2 Z D n \eta_v \tan\gamma \tag{3 - 4 - 2}$$

实际上，柱塞泵的排量是转角的函数，其输出流量是脉动的，就柱塞数而言，柱塞数为奇数时的脉动率比偶数柱塞小，且柱塞数越多，脉动越小，故柱塞泵的柱塞数一般都为奇数。从结构工艺性和脉动率综合考虑，常取 $Z=7$ 或 $Z=9$。

3.4.3 柱塞泵的优缺点及使用

1. 柱塞泵的优点

柱塞泵与其他泵相比，有以下优点：

(1) 工作压力、容积效率及总效率均最高。因柱塞与缸孔加工容易，尺寸精度及表面质量可以达到很高要求，所以配合精度高，油液泄漏小，能达到的工作压力，一般是 20～40 MPa，最高可达 100 MPa。

(2) 可传输的功率最大。因为只要适当地加大柱塞直径或增加柱塞数目，流量便增大。高压和大流量，便可传输大功率。

(3) 较宽的转速范围。

(4) 较长的使用寿命及功率密度高。柱塞泵主要零件均受压，使材料强度得以充分利用，所以使用寿命较长，且单位功率重量小。

(5) 良好的双向变量能力。改变柱塞的行程就能改变流量，容易制成各种变量型。

2. 柱塞泵的缺点

柱塞泵与其他泵相比，有以下缺点：

(1) 对介质洁净度要求较苛刻(座阀配流型较好)；

(2) 流量脉动较大，噪声较高；

(3) 结构较复杂，造价高，维修困难。

3. 柱塞泵的使用

柱塞泵在高压、大流量、大功率的液压系统中和流量需要调节的场合，得到广泛的应用。但柱塞泵的结构复杂，材料及加工精度要求较高，加工量大，价格昂贵。

3.5 液压泵的选用

对液压系统中所采用的液压泵有如下要求：

(1) 结构简单、紧凑，在输出同样的流量下要求泵的体积小，重量轻；

(2) 密封可靠，泄漏小，要求可承受一定的工作压力；

(3) 摩擦损失小，发热小，效率高；

(4) 维护方便，对油中杂质不敏感；

(5) 成本低，使用寿命长；

(6) 对液压泵要求输出流量脉动小，运转平稳，噪声小，自吸能力强；

(7) 对液压马达要求输出转矩脉动小，起动转矩大，稳定工作转速低。

在设计液压系统时，应根据系统所需要的压力、流量、使用要求、工作环境等合理选择液压泵的规格及结构形式。液压系统常用液压泵的性能比较见表 3-5-1。

表 3 - 5 - 1　液压系统常用液压泵的性能比较表

性能	外啮合齿轮泵	双作用叶片泵	限压式变量叶片泵	轴向柱塞泵	螺杆泵
输出压力	低压	中压	中压	高压	低压
流量调节	不能	不能	能	能	不能
效率	低	较高	较高	高	较高
输出流量脉动	很大	很小	一般	一般	最小
自吸特性	好	较差	较差	差	好
对油污染敏感性	不敏感	较敏感	较敏感	很敏感	不敏感
噪声	大	小	较大	大	最小

　　一般在负载小、功率小的机械设备中，可用齿轮泵、双作用叶片泵；精度较高的机械设备可用螺杆泵和双作用叶片泵；在负载较大并有快速和慢速工作行程的机械设备中可使用限压式变量叶片泵；在负载大、功率大的机械设备中可使用柱塞泵。

思考题与习题

　　3-1　容积式泵为什么能吸油？如果油箱完全密封，不与大气相通将会出现什么情况？

　　3-2　容积式泵为什么能压油？泵的工作压力取决于什么？和泵铭牌上的压力有什么关系？

　　3-3　液压泵按其结构不同，可分为哪几类？

　　3-4　什么是齿轮泵的困油现象？困油现象有什么危害？用什么方法减小或较好地解决齿轮泵的困油问题？

　　3-5　低压齿轮泵泄漏的途径有哪几条？中高压齿轮泵常采用什么措施来提高工作压力？

　　3-6　试说明限压式变量叶片泵流量压力特性曲线的物理意义。泵的限定压力和最大流量如何调节？调节时泵的流量压力特性曲线将如何变化？

　　3-7　双作用叶片泵和限压式变量叶片泵在结构上有何区别？

　　3-8　为什么轴向柱塞泵适用于高压？

　　3-9　液压泵在工作过程中会产生哪两方面的能量损失？产生损失的原因何在？

　　3-10　已知某一液压泵的排量 $V=100$ mL/r，转速 $n=1450$ r/min，容积效率 $\eta_v=0.95$，总效率 $\eta=0.9$，泵输出油的压力 $p=10$ MPa。求泵的输出功率 P_o 和所需电动机的驱动功率 P_i 各等于多少？

　　3-11　已知轴向柱塞泵的额定压力为 $p=16$ MPa，额定流量口 $Q=330$ L/min，设液压泵的总效率为 $\eta=0.9$，机械效率为 $\eta_m=0.93$。求：

　　(1) 驱动泵所需的额定功率；

　　(2) 计算泵的泄漏流量。

3-12 设液压泵转速为 950 r/min，排量 168 ml/r，在额定压力 29.5 MPa 和同样转速下，测得的实际流量为 150 L/min，额定工况下的总效率为 0.87，试求：

(1) 泵的理论流量；

(2) 泵的容积效率；

(3) 泵的机械效率；

(4) 泵在额定工况下，所需电机驱动功率；

(5) 驱动泵的转矩。

3-13 已知液压泵的额定压力 P_n 和额定流量 Q_n，若不计管道内压力损失，试说明图题 3-13 所示各种工况下液压泵出口处的工作压力值。

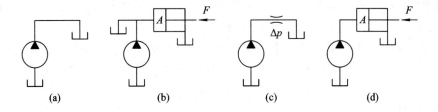

图题 3-13

第 4 章 液压执行元件

液压系统中的执行元件是把液压传动系统中的液压能转换成机械能的能量转换元件，它驱动机构作直线往复或旋转（或摆动）运动，其输入为压力和流量，输出力和速度，或转矩和转速。液压执行元件按其运动方式可分为液压马达和液压缸。

4.1 液压马达

4.1.1 液压马达的分类及特点

液压马达是把液体的压力能转换为旋转形式的机械能的元件。液压马达和液压泵在结构上基本相同，并且也是靠密封容积的变化进行工作的。马达和泵在工作原理上是互逆的，当向泵输入压力油时，其轴输出转速和转矩就成为马达。从原理上讲，液压泵可以作液压马达用，液压马达也可作液压泵用。但事实上同类型的液压泵和液压马达虽然在结构上相似，但由于两者的工作情况不同，使得两者在结构上也有某些差异。例如：

（1）液压马达一般需要正反转，所以在内部结构上应具有对称性，而液压泵一般是单方向旋转的，其内部结构可以不对称。

（2）液压泵的吸油腔为真空，一般液压泵的吸油口比出油口的尺寸大，而液压马达低压腔的压力稍高于大气压力，所以没有上述要求。

（3）液压马达要求能在很宽的转速范围内正常工作，因此，应采用液动轴承或静压轴承。因为当马达速度很低时，若采用动压轴承，就不易形成润滑膜。

（4）液压泵在结构上需保证具有自吸能力，而液压马达就没有这一要求。

（5）液压马达必须具有较大的起动扭矩。所谓起动扭矩，就是马达由静止状态起动时，马达轴上所能输出的扭矩。该扭矩通常大于在同一工作压差时处于运行状态下的扭矩，所以，为了使起动扭矩尽可能接近工作状态下的扭矩，要求马达扭矩的脉动小，内部摩擦小。

由于液压马达与液压泵具有上述不同的特点，所以使得很多类型的液压马达和液压泵不能互逆使用。

液压马达按其结构类型来分，可以分为齿轮式、叶片式、柱塞式和其他型式。

液压马达按其额定转速分为高速和低速两大类，额定转速高于 500 r/min 的属于高速液压马达，额定转速低于 500 r/min 的属于低速液压马达。

高速液压马达的基本型式有齿轮式、螺杆式、叶片式和轴向柱塞式等。它们的主要特点是转速较高、转动惯量小，便于启动和制动，调速和换向的灵敏度高。通常高速液压马达的输出转矩不大(仅几十牛·米到几百牛·米)，所以又称为高速小转矩液压马达。

低速液压马达的基本型式是径向柱塞式，例如单作用曲轴连杆式、液压平衡式和多作用内曲线式等。此外在轴向柱塞式、叶片式和齿轮式中也有低速的结构型式。低速液压马达的主要特点是排量大、体积大、转速低(有时可达每分种几转甚至零点几转)，因此可直接与工作机构连接，不需要减速装置，使传动机构大为简化，通常低速液压马达输出转矩较大(可达几千牛顿·米到几万牛顿·米)，所以又称为低速大转矩液压马达。

液压马达图形符号如图 4-1-1 所示。

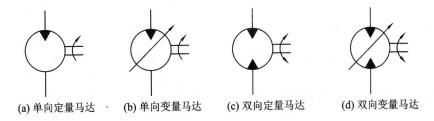

(a) 单向定量马达　·　(b) 单向变量马达　　(c) 双向定量马达　　(d) 双向变量马达

图 4-1-1　液压马达图形符号

4.1.2　液压马达的性能参数

液压马达的性能参数很多。下面是液压马达的主要性能参数：

1. 排量、流量和容积效率

习惯上将马达的轴每转一周，按几何尺寸计算所进入的液体容积，称为马达的排量 V，有时称之为几何排量、理论排量，即不考虑泄漏损失时的排量。

根据液压动力元件的工作原理可知，马达转速 n、理论流量 q_t 与排量 V 之间具有下列关系：

$$q_t = nV \tag{4-1-1}$$

为了满足转速要求，马达实际输入流量 q 大于理论输入流量 q_t，则有

$$q = q_t + \Delta q \tag{4-1-2}$$

式中，Δq 是泄漏流量。

液压马达的容积效率为

$$\eta_v = \frac{q_t}{q} = \frac{q - \Delta q}{q} = 1 - \frac{\Delta q}{q} \tag{4-1-3}$$

液压马达转速为

$$n = \frac{q_t}{V} = \frac{q\eta_v}{V} \tag{4-1-4}$$

2. 液压马达实际输出的转矩和机械效率

如果不计损失，液压马达输入的液压功率应当全部转化为液压马达输出的机械功率，即

$$\Delta pq = T_t \omega = T_t \cdot 2\pi n \qquad (4-1-5)$$

所以液压马达的理论转矩为

$$T_t = \frac{1}{2\pi} \Delta p V \qquad (4-1-6)$$

式中，Δp 是马达进出口之间的压力差。

由于液压马达内部不可避免地存在各种摩擦，所以实际输出的转矩 T 总要比理论转矩 T_t 小些，它的机械效率为

$$\eta_m = \frac{T}{T_t} \qquad (4-1-7)$$

液压马达实际输出转矩为

$$T = T_t \eta_m = \frac{1}{2\pi} \Delta p V \eta_m \qquad (4-1-8)$$

3. 液压马达的总效率

液压马达的总效率是输出功率与输入功率之比，由前面的公式可得出

$$\eta = \eta_v \eta_m \qquad (4-1-9)$$

即液压马达的总效率等于容积效率和机械效率的乘积。

4.1.3 液压马达的工作原理

1. 叶片液压马达

图 4-1-2 所示为叶片液压马达的工作原理图。当压力为 p 的油液从进油口进入叶片 1 和 3 之间时，叶片 2 因两面均受液压油的作用所以不产生转矩。叶片 1、3 上，一面作用有压力油，另一面为低压油。由于叶片 3 伸出的面积大于叶片 1 伸出的面积，因此作用于叶片 3 上的总液压力大于作用于叶片 1 上的总液压力，于是压力差使转子产生顺时针的转矩。同样道理，压力油进入叶片 5 和 7 之间时，叶片 7 伸出的面积大于叶片 5 伸出的面积，也产生顺时针转矩。这样，就把油液的压力能转变成了机械能，这就是叶片马达的工作原理。当输油方向改变时，液压马达就反转。

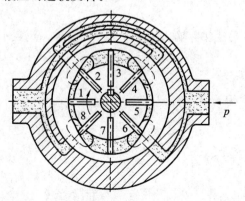

图 4-1-2 叶片液压马达的工作原理图

叶片液压马达与相应的叶片泵相比有以个几个特点：

(1) 叶片底部有弹簧，以保证在初始条件下叶片能紧贴在定子内表面上，以形成密封

工作腔，否则进油腔和回油腔将串通，就不能形成油压，也不能输出转矩。

（2）叶片槽是径向的，以便叶片液压马达双向都可以旋转。

（3）在壳体中装有两个单向阀，以使叶片底部能始终都通压力油（使叶片与定子内表面压紧）而不受叶片液压马达回转方向的影响。

叶片马达的体积小，转动惯量小，因此动作灵敏，可适应的换向频率较高，但泄漏较大，不能在很低的转速下工作，因此，叶片马达一般用于转速高、转矩小和动作要求灵敏的场合。

2. 轴向柱塞液压马达

轴向柱塞液压马达的工作原理如图 4-1-3 所示。当压力油输入时，处于高压腔中的柱塞被顶出，压在斜盘上。设斜盘作用在柱塞上的反力为 F，力 F 的轴向分力 F_x 与柱塞上的液压力平衡，而径向分力 F_y 则使处于高压腔中的每个柱塞都对转子中心产生一个转矩，使缸体和马达轴旋转。如果改变液压马达压力油的输入方向，则马达轴反转。

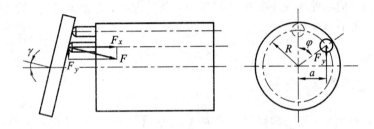

图 4-1-3　轴向柱塞马达工作原理图

液压马达的实际输出的总扭矩可用式（4-1-10）计算，表示为

$$T = \eta_m \cdot \frac{\Delta p V}{2\pi} \qquad (4-1-10)$$

式中，Δp 为液压马达进出口油液压力差（N/m²）；V 为液压马达理论排量（m³/r）；η_m 为液压马达机械效率。

从式中可看出，当输入液压马达的油液压力一定时，液压马达的输出扭矩仅和每转排量有关，因此，提高液压马达的每转排量，可以增加液压马达的输出扭矩。改变输入油液方向，可以改变液压马达转动方向。

轴向柱塞式液压马达结构简单，体积小，重量轻，工作压力高，转速范围宽，低速稳定性好，启动机械效率高。

一般来说，轴向柱塞马达都是高速马达，输出扭矩小，因此，必须通过减速器来带动工作机构。如果我们能使液压马达的排量显著增大，也就可以使轴向柱塞马达做成低速大扭矩马达。

3. 液压马达与液压泵相比

1）相同点

两者均是利用"密封"容积的交替变化进行工作的，均需要有配流装置，油箱要和大气相通；工作中均会产生困油现象和径向不平衡力、液压冲击和液体泄漏等现象；两者都是能量转换装置；理论上它们的输入与输出量具有相同的数学关系式；两者重要的参数都是压力和流量。

2）不同点

驱动动力不同：液压泵是电机带动；液压马达是液体压力驱动。

结构不同：液压泵为保证其性能，一般是非对称结构；液压马达需要正反转，结构必须具有对称性。

自吸能力要求不同：马达依靠压力油工作，不需要有自吸能力，而液压泵必须要有自吸能力。

泄漏形式不同：液压泵采用内泄漏形式；马达必须采用外泄漏式结构。

容积效率不同：为了提高马达的机械效率，其轴向间隙补偿装置的压紧力比液压泵小，所以液压马达容积效率比液压泵低。

4.2 液 压 缸

液压缸（又称油缸）是液压系统中常用的一种执行元件，是把液体的压力能转变为机械能的装置，主要用于实现机构的直线往复运动，也可以实现摆动，其结构简单，工作可靠，应用广泛。

4.2.1 液压缸的类型

液压缸有多种类型。按结构特点可分为活塞式、柱塞式和伸缩式三大类；按作用方式又可分为单作用式和双作用式两种。在单作用式液压缸中，压力油只供入液压缸的一腔，使缸实现单向运动，反方向运动则依靠外力（弹簧力、自重或外部载荷等）来实现。在双作用式液压缸中，压力油则交替供入液压缸的两腔，使缸实现正反两个方向的往复运动。

液压缸的分类见表 4-2-1。

表 4-2-1 液压缸的分类

分类	名称	图示	符号	特 点
单作用液压缸	柱塞式液压缸	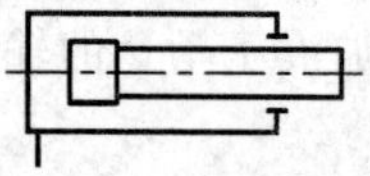	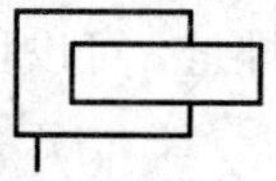	柱塞仅能往外产生液压推力，缩回须靠自重、负载等外力
	活塞杆液压缸		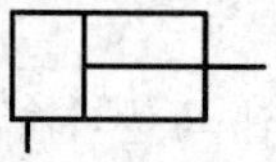	活塞仅能往外产生液压推力，收回须靠自重、负载等外力
双作用液压缸	单活塞杆液压缸	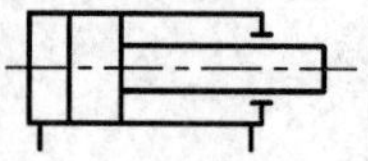	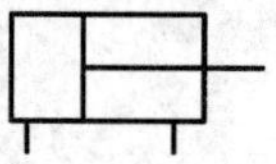	单边有活塞杆，双向液压驱动，两向推力和速度不等
	双活塞杆液压缸	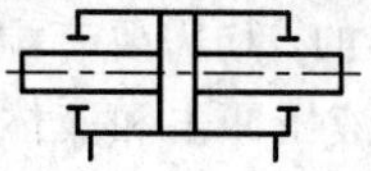	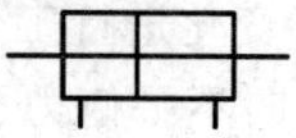	双边有活塞杆，双向液压驱动，两向推力和速度可相等

续表

分类	名称	图示	符号	特　点
组合缸	弹簧复位液压缸			单向液压驱动，收回时靠弹簧复位
	串联液压缸			用于缸径受限制、长度不受限制的场合，可获较大推力
	增压缸			由大小油缸串联组成，通过低压大缸驱动，使小缸液压力增高
	齿条传动液压缸			活塞推动齿条作往复运动，齿条通过啮合使齿轮双向转动，可获大转矩
	双向液压缸			左右两个活塞同时往相反方向运动

4.2.2　活塞式液压缸

活塞式液压缸可分为双杆式和单杆式两种结构。其固定方式有缸体固定和活塞杆固定两种，如图 4-2-1 所示。

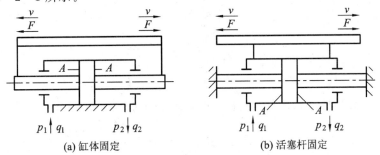

(a) 缸体固定　　　　　　　　(b) 活塞杆固定

图 4-2-1　双杆活塞式液压缸安装方式简图

1. 双杆活塞式液压缸

图 4-2-1 为双杆活塞式液压缸的安装方式图。活塞两侧均有活塞杆。当活塞杆直径相同（即有效作用面积相等）、供油压力和流量不变时，活塞（或缸体）在两个方向的运动速度和推力也相等，即

$$v = \frac{q}{A} = \frac{4q}{\pi(D^2 - d^2)} \tag{4-2-1}$$

$$F = (p_1 - p_2)A = \frac{\pi}{4}(D^2 - d^2)(p_1 - p_2) \tag{4-2-2}$$

式中，q 是输入液压缸的流量（m^3/s）；A 是活塞有效工作面积（m^2）；D、d 分别是活塞、活塞杆直径（m）；p_1、p_2 分别是液压缸的进油压力、回油压力（Pa）。

图 4-2-1(a) 为缸体固定、活塞杆运动方式，这种安装方式占用空间大，工作台移动范围为活塞最大行程的三倍，故常用于小型机床。图 4-2-1(b) 为活塞杆固定、缸体运动方式，工作台移动范围约为活塞最大行程的两倍，安装空间小，常用于中型和大型机床。

2. 单杆活塞式液压缸

单杆活塞双液压缸如图 4-2-2 所示，由于只有一端有活塞杆，因而在活塞作双向运动时可获得三种不同的运动速度和推、拉力。

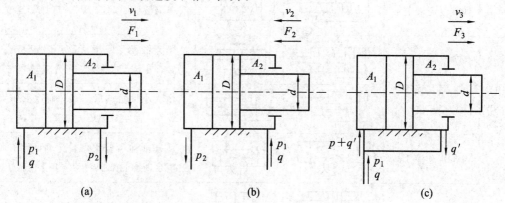

图 4-2-2　单杆活塞式液压缸计算示意图

（1）无杆腔进油时，如图 4-2-2(a)所示，则有

$$v_1 = \frac{q}{A_1} = \frac{4q}{\pi D^2} \tag{4-2-3}$$

$$F_1 = (p_1 A_1 - p_2 A_2) = \frac{\pi}{4}[D^2 p_1 - (D^2 - d^2)p_2] \tag{4-2-4}$$

（2）有杆腔进油时，如图 4-2-2(b)所示，则有

$$v_2 = \frac{q}{A_2} = \frac{4q}{\pi(D^2 - d^2)} \tag{4-2-5}$$

$$F_2 = (p_1 A_2 - p_2 A_1) = \frac{\pi}{4}[(D^2 - d^2)p_1 - D^2 p_2] \tag{4-2-6}$$

活塞运动速度 v_2 与 v_1 之比称为速比，用 λ_v 表示，则有

$$\lambda_v = \frac{v_2}{v_1} = \frac{D^2}{D^2 - d^2} \tag{4-2-7}$$

即已知活塞直径 D 和速比 λ_v，可求得活塞杆直径 d，而速比 λ_v 越大，活塞杆直径 d 越大。

（3）液压缸差动连接时，如图 4-2-2(c)所示。当压力油同时供给单活塞杆液压缸的两腔时，由于无杆腔面积大，因此产生的总作用力较大，活塞以一定的速度向右运动。此时有杆腔排出的油液与泵供给的油液汇合后进入液压缸的无杆腔，这种连接方式称为差动连接，则有

$$v_3 = \frac{q}{A_1 - A_2} = \frac{4q}{\pi d^2} \tag{4-2-8}$$

$$F_3 = p(A_1 - A_2) = p \frac{\pi d^2}{4} \tag{4-2-9}$$

在实际生产中，单活塞杆液压缸常用在需要实现"快速接近（v_3）—慢速进给（v_1）—快速退回（v_2）"工作循环的组合机床液压传动系统中，并且要求"快速接近"与"快速退回"的速度相等，即 $v_3 = v_2$，这可以通过选择 D 和 d 的尺寸来实现。

4.2.3　柱塞式液压缸

一般机床中较多地使用活塞式液压缸，但活塞式液压缸的内壁要求精加工，行程较长

时加工困难，因此在行程较长的场合常采用柱塞式液压缸。柱塞式液压缸的内壁不需要精加工，因此结构简单，制造容易。

图 4-2-3(a)是柱塞缸的结构。它由缸筒、柱塞、导向套、密封圈、压盖等零件组成。柱塞缸只能在压力油作用下单方向运动，它的回程要借助于运动件的自重或其他外力的作用。为了得到双向运动，柱塞缸常成对使用，如图 4-2-3(b)所示。如在液压龙门刨床中就是采用成对柱塞缸得到往复运动。

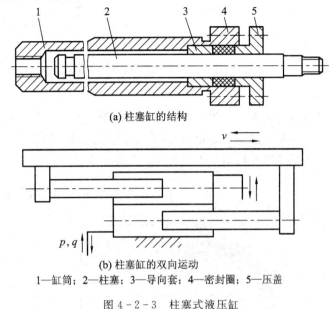

(a) 柱塞缸的结构

(b) 柱塞缸的双向运动

1—缸筒；2—柱塞；3—导向套；4—密封圈；5—压盖

图 4-2-3　柱塞式液压缸

柱塞式液压缸输出力和速度计算可表示为

$$F = pA = p\,\frac{\pi d^2}{4} \tag{4-2-10}$$

$$v = \frac{q}{A} = \frac{4q}{\pi d^2} \tag{4-2-11}$$

式中，q 是输入液压缸液体的流量(m^3/s)；A 是柱塞有效工作面积(m^2)；d 是柱塞直径(m)；p 是液体工作压力(Pa)。

4.2.4　其他形式的液压缸

1. 摆动缸

摆动缸也称摆动液压马达，主要用来驱动做间歇回转运动的工作机构，常用于工夹具夹紧装置、送料装置、转位装置以及需要周期性进给的系统中。摆动缸分为单叶片式和双叶片式两种。

图 4-2-4(a)中为单叶片式摆动缸，其摆动角度一般小于 3000；图 4-2-4(b)为双叶片式摆动缸，其摆动角度小于 1500。当输入压力和流量不变时，双叶片摆动液压缸摆动轴输出转矩是相同参数单叶片摆动缸的两倍，而摆动角速度则是单叶片的一半。

摆动缸结构紧凑，输出转矩大，但密封困难，一般只用于中、低压系统中往复摆动、转位或间歇运动的地方。

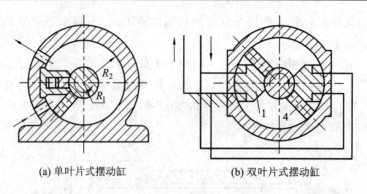

(a) 单叶片式摆动缸　　　　　　　(b) 双叶片式摆动缸

图 4 - 2 - 4　摆动缸

2. 伸缩式液压缸

伸缩式液压缸是可以得到较长工作行程的具有多级套筒形活塞杆的液压缸，伸缩式液压缸又称多级液压缸。伸缩式液压缸是由两个或多个活塞式液压缸套装而成的，前一级活塞缸的活塞杆是后一级活塞缸的缸筒，如图 4 - 2 - 5 所示。

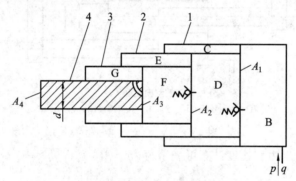

1—外缸筒；2——一级活塞缸筒；3—二级活塞缸筒；4—三级活塞

图 4 - 2 - 5　单作用式三级同步伸缩式液压缸

当压力油从无杆腔进入时，活塞有效面积最大的缸筒开始伸出，当行至终点时，活塞有效面积次之的缸筒开始伸出。伸缩式液压缸伸出的顺序是由大到小依次伸出，可获得很长的工作行程，外伸缸筒有效面积越小，伸出速度越快，因此，伸出速度由慢变快，相应的液压推力由大变小；这种推力、速度的变化规律，正适合各种自动装卸机械对推力和速度的要求。而缩回的顺序一般是由小到大依次缩回，缩回时的轴向长度较短，占用空间较小，结构紧凑，常用于工程机械和其他行走机械，如起重机、翻斗汽车等的液压系统中。

4.2.5　液压缸的典型结构和组成

1. 液压缸的典型结构举例

图 4 - 2 - 6 所示为单杆活塞缸的结构。由图可见，缸体和前后两个缸盖是可分开的，这便于加工缸体的内孔。活塞、活塞杆和导向套上都装有密封圈，因而液压缸被分隔为两个互不相通的油腔。当活塞腔通入高压油而活塞杆腔回油时，可实现工作行程，当从相反方向进油和排油时，则实现回程，所以它是双作用液压缸。此外，在缸的两端还装有缓冲装置，当活塞高速运动时，能保证在行程终点上准确定位并防止冲击。当活塞退回左端时，

活塞头部的缓冲柱塞插入头侧端盖 1 的孔内，活塞腔的油必须经过节流阀 13 才能排出，所以在活塞腔形成了回油阻力，使活塞得到缓冲。调整节流阀 13 的开口，可以得到合适的回油阻力。单向阀 14 可使活塞在左端终点位置上开始伸出时，油流不受节流阀的影响。当活塞运动到右端终点位置时，活塞杆上的加粗部分插入杆侧端盖 8 的孔中，使油从节流阀中排出，缓冲原理与前相同。11 是活塞杆的导向套，它对活塞杆起导向和支承作用，为了便于磨损后进行更换，一般设计为可拆卸结构。

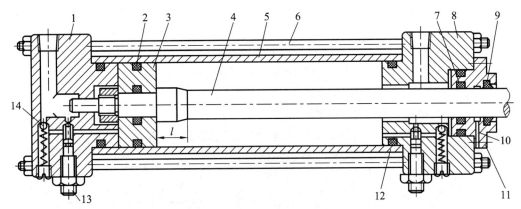

1—头侧端盖；2—活塞密封圈；3—活塞头；4—活塞杆；5—缸体；6—拉杆；7—活塞杆密封圈；
8—杆侧端盖；9—防尘圈；10—泄油口；11—导向套；12—固定密封圈；13—节流阀；14—单向阀

图 4-2-6　单杆活塞缸结构

2. 液压缸的组成

从上面的例子中可以看到，液压缸的结构基本上可以分为 4 部分。

1）缸体组件

缸体组件包括缸筒、端盖及连接件。常见的缸体组件连接形式如图 4-2-7 所示。

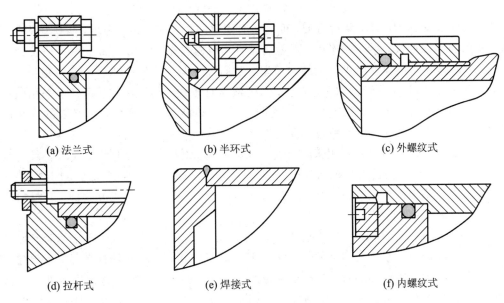

(a) 法兰式　　　　　　(b) 半环式　　　　　　(c) 外螺纹式

(d) 拉杆式　　　　　　(e) 焊接式　　　　　　(f) 内螺纹式

图 4-2-7　缸体组件的连接形式

法兰式结构简单，加工和装拆方便，连接可靠。其径向尺寸和质量较大，适用于大型液压缸。

螺纹式连接分为外螺纹和内螺纹两种。其特点是外径小，质量小，结构紧凑；但端部结构复杂，装拆需专用工具，旋端盖时易损伤密封圈，常用于小型液压缸。

拉杆式连接通用性好，缸筒加工简单，装拆方便；但端盖的体积大，质量较大，且拉杆受力会产生变形。它常用于短行程液压缸。

焊接式连接外形尺寸小，结构简单；但易引起焊接变形，且不可拆。它主要用于柱塞式液压缸。

半环式连接分内半环和外半环两种。半环连接工艺性好，连接可靠，结构紧凑，装拆方便。开半环槽对缸筒强度有影响，常用在无缝钢管与端盖的连接中。

2）活塞组件

活塞组件由活塞、密封件、活塞杆和连接件等组成。

如图4-2-8所示，活塞与活塞杆的连接最常用的有螺纹连接和半环连接形式，除此之外还有整体式结构、焊接式结构、锥销式结构等。

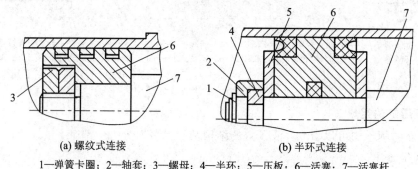

(a) 螺纹式连接　　　　　　　　　(b) 半环式连接

1—弹簧卡圈；2—轴套；3—螺母；4—半环；5—压板；6—活塞；7—活塞杆

图4-2-8　活塞和活塞杆的结构

螺纹式连接结构简单，装拆方便，但需备有螺母防松措施，如双螺母，防松垫圈等，是一种常用的连接形式。半环式连接，强度高，但其结构复杂，常用于高压和振动较大的液压缸中。整体式连接和焊接式连接结构简单，轴向尺寸紧凑，但损坏后需整体更换，对活塞与活塞杆比值较小、行程较短或尺寸不大的液压缸来说，其活塞与活塞杆可采用整体或焊接式连接；锥销式连接加工容易，装配简单，但承载能力小，且需要有必要的防止脱落措施，在轻载情况下可采用锥销式连接。

活塞装置上的密封件主要用来防止液压油的泄漏。对密封装置的基本要求是具有良好的密封性能，并随压力的增加能自动提高密封性。除此以外，摩擦阻力要小，耐油。

油缸主要采用密封圈密封，密封圈有O形、V形、Y形及组合式等数种，其材料为耐油橡胶、尼龙、聚氨脂等。

3）缓冲装置

当液压缸带动质量较大的部件作快速往复运动时，由于运动部件具有很大的动能，因此当活塞运动到液压缸终端时，会与端盖碰撞，而产生冲击和噪声。这种机械冲击不仅引起液压缸有关部分的损坏，而且会引起其他相关机械的损伤。为了防止这种危害，保证安全，必须设置缓冲装置，对液压缸运动速度进行控制。

缓冲装置是利用活塞或缸筒移动到接近两侧端盖时，将活塞与端盖间的部分油液封住，迫使油液从缝隙或小孔中流出，从而造成回油阻力，这个阻力使移动部件减速制动，防止与端盖相撞。常见缓冲装置分为节流口可调式和节流口变化式，其结构原理如图 4-2-9 所示。

图 4-2-9(a)为节流口可调式缓冲装置，当活塞上的缓冲柱塞进入端盖凹腔后，圆环形的回油腔中的油液只能通过针形节流阀流出，这就使活塞制动。调节节流阀的开口，可改变制动阻力的大小。这种缓冲装置起始缓冲效果好，随着活塞向前移动，缓冲效果逐渐减弱，因此它的制动行程较长。

图 4-2-9(b)所示为节流口变化式的缓冲装置，它的缓冲柱塞上开有变截面的轴向三角形节流槽。当活塞移近端盖时，回油腔油液只能经过三角槽流出，因而使活塞受到制动作用。随着活塞的移动，三角槽通流截面逐渐变小，阻力作用增大，因此，缓冲作用均匀，冲击压力较小，制动位置精度高。

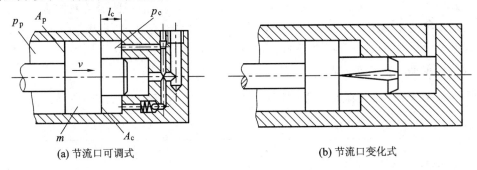

(a) 节流口可调式　　　　　　　　　(b) 节流口变化式

图 4-2-9　缓冲装置结构原理图

4）排气装置

液压传动系统往往会混入空气，使系统工作不稳定，产生振动、爬行或前冲等现象，严重时会使系统不能正常工作，因此，设计液压缸时，必须考虑空气的排除。

对于要求不高的液压缸，往往不设计专门的排气装置，而是将油口布置在缸筒两端的最高处，这样也能使空气随油液排往油箱，再从油箱溢出，对于速度稳定性要求较高的液压缸和大型液压缸，常在液压缸的最高处设置专门的排气装置，如排气塞、排气阀等，其结构如图 4-2-10 所示。当松开排气塞或阀的锁紧螺钉后，低压往复运动几次，带有气泡的油液就会排出，空气排完后拧紧螺钉，液压缸便可正常。

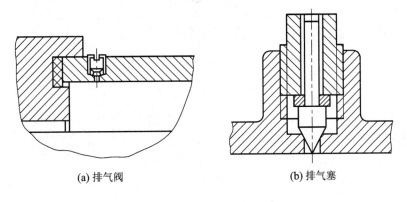

(a) 排气阀　　　　　　　　　　(b) 排气塞

图 4-2-10　排气装置结构图

4.2.6 液压缸的设计和计算

液压缸一般来说是标准件，但有时也需要自行设计。本节主要介绍液压缸主要尺寸的计算及强度、刚度的验算方法。

液压缸的设计是在对所设计的液压系统进行工况分析、负载计算和确定了其工作压力的基础上进行的。首先根据使用要求确定液压缸的类型，再按负载和运送要求确定液压缸的主要结构尺寸，必要时需进行强度验算，最后进行结构设计。

液压缸的主要尺寸包括：缸筒内径 D、活塞杆直径 d 及缸筒长度 L。主要根据液压缸的负载、活塞运动速度和行程等因素来确定上述参数。

1. 液压缸工作压力的确定

液压缸要承受的负载包括有效工作负载、摩擦阻力和惯性力等。液压缸的工作压力按负载确定。对于不同用途的液压设备，由于工作条件不同，采用的压力范围也不同。机床液压传动系统使用的压力一般为 $2\sim8$ MPa，组合机床液压缸工作压力为 $3\sim4.5$ MPa，液压机常用压力为 $21\sim32$ MPa，工程机械选用 16 MPa 较为合适。

液压缸额定压力系列见表 4－2－2。

表 4－2－2　液压缸的额定压力系列表（单位：MPa，GB7938－87）

0.63	1.0	1.6	2.5	4.0	6.3	10.0	16.0	25.0	31.5	40.0

2. 液压缸主要尺寸计算

1）缸筒内径

（1）当已知液压缸承受的最大负载力 F（最大输出作用力）时，选取工作压力 p，可求出缸筒内径 D，取回油压力为零。

对单杆活塞式缸：

无杆腔为进油腔，则有

$$D = \sqrt{\frac{4F}{\pi p}} \qquad (4-2-12)$$

有杆腔为进油腔，则有

$$D = \sqrt{\frac{4F}{\pi p} + d^2} \qquad (4-2-13)$$

（2）当已知液压缸的运动速度选定液压泵的流量时，也可求出 D。

对单杆活塞式缸：

无杆腔为进油腔，则有

$$D = \sqrt{\frac{4Q}{\pi v_1}} \qquad (4-2-14)$$

有杆腔为进油腔，则有

$$D = \sqrt{\frac{4Q}{\pi v_2} + d^2} \qquad (4-2-15)$$

我们常用方法(1)计算缸筒内径。

2) 活塞杆直径

活塞杆直径 d 常根据工作压力,依据经验选取,见表 4 - 2 - 3。

表 4 - 2 - 3　液压缸工作压力与活塞杆直径

液压缸工作压力 P(MPa)	$\leqslant 5$	$5 \sim 7$	> 7
推荐活塞杆直径 d	$(0.5 \sim 0.55)D$	$(0.6 \sim 0.7)D$	$0.7D$

当液压缸的往复速度比有一定要求时,由式(4 - 2 - 7)得杆径为

$$d = D \sqrt{\frac{\lambda_v - 1}{\lambda_v}} \qquad (4 - 2 - 16)$$

推荐液压缸的速度比如表 4 - 2 - 4 所示。

表 4 - 2 - 4　液压缸往复速度比推荐值

液压缸工作压力 P(MPa)	$\leqslant 10$	$1.25 \sim 20$	> 20
往复速度比 λ_v	1.33	$1.46 \sim 2$	2

计算所得的液压缸内径 D 和活塞杆直径 d 应圆整为标准系列参见《新编液压工程手册》。

3) 缸筒长度

缸筒长度由所需的工作行程及结构的需要来确定,即缸筒长度＝活塞行程＋活塞长度＋活塞杆导向长度＋活塞杆密封长度＋其他。其中活塞长度＝$(0.6 \sim 1)D$;活塞杆导向长度＝$(0.6 \sim 1.5)d$,其他由结构决定。

3. 液压缸的校核

一般情况下,液压缸筒壁厚往往由结构工艺上的要求来确定,必要时再校核其强度。

中、高压液压缸一般用无缝钢管做缸筒,大多属薄壁筒,即 $\delta/D \leqslant 0.08$,此时,可根据材料力学中薄壁圆筒的计算公式验算缸筒的壁厚,即

$$\delta \geqslant \frac{p_{max}D}{2[\sigma]} \qquad (4 - 2 - 17)$$

当 $\delta/D \geqslant 0.3$ 时,可用式(4 - 2 - 18)校核缸筒壁厚。

$$\delta \geqslant \frac{D}{2}\left(\sqrt{\frac{[\sigma] + 0.4p_{max}}{[\sigma] - 1.3p_{max}}} - 1\right) \qquad (4 - 2 - 18)$$

当液压缸采用铸造缸筒时,壁厚由铸造工艺确定,这时应按厚壁圆筒计算公式验算壁厚。当 $\delta/D = 0.08 \sim 0.3$ 时,可用式(4 - 2 - 19)校核缸筒的壁厚。

$$\delta \geqslant \frac{p_{max}D}{2.3[\sigma] - 3p_{max}} \qquad (4 - 2 - 19)$$

式中,p_{max} 是缸筒内的最高工作压力;$[\sigma]$ 是缸筒材料的许允应力。

活塞杆长度根据液压缸最大行程 L 而定。对于工作行程中受压的活塞杆,当活塞杆长

度 L 与其直径 d 之比大于 15 时，应对活塞杆进行稳定性验算，关于稳定性验算的内容可查阅液压设计手册。

思考题与习题

4-1　液压缸是如何分类的？

4-2　什么叫做差动连接？差动连接液压缸在实际应用中有什么优点？

4-3　活塞式液压缸有几种形式？有什么特点？它们分别用在什么场合？

4-4　试分析单杆活塞缸差动连接时无杆腔受力及活塞伸出速度。

4-5　液压缸为什么要设置缓冲装置？试说明缓冲装置的工作原理。

4-6　图题 4-6 所示三种结构形式的液压缸，活塞和活塞杆直径分别为 D、d，如进入液压缸的流量为 q，压力为 p，试分析各缸产生的推力 p 速度大小以及运动方向。

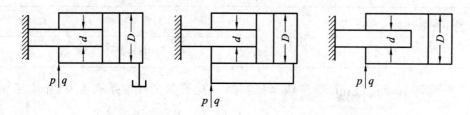

图题 4-6

4-7　如图题 4-7 所示两个结构和尺寸均相同相互串联的液压缸，无杆腔面积 $A_1 = 100\ \mathrm{cm}^2$，有杆腔面积 $A_2 = 80\ \mathrm{cm}^2$，缸 1 输入压力 $p_1 = 0.9\ \mathrm{MPa}$，输入流量 $q_1 = 12\ \mathrm{L/min}$。不计损失和泄漏，试求：

(1) 两缸承受相同负载时（$F_1 = F_2$），负载和速度各为多少？

(2) 缸 1 不受负载时（$F_1 = 0$），缸 2 能承受多少负载？

(3) 缸 2 不受负载时（$F_2 = 0$），缸 1 能承受多少负载？

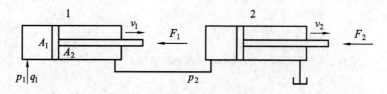

图题 4-7

4-8　已知液压马达的排量 $V_M = 250\ \mathrm{mL/r}$；入口压力为 9.8 MPa；出口压力为 0.49 MPa；此时的总效率 $\eta_M = 0.9$；容积效率 $\eta_{VM} = 0.92$；当输入流量为 22 L/min 时，试求：

(1) 液压马达的输出转矩（Nm）；

(2) 液压马达的输出功率（kW）；

(3) 液压马达的转速（r/min）。

4-9　如图题 4-9，已知液压泵的输出压力 $p_p=10$ MPa，泵的排量 $V_p=10$ mL/r，泵的转速 $n_p=1450$ r/min，容积效率 $\eta_{pv}=0.9$，机械效率 $\eta_{pm}=0.9$；液压马达的排量 $V_M=10$ mL/r，容积效率 $\eta_{MV}=0.92$，机械效率 $\eta_{Mm}=0.9$，泵出口和马达进油管路间的压力损失为 0.5 MPa，其他损失不计，试求：

（1）泵的输出功率；

（2）驱动泵的电机功率；

（3）马达的输出转矩；

（4）马达的输出转速。

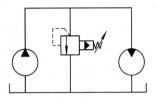

图题 4-9

第 5 章　液压系统的辅助元件

液压系统中的辅助元件，如蓄能器、滤油器、油箱、热交换器、管件等，对系统的动态性能、工作稳定性、工作寿命、噪声和温升等都有直接影响，必须予以重视。其中油箱需根据系统要求自行设计，其他辅助装置则做成标准件，供设计时选用。

5.1　液压泵的安装及油箱设计

通常液压泵不希望（或不允许）承受径向载荷，故液压泵常用电机直接通过弹性联轴节传动。安装时电机与液压泵轴的不同心度不能过大，以免增加泵轴的额外负载并引起噪音，必要时可采用皮带或齿轮传动，但应使液压泵轴卸荷。

机床上常用的齿轮泵、叶片泵等均有足够的自吸能力，但为了避免气蚀，一般规定液压泵吸油口距离油面高度不大于 0.5 米。某些泵允许有更高的吸油高度，也有一些泵规定吸油口必须低于油面，个别泵则无自吸能力需另配辅助泵供油，对这些在使用时应加以注意。此外，使用时还必须注意泵的转向及吸、排油口方向。安装使用应符合泵使用说明书的要求。

油箱是液压系统中用来贮存油液、散发系统工作中产生的热量、沉淀油中固体杂质、逸出油中气泡的容器。按液面是否与大气相通，分为开式油箱和闭式油箱。

开式油箱的液面与大气相通，在液压系统中广泛应用；闭式油箱液面与大气隔离，有隔离式和充气式，用于水下设备或气压不稳定的高空设备中。

油箱按布置方式分为总体式和分离式。总体式是利用机械设备的机体空腔作为油箱，结构紧凑，体积小，维修不便，油液发热，液压系统振动影响设备精度。分离式油箱是独立结构，与主机分开，减少了油箱发热和液压源振对主机工作精度的影响，因此得到了普遍的采用，特别在精密机械上。

油箱的典型结构如图 5-1-1 所示。由图可见，油箱内部用隔板 7、9 将吸油管 1 与回油管 4 隔开。顶部、侧部和底部分别装有滤油网 2、油位计 6 和排放污油的放油阀 8。安装液压泵及其驱动电机的安装板 5 则固定在油箱顶面上。

对油箱的设计要求：

（1）油箱的有效容积（油面高度为油箱高度 80% 时的容积）应根据液压系统发热、散热平衡的原则来计算，这项计算在系统负载较大、长期连续工作时是必不可少的。

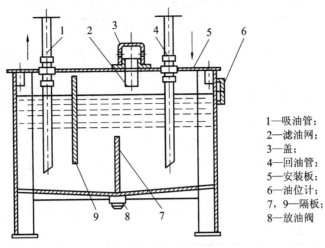

1—吸油管；
2—滤油网；
3—盖；
4—回油管；
5—安装板；
6—油位计；
7，9—隔板；
8—放油阀

图 5-1-1　油箱结构图

（2）泵的吸油管与系统回油管之间的距离应尽可能远些，管口都应插于最低液面以下，但离油箱底要大于管径的 2～3 倍，以免吸空和飞溅起泡，吸油管端部所安装的滤油器，离箱壁要有 3 倍管径的距离，以便四面进油。回油管口应截成 45°斜角，以增大回流截面，并使斜面对着箱壁，以利散热和沉淀杂质。

（3）在油箱中设置隔板，以便将吸、回油隔开，迫使油液循环流动，利于散热和沉淀。

（4）设置空气滤清器与液位计。空气滤清器的作用是使油相箱与大气相通，保证泵的自吸能力，滤除空气中的灰尘杂物，有时兼作加油口，它一般布置在顶盖上靠近油箱边缘处。

（5）设置放油口与清洗窗口。将油箱底面做成斜面，在最低处设放油口，平时用螺塞或放油阀堵住，换油时将其打开放走油污。为了便于换油时清洗油箱，大容量的油箱一般均在侧壁设清洗窗口。

（6）油箱正常工作温度应在 15～66℃ 之间，必要时应安装温度控制系统，或设置加热器和冷却器。

（7）最高油面只允许达到油箱高度的 80%，油箱底脚高度应在 150 mm 以上，以便散热、搬移和放油，油箱四周要有吊耳，以便起吊装运。

5.2　管　　件

管件包括管道、管接头和法兰等，其作用是保证油路的连通，并便于拆卸、安装。对它的主要要求是：有足够的强度，密封性好，压力损失小。

1. 管道

液压系统中使用的管道有钢管、纯铜管、尼龙管、塑料管和橡胶管等，须依其安装位置、工作条件和工作压力来正确选用。各种常用管道的特点及适用场合如表 5-2-1 所示。

表 5 - 2 - 1　各种常用管道的特点及适用场合

种　类		特点和适用场合
硬管	钢管	价廉、耐油、抗腐、刚性好，但装配时不易弯曲成型，常在拆装方便处用作压力管道，中压以上用无缝钢管，低压时也可采用焊接钢管
	紫铜管	价格高，抗震能力差，易使油液氧化，但易弯曲成型，用于仪表和装配不便处
软管	尼龙管	半透明材料，可观察流动情况。加热后可任意弯曲成型和扩口，冷却后即定型，承压能力较低，一般在 2.8~8 MPa 之间
	塑料管	耐油、价廉、装配方便，长期使用会老化，只用于压力低于 0.5 MPa 的回油或泄油管路
	橡胶管	用耐油橡胶和钢丝编织层制成，多用于高压管路，还有一种用耐油橡胶和帆布制成，用于回油管路

管道的安装要求：

（1）管道应尽量短，最好横平竖直，拐弯少。为避免管道皱折，减少压力损失，管道装配的弯曲半径要足够大，管道悬伸较长时应适当设置管夹及支架。

（2）管道尽量避免交叉，平行管间距要大于 100 mm，以防接触振动，并便于安装管接头和管夹。

（3）软管直线安装时要有 30％左右的余量，以适应油温变化、受拉和振动的需要。弯曲半径要大于 9 倍软管外径，弯曲处到管接头的距离至少等于 6 倍外径。

2. 管接头

管接头是管道之间、管道与液压元件之间的可拆式管件。管接头在满足强度足够的前提下，应当装拆方便，连接牢固，密封性好，外形尺寸小，压力损失小以及工艺性好。

管接头的种类很多，其规格品种可查阅有关手册。液压系统中常用的管接头如表 5 - 2 - 2 所示。管接头的连接螺纹采用国家标准米制锥螺纹（ZM）和普通细牙螺纹（M）。锥螺纹可依靠自身的锥体旋紧和采用聚四氟乙烯生料带进行密封，广泛用于中、低压系统；细牙螺纹常在采用组合垫圈或 O 型圈，有时也采用紫铜垫圈进行端面密封后用于高压液压系统。

表 5 - 2 - 2　液压系统中常用的管接头

名　称	结构简图	特点和说明
焊接式管接头	球形头	1. 连接牢固，利用球面进行密封，简单可靠 2. 焊接工艺必须保证质量，必须采用厚壁钢管，装拆不便 3. 工作压力可达 32 MPa 或更高
卡套式管接头	油管　卡套	1. 用卡套卡住油管进行密封，轴向尺寸要求不严，装拆简便 2. 对管子径向尺寸精度要求较高，为此要采用冷拔无缝钢管 3. 工作压力可达 32 MPa 4. 适用于油、气及一般腐蚀性介质的管路系统

名　称	结构简图	特点和说明
扩口式管接头	油管　管套	1. 用管端的扩口在管套的压紧下进行密封，结构简单，可重复进行连接 2. 适用于钢管、薄壁钢管、尼龙管和塑料管等低压管道的连接 3. 喇叭口扩成 $74°\sim90°$ 4. 适用于不超过 8 MPa 的中低压系统
扣压式管接头		1. 用来连接高压软管 2. 随管径不同工作压力范围为 $6\sim40$ MPa 3. 适用于油、水、气为介质的管路系统
固定铰接管接头	螺钉 组合垫圈 接头体 组合垫圈	1. 是直角接头，优点是可以随意调整布管方向，安装方便，占空间小 2. 接头与管子的连接方法除本图卡套式外，还可用焊接式 3. 中间有通油孔的固定螺钉把两个组合垫圈压紧在接头体上进行密封

5.3　过　滤　器

1. 滤油的必要性和过滤器的过滤精度

由于外界灰尘、铁屑等脏物侵入油箱，以及由于零件的磨损、装配时元件及油管中的残留物和油液氧化变质析出物等混在油路系统中，所以油液总是含有各种杂质，很不清洁。杂质颗粒达到一定大小就会引起相对运动零件的急剧磨损以至卡死，或使过油小孔堵塞导致系统不能正常工作，因此，必须限制油液中杂质的颗粒，在液压系统中过滤器是必不可少的。过滤器的过滤精度就是指过滤器能滤除杂质的颗粒大小。

系统的过滤精度的选择，主要应按以下两个原则考虑：杂质颗粒小于运动件间隙或油膜厚度，以免卡住运动件或引起零件急剧磨损；杂质颗粒应小于系统中节流小孔的最小截面积，以免小孔堵住。

按所能过滤颗粒的大小，过滤器的精度一般可分为四个等级：粗（$d>100\ \mu m$）、普通（$d\geqslant10\sim100\ \mu m$）、精（$d\geqslant5\sim10\ \mu m$）、特精（$d\geqslant1\sim5\ \mu m$）过滤器。此外压力越高，对过滤精度要求亦越高，其推荐值见表 5 - 3 - 1 所示。

表 5 - 3 - 1　过滤精度推荐值表

系统类别	润滑系统	传动系统			伺服系统
工作压力/MPa	$0\sim2.5$	$\leqslant14$	$14<p<21$	$\geqslant21$	21
过滤精度/μm	100	$25\sim50$	25	10	5

2. 常见过滤器的类型

按滤芯的材质和过滤方式，过滤器可分为网式、线隙式、纸芯式、烧结式和磁性式等多种类型。各种过滤器的性能见表5－3－2所示。

表5－3－2 各种过滤器的性能

类型	用 途	过滤精度	压力 /MPa	压力降 /10⁵Pa	特 点
网式	装在泵的吸油管路上，以保护泵	网孔维0.8～1.3 mm，过滤后正常颗粒为0.13～0.4 mm	—	＜0.5	结构简单，通油能力大，过滤精度差
线隙式	装在液压泵吸油管路上或中、低压系统的压力管路上	线隙0.1 mm，过滤后正常颗粒为0.02 mm	2.5 6.3	＜0.3～0.6	结构简单，过滤效果好，通油能力大，但不易清洗
纸芯式	用于精过滤，最好与其他过滤器联合使用	纸的孔径为0.03～0.07 mm，过滤精度可达0.005～0.003 mm	6.3 20 32	0.1～0.4	过滤精度高，但易堵塞，无法清洗，需要换滤芯
烧结式	可用于不同等级的精密过滤	过滤精度为0.01～0.1 mm	2.5 6.3	＜1～2	能在温度高，压力较大的场合工作，抗腐蚀性强，制造简单，性能稳定，易堵塞，清洗困难。若有颗粒脱落将会影响过滤精度
磁性式	用于清除铁屑等铁磁性杂质	—	—	—	属于专用过滤器

3. 滤油器的选用及安装位置

（1）选用。选用滤油器时，要考虑下列几点：

① 过滤精度应满足预定要求。

② 能在较长时间内保持足够的通流能力。

③ 滤芯具有足够的强度，不因液压的作用而损坏。

④ 滤芯抗腐蚀性能好，能在规定的温度下持久地工作。

⑤ 滤芯清洗或更换简便。

因此，滤油器应根据液压系统的技术要求，按过滤精度、通流能力、工作压力、油液黏度、工作温度等条件选定其型号。

（2）安装 滤油器在液压系统中的安装位置通常有以下几种：

　① 安装在泵的吸油口处。泵的吸油路上一般都安装有表面型滤油器,目的是滤去较大的杂质微粒以保护液压泵,此外滤油器的过滤能力应为泵流量的两倍以上,压力损失小于0.02 MPa。

　② 安装在泵的出口油路上。此处安装滤油器的目的是用来滤除可能侵入阀类等元件的污染物。其过滤精度应为 $10\sim15\mu m$,且能承受油路上的工作压力和冲击压力,压力降应小于 0.35 MPa。同时应安装安全阀以防滤油器堵塞。

　③ 安装在系统的回油路上。这种安装起间接过滤作用。一般与过滤器并连安装一背压阀,当过滤器堵塞达到一定压力值时,背压阀打开。

　④ 安装在系统分支油路上。

　⑤ 单独过滤系统。大型液压系统可专设一液压泵和滤油器组成独立过滤回路。

　液压系统中除了整个系统所需的滤油器外,还常常在一些重要元件(如伺服阀、精密节流阀等)的前面单独安装一个专用的精滤油器来确保它们的正常工作,如图 5 - 3 - 1所示。

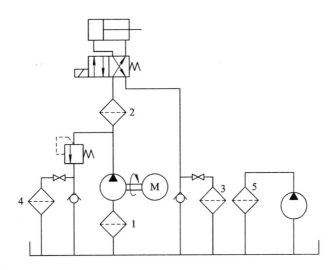

图 5 - 3 - 1　滤油器的安装位置

5.4　蓄　能　器

　蓄能器是用来储存和释放压力能的装置。由于油本身的可压缩性很小,必须依靠重锤或其他弹性元件来储存和释放能量。在液压系统中它有如下几种用途:

　(1) 在短时间内供应大量压力油液。如果在液压系统的一个工作循环中,只在很短时间内需要大流量,便可采用蓄能器来供油。这样,系统中可选用流量较小的液压泵和功率较小的电动机,从而节约能耗和降低温升。

　(2) 维持系统压力。在液压泵停止向系统提供油液的情况下,蓄能器能把储存的压力油液供给系统,补偿系统泄漏或充当应急能源,使系统在一段时间内维持系统压力,避免停电或系统发生故障时油源突然中断所造成的机件损坏。

（3）减小液压冲击或压力脉动：蓄能器能吸收液压冲击或脉动，大大减小其幅值。

1. 蓄能器的类型和性能

蓄能器主要有弹簧式和充气式两大类，其中常用的是充气式蓄能器。

充气式蓄能器利用压缩气体储存能量。按蓄能器结构的不同可将其分为直接接触式和隔离式两类。隔离式蓄能器又分为活塞式和气囊式两种。

1）活塞式蓄能器

活塞式蓄能器中的气体和油液由活塞隔开，其结构如图 5-4-1 所示。活塞 1 的上部为压缩空气，气体由阀 3 充入，其下部经油孔 4 通向液压系统，活塞 1 随下部压力油的储存和释放而在缸筒 2 内来回滑动。这种蓄能器结构简单、寿命长，它主要用于大体积和大流量。但因活塞有一定的惯性和 O 形密封圈存在较大的摩擦力，所以反应不够灵敏。

2）气囊式蓄能器

气囊式蓄能器中气体和油液用气囊隔开，其结构如图 5-4-2 所示。气囊 2 用耐油橡胶制成，固定在耐高压的壳体 3 的上部，气囊内充入惰性气体，壳体下端的提升阀 4 由弹簧加菌形阀构成，压力油由此通入，并能在油液全部排出时，防止气囊 2 膨胀挤出油口 6。这种结构使气、液密封可靠，并且因气囊惯性小而克服了活塞式蓄能器响应慢的弱点，因此，它的应用范围非常广泛，其弱点是工艺性较差。

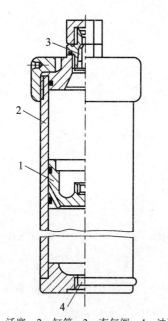

1—活塞；2—缸筒；3—充气阀；4—油孔

图 5-4-1　活塞式蓄能器

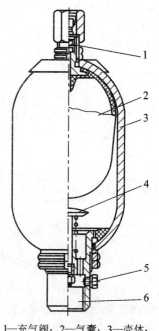

1—充气阀；2—气囊；3—壳体；
4—提升阀；5—放气螺塞；6—油口

图 5-4-2　气囊式蓄能器

2. 蓄能器的安装及使用

蓄能器在液压回路中的安放位置随其功用而不同：吸收液压冲击或压力脉动时宜放在冲击源或脉动源近旁；补油保压时宜放在尽可能接近有关的执行元件处。

　　使用蓄能器须注意如下几点：

　　(1) 充气式蓄能器中应使用惰性气体(一般为氮气)，允许工作压力视蓄能器结构形式而定，例如，气囊式为 3.5～32 MPa。

　　(2) 不同的蓄能器各有其适用的工作范围，例如，气囊式蓄能器的气囊强度不高，不能承受很大的压力波动，且只能在 $-20～70℃$ 的温度范围内工作。

　　(3) 气囊式蓄能器原则上应垂直安装(油口向下)，只有在空间位置受限制时才允许倾斜或水平安装。

　　(4) 装在管路上的蓄能器须用支板或支架固定。

　　(5) 蓄能器与管路系统之间应安装截止阀，供充气、检修时使用。蓄能器与液压泵之间应安装单向阀，防止液压泵停车时蓄能器内储存的压力油液倒流。

思考题与习题

　　5-1　油箱的作用是什么？设计时应考虑哪些问题？

　　5-2　油管和管接头的类型有哪些？分别用于什么场合？

　　5-3　常用的过滤器有哪几种类型？各有什么特点？一般应安装在什么位置？

　　5-4　蓄能器的功能是什么？

第6章 液压控制阀及液压回路

6.1 概　述

6.1.1 液压阀的分类

液压控制阀(简称液压阀)是用来控制系统中流体的流动方向或调节其压力和流量的,因此可分为方向控制阀、压力控制阀和流量控制阀三大类。就其结构来说,所有的阀又都有阀体、阀芯(杆)和操纵机构三个组成部分。从原理上看,都是通过改变通流面积(面积大小或通道长短)或通流方向来工作的。控制阀在系统中不做功,只起控制作用,因此对阀有一些共同的要求:

(1) 动作要灵敏,工作要可靠,冲击和振动要尽量小;

(2) 油液经过阀时压力损失要小;

(3) 密封性要好;

(4) 结构要紧凑,通用性好。

阀可按不同的特征进行分类,如表6-1-1所示。

表6-1-1　阀的分类

分类方法	种　类	详　细　分　类
按机能分类	压力控制阀	溢流阀、减压阀、顺序阀、平衡阀、压力继电器、比例压力控制阀等
	流量控制阀	节流阀、单向节流阀、调速阀、分流阀、集流阀、比例流量控制阀等
	方向控制阀	单向阀、液控单向阀、换向阀、比例方向控制阀等
按结构分类	滑阀	圆柱滑阀、旋转阀、平板滑阀
	座阀	锥阀、球阀
按操纵方式分类	手动阀	手把及手轮、踏板、杠杆
	机动阀	挡块及碰块、弹簧
	液动阀	液动阀
	电动阀	普通/比例电磁铁控制、步进电机/伺服电动机控制
	电液动阀	电液动阀

续表

分类方法	种　类	详　细　分　类
按连接方式分类	管式连接	螺纹式连接、法兰式连接
	板式/叠加式连接	单层连接板式、双层连接板式、油路块式、叠加阀、多路阀
	插装式连接	螺纹式插装、盖板式插装
按控制方式分类	比例阀	电液比例压力阀、电液比例流量阀、电液比例换向阀、电液比例复合阀、电液比例多路阀
	伺服阀	单、两级电液流量控制阀、电液流量伺服阀、电液压力伺服阀、机液伺服阀
	数字控制阀	数字控制压力阀、数字控制流量阀与方向阀

6.1.2　液压回路的分类

一台设备的液压系统，不论它的复杂程度如何，总是由一些基本回路组成；而液压基本回路是由有关液压元件按需要完成的特定功能组合而成的典型回路。基本回路包括控制执行元件运动速度的速度控制回路，控制液压系统全部或局部压力的压力控制回路，用来控制几个液压缸(或液压马达)的多缸(或液压马达)控制回路以及用来改变执行元件运动方向的方向控制回路，因此熟悉各种液压元件的工作原理、结构、性能和使用方法，是分析液压基本回路的基础；而熟悉和掌握基本回路的工作原理、组成和性能，有助于更好地分析、设计和使用各种液压系统。

6.2　方向控制阀及方向控制回路

方向控制阀主要用来接通、关断或改变油液流动的方向，从而控制执行元件的起动、停止或改变其运动方向。它主要包括单向阀和换向阀两大类。

6.2.1　单向阀

1. 普通单向阀

普通单向阀(简称单向阀)的作用是仅允许液流沿一个方向流动，不能反向流动。单向阀可用于液压泵的出口，防止系统油液倒流；用于隔开油路之间的联系，防止油路相互干扰；也可用作旁通阀，与其他类型的液压阀相并联，从而构成组合阀。要求其正向液流通过时压力损失小，反向截止时密封性能好，动作灵敏，工作时无撞击和噪声。

1) 单向阀的工作原理图和图形符号

图 6-2-1 为单向阀的工作原理图和图形符号。当液流由 A 腔流入时，克服弹簧力将阀芯顶开，于是液流由 A 流向 B；当液流反向流入时，阀芯在液压力和弹簧力的作用下关闭阀口，使液流截止，液流无法流向 A 腔。单向阀实质上是利用流向所形成的压力差使阀芯开启或关闭。

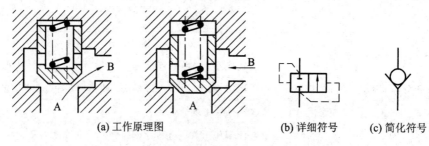

(a) 工作原理图　　　　(b) 详细符号　　(c) 简化符号

图 6-2-1　单向阀的工作原理图和图形符号

2）典型结构与主要用途

单向阀的典型结构如图 6-2-2 所示。按进出口流道的布置形式，单向阀可分为直通式和直角式两种。直通式单向阀进口和出口流道在同一轴线上；而直角式单向阀进出口流道则成直角布置。图 6-2-2(b)、(c) 为管式连接的直通式单向阀，它可直接装在管路上，比较简单，但液流阻力损失较大，而且维修装拆及更换弹簧不便。图 6-2-2(a) 为板式连接的直角式单向阀，在该阀中，液流顶开阀芯后，直接从阀体内部的铸造通道流出，压力损失小，而且只要打开端部的螺塞，即可对内部进行维修，十分方便。

按阀芯的结构型式，单向阀又可分为钢球式和锥阀式两种。图 6-2-2(b) 是阀芯为球阀的单向阀，其结构简单，但密封容易失效，工作时容易产生振动和噪声，一般用于流量较小的场合。图 6-2-2(c) 是阀芯为锥阀的单向阀，这种单向阀的结构较复杂，但其导向性和密封性较好，工作比较平稳。

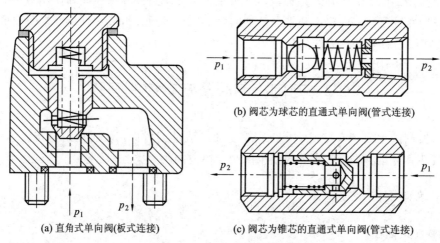

(b) 阀芯为球芯的直通式单向阀(管式连接)

(a) 直角式单向阀(板式连接)　　(c) 阀芯为锥芯的直通式单向阀(管式连接)

图 6-2-2　单向阀的典型结构

单向阀开启压力一般为 0.035～0.05 MPa，所以单向阀中的弹簧很软。单向阀也可以用作背压阀。将软弹簧更换成合适的硬弹簧，就成为背压阀。这种阀常安装在液压系统的回油路上，用以产生 0.2～0.6 MPa 的背压力。

单向阀的主要用途如下：

① 安装在液压泵出口，防止系统压力突然升高而损坏液压泵。防止系统中的油液在泵停机时倒流回油箱。

② 安装在回油路中作为背压阀。

③ 与其他阀组合成单向控制阀。

2. 液控单向阀

液控单向阀是允许液流向一个方向流动，反向开启则必须通过液压控制来实现的单向阀。液控单向阀可用作二通开关阀，也可用作保压阀，用两个液控单向阀还可以组成"液压锁"。

1) 液控单向阀的工作原理图和图形符号

图 6-2-3 为液控单向阀的工作原理图和图形符号。当控制油口无压力油（$P_K=0$）通入时，它和普通单向阀一样，压力油只能从由 P_1 腔流向 P_2 腔，不能反向倒流。若从控制油口 K 通入控制油 P_K 时，即可推动控制活塞，将推动阀芯顶开，从而实现液控单向阀的反向开启，此时液流可从 P_2 腔流向 P_1 腔。

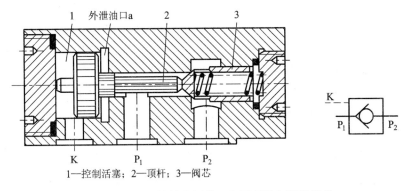

1—控制活塞；2—顶杆；3—阀芯

图 6-2-3　液控单向阀的工作原理图和图形符号

2) 液控单向阀的典型结构与主要用途

液控单向阀有带卸荷阀芯的卸载式液控单向阀（见图 6-2-4）和不带卸荷阀芯的简式液控单向阀（见图 6-2-3）两种结构形式。卸载式阀中，当控制活塞上移时先顶开卸载阀

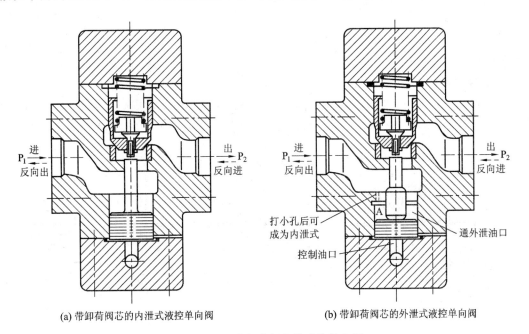

(a) 带卸荷阀芯的内泄式液控单向阀　　　　　(b) 带卸荷阀芯的外泄式液控单向阀

图 6-2-4　带卸荷阀芯的液控单向阀

的小阀芯，使主油路卸压，然后再顶开单向阀芯。这样可大大减小控制压力，使控制压力与工作压力之比降低到 4.5%，因此可用于压力较高的场合，同时可以避免简式阀中当控制活塞推开单向阀芯时，高压封闭回路内油液的压力将突然释放，产生巨大冲击和响声的现象。

　　上述两种结构形式按其控制活塞处的泄油方式，又有内泄式和外泄式之分。图 6-2-4(a)为内泄式，其控制活塞的背压腔与进油口 P_1 相通。外泄式活塞背压腔直接通油箱如图 6-2-4(b) 所示，这样反向开启时就可减小 P_1 腔压力对控制压力的影响，从而减小控制压力 P_K。故一般在反向出油口压力 P_1 较低时采用内泄式，高压系统采用外泄式。

6.2.2　换向阀

　　换向阀是利用阀芯和阀体间相对位置的不同来变换不同管路间的通断关系，实现接通、切断，或改变液流的方向的阀类。它的用途很广，种类也很多。

　　对换向阀性能的主要要求是：

　　（1）油液流经换向阀时的压力损失要小（一般 0.3 MPa）；

　　（2）互不相通的油口间的泄漏小；

　　（3）换向可靠、迅速且平稳无冲击。

1. 换向阀的分类

　　换向阀按阀的结构形式、操纵方式、工作位置数和控制的通道数的不同，可分为各种不同的类型。

　　按阀的结构形式有：滑阀式、转阀式、球阀式、锥阀式。

　　按阀的操纵方式有：手动式、机动式、电磁式、液动式、电液动式、气动式。

　　按阀的工作位置数和控制的通道数有：二位二通阀、二位三通阀、二位四通阀、三位四通阀、三位五通阀等。

　　需要说明的是，滑阀式换向阀在液压系统中应用较为广泛，因此，本节主要介绍滑阀式换向阀。

2. 换向阀的工作原理

　　滑阀式换向阀是利用阀芯在阀体内作轴向滑动来实现换向作用的。图 6-2-5 所示滑阀阀芯是一个具有多段环形槽的圆柱体（图示阀芯有三个台肩，阀体孔内有五个沉割槽）。

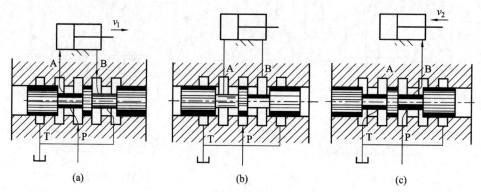

图 6-2-5　滑阀式换向阀的工作原理

每条槽都通过相应的孔道与外部相通,其中 P 为进油口,T 为回油口,A 和 B 通执行元件的两腔。当阀芯处于图 6-2-5(b)工作位置时,四个油口互不通,液压缸两腔不通压力油,处于停机状态。若使换向阀的阀芯右移,如图 6-2-5(a)所示,阀体上的油口 P 和 A 相通,B 和 T 相通,压力油经 P、A 油口进入液压缸左腔,则活塞右移,右腔油液经 B、T 油口回油箱。反之,若使阀芯左移,如图 6-2-5(c)所示,则 P 和 B 相通,A 和 T 相通,活塞便左移。

3. 换向阀的"通"和"位"及图形符号

"通"和"位"是换向阀的重要概念。不同的"通"和"位"构成了不同类型的换向阀。通常所说的"二位阀"、"三位阀"是指换向阀的阀芯有两个或三个不同的工作位置。所谓"二通阀"、"三通阀"、"四通阀"是指换向阀的阀体上有两个、三个、四个各不相通且可与系统中不同油管相连的油道接口,不同油道之间只能通过阀芯移位时阀口的开关来沟通。

几种不同"通"和"位"的滑阀式换向阀主体部分的结构形式和图形符号如表 6-2-1 所示,表中图形符号的含义如下:

(1) 用方框表示阀的工作位置,有几个方框就表示有几"位";

(2) 方框内的箭头表示油路处于接通状态,但箭头方向不一定表示液流的实际方向;

(3) 方框内符号"⊥"或"⊤"表示该通路不通;

(4) 方框外部连接的接口数有几个,就表示几"通";

表 6-2-1　不同的"通"和"位"的滑阀式换向阀主体部分的结构形式和图形符号

名　　称	结构原理图	图形符号
二位二通	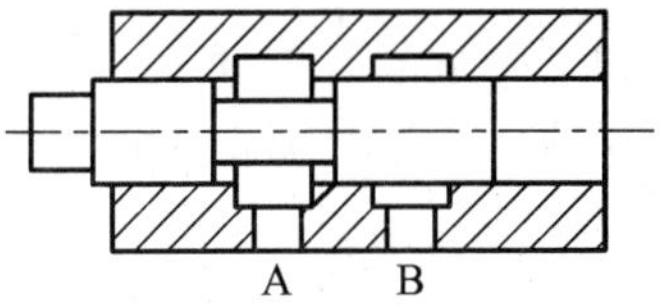	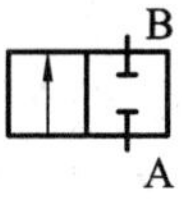
二位三通	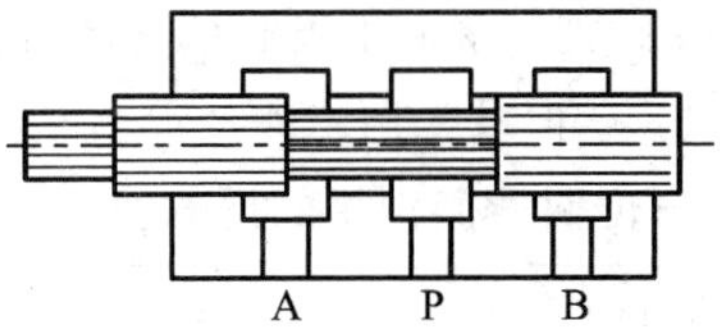	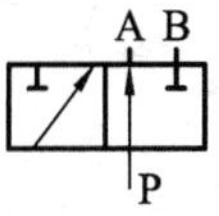
二位四通	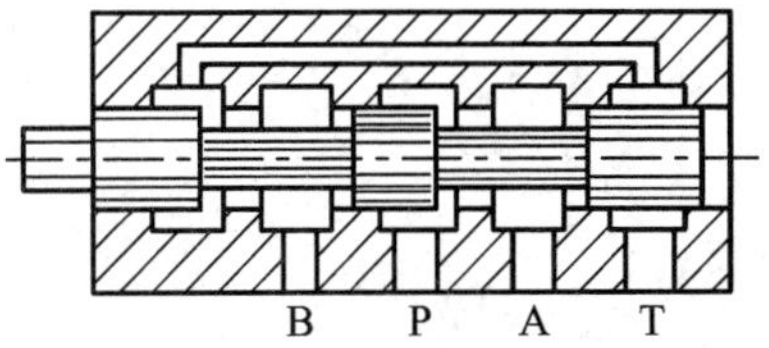	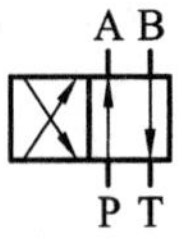
三位四通	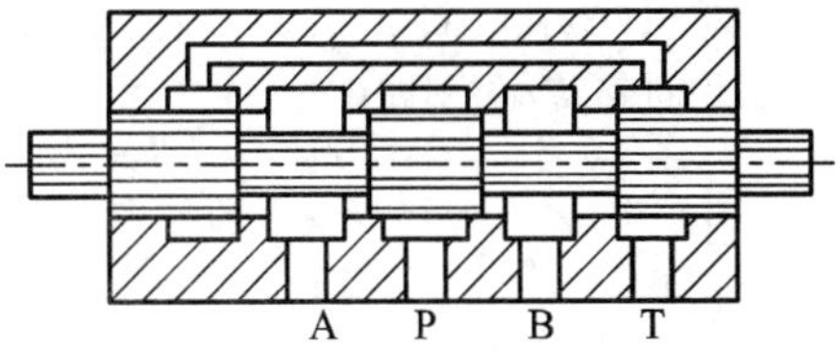	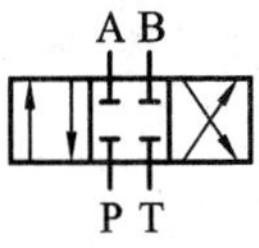

（5）一般阀与系统供油路连接的进油口用字母 P 表示；阀与系统回油路连通的回油口用 T（有时用 O）表示；而阀与执行元件连接的油口用 A、B 等表示。有时在图形符号上用 L 表示泄漏油口；

（6）换向阀都有两个或两个以上的工作位置，其中一个为常态位，即阀芯未受到操纵力时所处的位置。图形符号中的中位是三位阀的常态位。利用弹簧复位的二位阀则以靠近弹簧的方框内的通路状态为其常态位。绘制系统图时，油路一般应连接在换向阀的常态位上。

4. 滑阀机能

滑阀式换向阀处于中间位置或常态位置时，阀中各油口的连通方式称为换向阀的滑阀机能。滑阀机能直接影响执行元件的工作状态，不同的滑阀机能可满足系统的不同要求。正确选择滑阀机能是十分重要的。这里介绍二位二通和三位四通换向阀的滑阀机能。

1）二位二通换向阀

二位二通换向阀两个油口之间的状态只有两种：通或断（见图 6-2-6(a)）。自动复位式（如弹簧复位）的二位二通换向阀的滑阀机能有常闭式（O 型）和常开式（H 型）两种（见图 6-2-6(c)）。

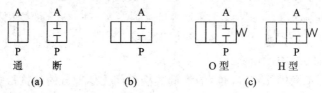

图 6-2-6　二位二通换向阀的滑阀机能

2）三位四通换向阀

三位四通换向阀的滑阀机能有很多种，常见的有表 6-2-2 中所列的几种。中间一个方框表示其常态位置，左右方框表示两个换向位，其左位和右位各油口的连通方式均为直通或交叉相通，所以只用一个字母来表示中位的型式。另外，三位四通换向阀还有两个过渡位置，当对换向阀从一个工位过渡到另一个工位的各油口间通断关系亦有要求时，还根据过渡位置各油口连通状态及阀口节流形式尚可派生出其他滑阀机能。过渡过程虽然只是一瞬间，且不能形成稳定的油口连通状态，但其作用不能忽视。

表 6-2-2　三位四通阀常用的滑阀机能

型式	符　号	中位油口状况、特点及应用
O 型		P、A、B、T 四口全封闭，液压缸闭锁，可用于多个换向阀并联工作
H 型		P、A、B、T 口全通；活塞浮动，在外力作用下可移动，泵卸荷
Y 型		P 封闭，A、B、T 口相通；活塞浮动，在外力作用下可移动，泵不卸荷
K 型		P、A、T 口相通，B 口封闭；活塞处于闭锁状态，泵卸荷

续表

型式	符　号	中位油口状况、特点及应用
M 型	A B P T	P、T 口相通，A 与 B 口均封闭；活塞闭锁不动，泵卸荷，也可用多个 M 型换向阀串联工作
X 型		四油口处于半开启状态，泵基本上卸荷，但仍保持一定压力
P 型		P、A、B 口相通，T 封闭；泵与缸两腔相通，可组成差动回路
J 型		P 与 A 封闭，B 与 T 相通；活塞停止，但在外力作用下可向一边移动，泵不卸荷
C 型		P 与 A 相通；B 与 T 封闭；活塞处于停止位置
U 型		P 和 T 封闭，A 与 B 相通；活塞浮动，在外力作用下可移动，泵不卸荷

5. 几种常用的换向阀

1）手动换向阀

手动换向阀主要有弹簧复位和钢珠定位两种型式。图 6-2-7(a)所示为钢球定位式三

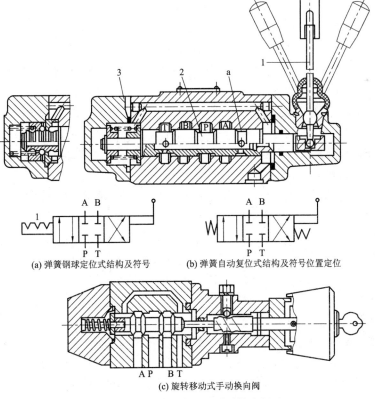

(a) 弹簧钢球定位式结构及符号　　　　(b) 弹簧自动复位式结构及符号位置定位

(c) 旋转移动式手动换向阀

图 6-2-7　三位四通手动换向阀

位四通手动换向阀,用手操纵手柄推动阀芯相对阀体移动后,可以通过钢球使阀芯稳定在三个不同的工作位置上。图6-2-7(b)则为弹簧自动复位式三位四通手动换向阀。通过手柄推动阀芯后,要想维持在极端位置,必须用手扳住手柄不放,一旦松开了手柄,阀芯会在弹簧力的作用下,自动弹回中位。图6-2-7(c)所示为旋转移动式手动换向阀,旋转手柄可通过螺杆推动阀芯改变工作位置。这种结构具有体积小、调节方便等优点。由于这种阀的手柄带有锁,不打开锁不能调节,因此使用安全。

2) 机动换向阀

机动换向阀又称行程换向阀,它是用挡铁或凸轮(Cam)推动阀芯实现换向。机动换向阀多为图6-2-8所示二位二通机动换向阀。

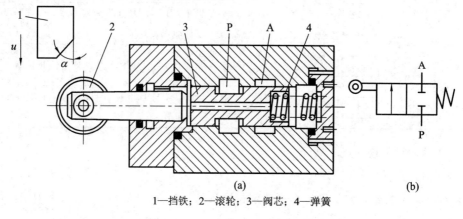

(a)   (b)

1—挡铁;2—滚轮;3—阀芯;4—弹簧

图6-2-8 二位二通机动换向阀

3) 电磁换向阀

电磁换向阀是利用电磁铁吸力推动阀芯来改变阀的工作位置。由于它可借助于按钮开关、行程开关、限位开关、压力继电器等发出的信号进行控制,易于实现自动化,因此应用广泛。电磁换向阀的品种规格很多,但其工作原理是基本相同的。现以图6-2-9所示三位四通O型滑阀机能的电磁换向阀为例来说明。

在图6-2-9(a)中,阀体1内有三个环形沉割槽,中间为进油腔P,与其相邻的是工作油腔A和B。两端还有两个互相连通的回油腔T。阀芯2两端分别装有弹簧座3、复位弹簧4和推杆5,阀体两端各装一个电磁铁。

当两端电磁铁都断电时(见图6-2-9(a)),阀芯处于中间位置。此时P、A、B、T各油腔互不相通;当左端电磁铁通电时(见图6-2-9(b)),该电磁铁吸合,并推动阀芯向右移动,使P和B连通,A和T连通。当其断电后,右端复位弹簧的作用力可使阀芯回到中间位置,恢复原来四个油腔相互封闭的状态;当右端电磁铁通电时(见图6-2-9(c)),其衔铁将通过推杆推动阀芯向左移动,P和A相通,B和T相通。电磁铁断电,阀芯则在左弹簧的作用下回到中间位置。

阀用电磁铁根据所用电源的不同,有以下三种:

(1) 交流电磁铁。阀用交流电磁铁的使用电压一般为交流220 V,电气线路配置简单。交流电磁铁启动力较大,换向时间短,但换向冲击大,工作时温升高(故其外壳设有散热筋);当阀芯卡住时,电磁铁因电流过大易烧坏,可靠性较差,所以切换频率不许超过30次/分;寿命较短。

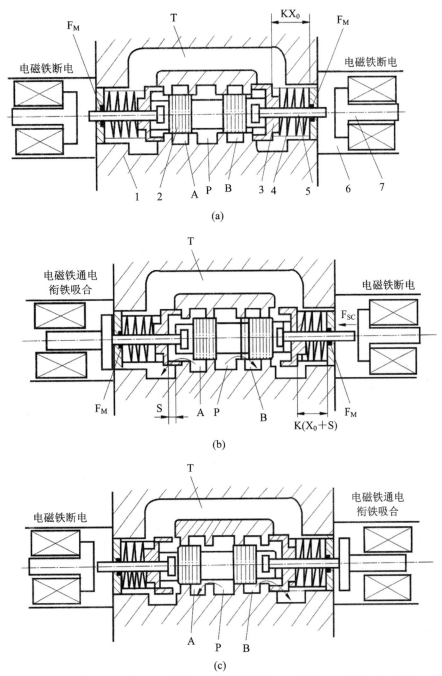

(a)

(b)

(c)

1—阀体；2—阀芯；3—弹簧座；4—复位弹簧；5—推杆；6—铁芯；7—衔铁

图 6-2-9　电磁换向阀的工作原理图

（2）直流电磁铁。直流电磁铁一般使用 24 V 直流电压，因此需要专用直流电源。其优点是不会因铁芯卡住而烧坏（故其圆筒形外壳上没有散热筋），体积小，工作可靠，允许切换频率为 120 次/分，换向冲击小，使用寿命较长，但起动力比交流电磁铁小。

（3）本整型电磁铁。本整型指交流本机整流型。这种电磁铁本身带有半波整流器，可以在直接使用交流电源的同时，具有直流电磁铁的结构和特性。

必须指出，由于电磁铁的吸力有限（120N），因此电磁换向阀只适用于流量不太大的场合。当流量较大时，需采用液动或电液动控制。

（4）液动换向阀。液动换向阀是利用控制压力油来改变阀芯位置的换向阀。对三位阀而言，按阀芯的对中形式，分为弹簧对中型和液压对中型两种。图6-2-10(a)所示为弹簧对中型三位四通液动换向阀，阀芯两端分别接通控制油口 K_1 和 K_2。当 K_1 通压力油时，阀芯右移，P与A通，B与T通；当 K_2 通压力油时，阀芯左移，P与B通，A与T通；当 K_1 和 K_2 都不通压力油时，阀芯在两端对中弹簧的作用下处于中位。当对液动滑阀换向平稳性要求较高时，还应在滑阀两端 K_1、K_2 控制油路中加装阻尼调节器（见图6-2-10(c)）。阻尼调节器由一个单向阀和一个节流阀并联组成，单向阀用来保证滑阀端面进油畅通，而节流阀用于滑阀端面回油的节流，调节节流阀开口大小即可调整阀芯的动作时间。

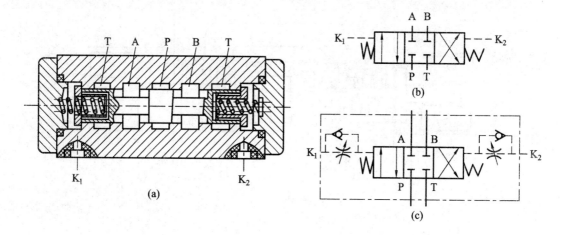

图6-2-10　弹簧对中型三位四通液动换向阀

液动换向阀的优点是结构简单、动作可靠、平稳，由于液压驱动力大，故可用于流量大的液压系统中，该阀较少单独使用，常与小电磁换向阀联合使用。

（5）电液换向阀。电液换向阀是电磁换向阀和液动换向阀的组合。其中，电磁换向阀起先导作用，控制液动换向阀的动作，改变液动换向阀的工作位置；液动换向阀作为主阀，用于控制液压系统中的执行元件。

由于液压力的驱动，主阀芯的尺寸可以做得很大，允许大流量通过，因此，电液换向阀主要用在流量超过电磁换向阀额定流量的液压系统中，从而用较小的电磁铁就能控制较大的流量。电液换向阀的使用方法与电磁换向阀相同。

电液换向阀有弹簧对中和液压对中两种型式。若按控制压力油及其回油方式进行分类则有外部控制、外部回油；外部控制、内部回油；内部控制、外部回油；内部控制、内部回油四种类型。

图6-2-11为弹簧对中型三位四通电液换向阀（内部控制、外部回油）的结构图及图形符号。电动先导阀的中位机能为Y型，这样，在先导阀不通电时，能使主阀可靠地停在中位。

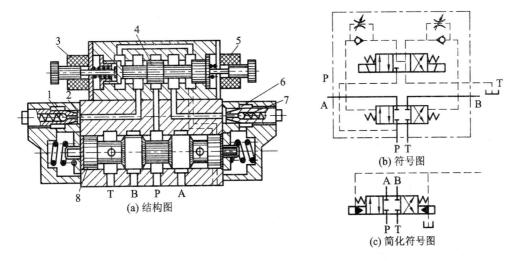

(a) 结构图

(b) 符号图

(c) 简化符号图

图 6-2-11　内部控制、外部回油的弹簧对中电液换向阀

6.2.3　换向回路和锁紧回路

在液压系统中，工作机构的启动、停止或变换运动方向等是利用控制进入执行元件油流的通、断及改变流动方向来实现的。实现这些功能的回路称为方向控制回路。方向阀主要用于通断控制、换向控制、锁紧、保压等方面。

1. 换向回路

换向回路的作用是变换执行元件的运动方向。系统对换向回路的基本要求是：换向可靠、灵敏、平稳、换向精度合适。执行元件的换向过程一般包括执行元件的制动、停留和启动三个阶段。

1）简单换向回路

简单换向回路，只需在泵与执行元件之间采用标准的普通换向阀即可，如图 6-2-12 所示。

三位换向阀除了能使执行元件正反两个方向运动外，还有不同的中位滑阀机能可使系统得到不同的性能。一般液压缸在换向过程中的制动和启动，由液压缸的缓冲装置来调节；液压马达在换向过程中的制动则需要设置制动阀等。换向过程中的停留时间的长短取决于换向阀的切换时间，也可以通过电路来控制。

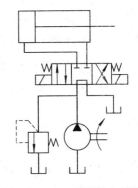

图 6-2-12　简单换向回路

在闭式系统中，可采用双向变量泵控制液流的方向来实现执行元件的换向，如图 6-2-13 所示。液压缸 5 的活塞向右运动时，其进油流量大于排油流量，双向变量泵 1 的吸油侧流量不足，辅助泵 2 通过单向阀 3 来补充；改变双向变量泵 1 的供油方向，活塞向左运动，排油流量大于进油流量，泵 1 吸油侧多余的油液通过由缸 5 进油侧压力控制的二位四通阀 4 和溢流阀 6 排回油箱。溢流阀 6 和溢流阀 8 既可使活塞向左或向右运动时泵吸油侧有一定的吸入压力，又可使活塞运动平稳。溢流阀 7 是防止系统过载的安全阀。这种回路适用于压力较高、流量较大的场合。

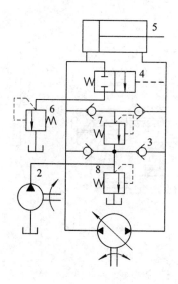

图 6-2-13 采用双向变量泵的换向回路

2）复杂换向回路

当需要频繁、连续自动做往复运动且对换向过程有很多附加要求时，则需采用复杂换向回路。

对于换向要求高的主机（如各类磨床），若用手动换向阀就不能实现自动往复运动。采用机动换向阀，可利用工作台上的行程块推动（联接在换向阀杆上的）拨杆来实现自动换向，但工作台慢速运动时，当换向阀移至中间位置时，工作台会因失去动力而停止运动（称"换向死点"），不能实现自动换向；当工作台高速运动时，又会因换向阀芯移动过快而引起换向冲击。若采用电磁换向阀由行程挡块推动行程开关发出换向信号，使电磁阀动作推动换向，可避免"死点"，但电磁阀动作一般较快，存在换向冲击，而且电磁阀还有换向频率不高、寿命低、易出故障等缺陷。

为解决上述两个矛盾，可采用特殊设计的机液换向阀，以行程挡块推动机动先导阀，由它控制一个可调式液动换向阀来实现工作台的换向，既可避免"换向死点"，又可消除换向冲击。这种换向回路，按换向要求不同可分为时间控制制动式和行程控制制动式两种。

（1）时间控制制动式换向回路。如图 6-2-14 所示，这种回路中的主油路只受换向阀 3 控制。在换向过程中，例如，当先导阀 2 在左端位置时，控制油路中的压力油经单向阀通向换向阀 3 右端，换向阀左端的油经节流阀 J_1 流回油箱，换向阀芯向左移动，阀芯上的制动锥面逐渐关小回油通道，活塞速度逐渐减慢，并在换向阀 3 的阀芯移过 l 距离后将通道闭死，使活塞停止运动。换向阀阀芯上的制动锥半锥角一般为 $1.5° \sim 3.5°$，在换向要求不高的地方还可以取大一些。制动锥长度 l 可根据试验确定，一般取 $l = 3 \sim 12$ mm。当节流阀 J_1 和 J_2 的开口大小调定之后，换向阀阀芯移过距离 l 所需的时间（即活塞制动所经历的时间）就确定不变（不考虑油液黏度变化的影响），因此，这种制动方式被称为时间控制制动式。这种换向回路的主要优点是：其制动时间可根据主机部件运动速度的快慢、惯性的大小通过节流阀 J_1 和 J_2 的开口量得到调节，以便控制换向冲击，提高工作效率；此外，换向阀中位机能采用 H 型，对减小冲击量和提高换向平稳性都有利。其主要缺点是：换向过程中的冲出量受运动部件的速度和其他一些因素的影响，换向精度不高。这种换向回路主要用于工作部件运动速度较高，要求换向平稳，无冲击，但换向精度要求不高的场合，如用于平面磨床和插、拉、刨床液压系统中。

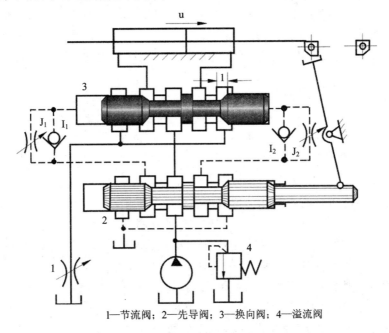

1—节流阀；2—先导阀；3—换向阀；4—溢流阀

图 6-2-14　时间控制制动式换向回路

　　(2) 行程控制制动式换向回路。如图 6-2-15 所示，这种回路中的主油路除受换向阀 3 控制外，还受先导阀 2 控制。当先导阀 2 在换向过程中向左移动时，先导阀阀芯的右制动锥将液压缸右腔的回油通道逐渐关小，使活塞速度逐渐减慢，对活塞进行预制动。当回油通道被关得很小（轴向开口量尚留约 0.2～0.5 mm）、活塞速度变得很慢时，换向阀 3 的控

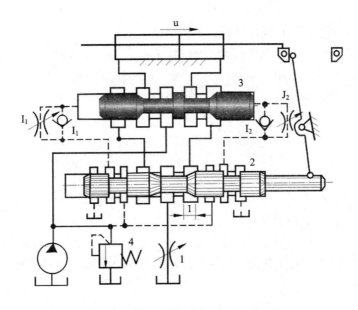

图 6-2-15　行程控制制动式换向回路

制油路才开始切换,换向阀芯向左移动。切断主油路通道,使活塞停止运动,并随即使它在相反的方向起动。这里,不论运动部件原来的速度快慢如何,先导阀总是要先移动一段固定的行程l,将工作部件先进行预制动后,再由换向阀来使它换向,所以这种制动方式被称为行程控制制动式。先导阀制动锥一般取长度$l=5\sim12$ mm,合理选择制动锥度能使制动平稳(而换向阀上就没有必要采用较长的制动锥,一般制动锥长度只有 2 mm,半锥角也较大。

行程控制制动式换向回路的换向精度较高,冲出量较小;但由于先导阀的制动行程恒定不变,制动时间的长短和换向冲击的大小就将受运动部件速度快慢的影响,所以这种换向回路宜用在主机工作部件运动速度不大,但换向精度要求较高的场合,如磨床液压系统中。

2. 锁紧回路

锁紧回路可使液压缸活塞在任一位置停止,并可防止其停止后窜动。使执行元件锁紧的最简单的方法是利用三位换向阀的 M 型或 O 型中位机能封闭液压缸两腔,使执行元件在其行程的任意位置上锁紧,如图 6-2-16 所示。但由于滑阀式换向阀不可避免地存在泄漏,这种锁紧方法不够可靠,只适用于锁紧时间短且要求不高的回路中。

最常用的方法是采用液控单向阀,其锁紧回路如图 6-2-16 所示。由于液控单向阀有良好的密封性能,即使在外力作用下,也能使执行元件长期锁紧。采用液控单向阀锁紧的回路,必须注意换向阀中位机能的选择。如图 6-2-16 所示,若采用 H 型机能,则换向阀中位时能使两控制油口 K_1 和 K_2 直接通油箱,液控单向阀立即关闭,活塞停止运动。如采用 O 型或 M 型中位机能,则活塞运动途

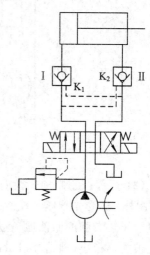

图 6-2-16　锁紧回路

经换向阀中位时,由于液控单向阀控制腔的压力油被封住,液控单向阀不能立即关闭,直到控制腔的压力油卸压后,才能关闭,因而影响其锁紧的位置精度。为了保证在三位换向阀中位时锁紧,换向阀应采用 H 型或 Y 型机能。这种回路常用于汽车起重机的支腿油路中,也用于矿山采掘机械的液压支架的锁紧回路中。

6.3　压力控制阀及压力控制回路

在液压系统中,控制系统压力或利用压力作为信号来控制其他元件动作的阀,统称为压力控制阀。压力控制回路就是利用压力控制阀控制压力,以满足执行元件对力或转矩要求的回路。压力控制阀按其功能和用途不同可分为溢流阀、减压阀、顺序阀和压力继电器等。这类阀的共同特点是利用作用在阀芯上的液压作用力和弹簧力相平衡的原理来进行工作的。

6.3.1　溢流阀及调压回路

1. 溢流阀

溢流阀按结构可分为直动式和先导式两种，其工作原理是溢出多余的油液，使系统或回路压力维持恒定，实现稳压、调压和限压的作用。溢流阀的特征是：阀与负载相并联，溢流口接回油箱，采用进口压力负反馈。

1) 直动型溢流阀

图 6-3-1 所示为锥阀式(还有球阀式和滑阀式)直动型溢流阀结构图和图形符号。阀芯在弹簧的作用下压在阀座上，阀体上开有进出油口 P 和 T，油液压力从进油口 P 作用在阀芯上。当液压作用力低于调压弹簧力时，阀口关闭，阀芯在弹簧力的作用下压紧在阀座上，溢流口无液体溢出；当液压作用力超过弹簧力时，阀芯开启，液体从溢流口 T 流回油箱，弹簧力随着开口量的增大而增大，直至与液压作用力相平衡。调节弹簧的预压力，便可调整溢流压力。

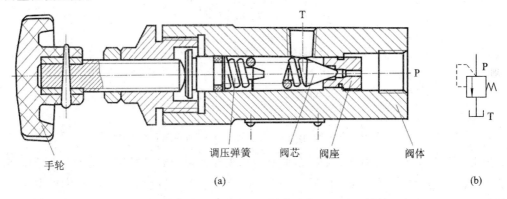

图 6-3-1　锥阀式直动型溢流阀结构图和图形符号

当阀芯重力、摩擦力和液动力忽略不计时，令弹簧预压力 $F_s = Kx_0$ 时，直动式溢流阀在稳态下的力平衡方程为

$$F_s - pA = kx \qquad (6-3-1)$$

即
$$p = \frac{K(x_0 + x)}{A} \approx Kx_0 A \quad (\text{常数}) \qquad (6-3-2)$$

式中，p 为进口压力，即系统压力；F_s 为弹簧预压力；A 为阀芯的有效承压面积；K 为弹簧刚度；x_0 为弹簧预压缩量；x 为弹簧的附加压缩量(阀开口量)。

由式(6-3-2)可以看出，只要在设计时保证 $x \ll x_0$，即可使 $p = K(x_0 + x)/A \approx Kx_0 A =$ 常数。这就表明，当溢流量变化时，直动式溢流阀的进口压力是近于恒定的。

直动型溢流阀结构简单，灵敏度高，但因压力直接与调压弹簧力平衡，不适于在高压、大流量下工作。在高压、大流量条件下，直动型溢流阀的阀芯摩擦力和液动力很大，不能忽略，故定压精度低，恒压特性不好。

2) 先导型溢流阀

先导型溢流阀由主阀和先导阀两部分组成。其中，先导阀部分就是一种直动型溢流阀(多为锥阀式结构)。主阀有各种型式，按其阀芯配合型式不同，可分为滑阀式结构(一级同心结构)、二级同心结构和三级同心结构。虽然它们的结构型式不同，但工作原理是一样的，如图 6-3-2 和图 6-3-3 所示。

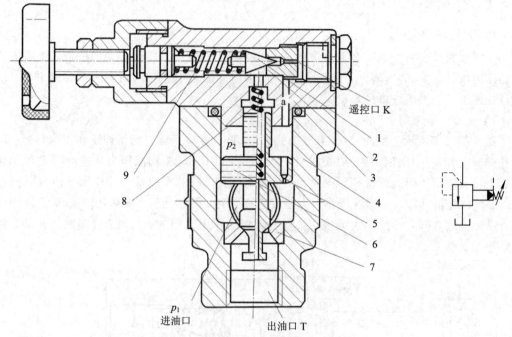

1—锥阀 (先导阀)；2—锥阀座；3—阀盖；4—阀体；5—阻尼孔；
6—主阀芯；7—主阀座；8—主阀弹簧；9—调压 (先导阀)弹簧

图 6-3-2　YF 型三节同心先导型溢流阀结构图和图形符号

图 6-3-2 所示是一种典型的三节同心结构先导型溢流阀结构图。三级同心结构指主阀心的大直径与阀体孔、锥面与阀座孔、上端直径与阀盖孔三处同心。图示位置主阀心及先导锥阀均被弹簧压靠在阀座上，阀口处于关闭状态。主阀进油口 p_1 接泵的来油后，压力油进入主阀心大直径下腔，经阻尼孔 5（固定节流孔）引至主阀心上腔、先导锥阀前腔，对先导阀心形成一个液压力 F_x。若液压力 F_x 小于先导阀心左端调压弹簧的弹簧力 F_{s2} 时，则先导阀 1 关闭，阀腔中油液没有流动，作用在主阀心 6 上下两腔压力相等，而上腔作用面积 A_2 大于下腔作用面积 A_1。在两腔的液压力差及主阀弹簧力的共同作用下，主阀心被压紧在阀座上，处于最下端位置，主阀口关闭。随着油液不断进入溢流阀进口，主阀内腔的油液受到挤压，作用在先导阀上的压力随之增大，当 $F_x > F_{s2}$ 时，液压力克服弹簧力，使先导阀心左移，阀口开启，于是溢流阀的进口压力油经阻尼孔（固定节流孔），先导阀口溢流回油箱，因为固定节流孔的阻尼作用，主阀上腔压力 p_2（先导阀前腔压力）将低于下腔压力 p_1（主阀进口压力）。当压力差（$p_1 - p_2$）足够大时，因压力差形成的向上液压力克服主阀弹簧力推动阀芯上移，主阀阀口开启，溢流阀进口压力油经主阀阀口溢流回油箱，实现溢流，并维持压力基本稳定。调节先导阀的调压弹簧 9，便可调整溢流压力。主阀阀口开度一定时，先导阀阀芯和主阀阀芯分别处于受力平衡，阀口满足压力流量方程，主阀进口压力为一确定值。

在主阀中，当主阀芯重力、摩擦力和液动力忽略不计，主阀芯在稳态状况下的力平衡方程为

$$p_1 A_1 - p_2 A_2 = F_{s1} = K(x_0 + x) \qquad (6-3-3)$$

因主阀芯弹簧不起调压弹簧作用，因此弹簧极软，弹簧力基本为零，即

$$F_{s1} = K(x_0 + x) \approx 0$$

故有

$$p_1 = \frac{p_2 A_2}{A_1} \qquad\qquad (6-3-4)$$

式中 p_1 为进口压力即系统压力(Pa)；A_1 为主阀芯下端面的有效承压面积(m^2)；F_{s1} 为主阀的弹簧力(N)；A_2 为主阀芯上端面的有效承压面积(m^2)；K 为主阀弹簧刚度(N/m)；x_0 为主阀弹簧预压缩量(m)；x 为主阀阀开口量(m)。

从式(6-3-3)可以看出，对于这种溢流阀，即使进油口的压力 p_1 较大，由于主阀芯上腔有压力 p_2 存在，主阀弹簧可以做得较软，因此当溢流量变化而引起阀芯位置改变时，F_{s1} 的变化较小。此外，当调压弹簧调整好之后，在溢流时主阀芯上腔的压力 p_2 基本上是个定值，所以进油口压力 p_1 的数值在溢流量变化时变动较小，因此定压精度高，这就克服了直动式溢流阀的缺点。同时，先导阀的阀芯一般为锥阀，受压面积小，调压弹簧不必很强即可调整较高的压力 p_2。调节先导阀弹簧的预紧力，就可调节溢流阀的溢流压力。这种阀调压比较方便、振动小、噪音低、压力稳定，但只有在先导阀和主阀都动作后才起控制压力的作用，因此，其反应不如直动型溢流阀快。

从图 6-3-2 可以看出，导阀体上有一个远程控制口 K，当 K 口通过二位二通阀接油箱时，先导级的控制压力 $p_2 \approx 0$；主阀芯在很小的液压力(基本为零)作用下便可向上移动，打开阀口，实现溢流，这时系统称为卸荷。若 K 口接另一个远离主阀的先导压力阀(此阀的调节压力应小于主阀中先导阀的调节压力)的入口连接，则可实现远程调压。

图 6-3-3 所示为二节同心先导型溢流阀的结构图，其主阀芯为带有圆柱面的锥阀。为使主阀关闭时有良好的密封性，要求主阀芯 1 的圆柱导向面和圆锥面与阀套配合良好，

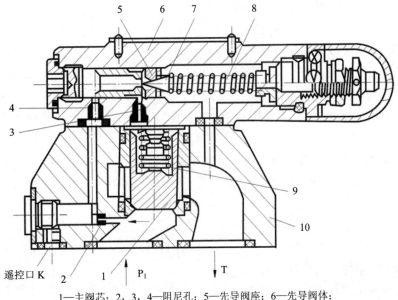

1—主阀芯；2，3，4—阻尼孔；5—先导阀座；6—先导阀体；
7—先导阀芯；8—调压弹簧；9—主阀弹簧；10—阀体

图 6-3-3　二节同心先导型溢流阀(板式)

两处的同心度要求较高，故称二节同心。主阀芯上没有阻尼孔，而将三个阻尼孔 2、3、4 分别设在阀体 10 和先导阀体 6 上。其工作原理与三节同心先导型溢流阀相同，只不过油液从主阀下腔到主阀上腔，需经过三个阻尼孔。阻尼孔 2 和 4 相串联，相当三节同芯阀主阀芯中的阻尼孔，作用是使主阀下腔与先导阀前腔产生压力差，再通过阻尼孔 3 作用于主阀上腔，从而控制主阀芯开启。阻尼孔 3 的主要作用是用以提高主阀芯的稳定性。

先导型溢流阀的导阀部分结构尺寸较小，调压弹簧不必很强，因此压力调整比较轻便。但因先导型溢流阀要在先导阀和主阀都动作后才能起控制作用，因此反应不如直动型溢流阀灵敏。

与三节同心结构相比，二节同心结构的特点是：① 主阀芯仅与阀套和主阀座有同心度要求，免去了与阀盖的配合，故结构简单，加工和装配方便。② 过流面积大，在相同流量的情况下，主阀开启高度小；或者在相同开启高度的情况下，其通流能力大，因此，可做得体积小、重量轻。③ 主阀芯与阀套可以通用，便于组织批量生产。

3) 溢流阀的性能

溢流阀的性能特性包括静态特性和动态特性。静态特性是指阀在稳态工况时的特性，动态特性是指阀在瞬态工况时的特性。在此只简单介绍溢流阀的静态特性。

溢流阀工作时，随着溢流量 q 的变化，系统压力 p 会产一些波动，不同的溢流阀其波动程度不同，因此一般用溢流阀稳定工作时的压力—流量特性来描述溢流阀的静态特性。这种稳态压力—流量特性又称"启闭特性"。

启闭特性是指溢流阀从开启到闭合过程中，被控压力 p 与通过溢流阀的溢流量 q 之间的关系。它是衡量溢流阀定压精度的一个重要指标。图 6-3-4 所示为溢流阀的启闭特性曲线。图中 p_n 为溢流阀调定压力，p_c 和 p_c' 分别为直动型溢流阀和先导型溢流阀的开启压力（溢流阀开始溢流时，阀口处于将开未开状态，$x=0$，这时的进口压力称为开启压力）。

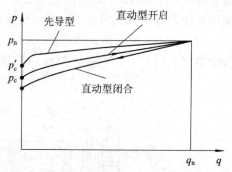

图 6-3-4　溢流阀的启闭特性曲线

溢流阀理想的特性曲线最好是一条在 p_n 处平行于流量坐标的直线。其含义是：只有在系统压力 p 达到 p_n 时才溢流，且不管溢流量 q 为多少，压力 p 始终保持为 p_n 值不变，没有稳态控制误差（或称没有调压偏差）。实际溢流阀的特性不可能是这样的，而只能要求它的特性曲线尽可能接近这条理想曲线，调压偏差尽可能小。

由图 6-3-4 所示溢流阀的启闭特性曲线可以看出：

(1) 对同一个溢流阀，其开启特性总是优于闭合特性。这主要是由于在开启和闭合两种运动过程中，摩擦力的作用方向相反所致。

(2) 先导式溢流阀的启闭特性优于直动式溢流阀。也就是说，先导式溢流阀的调压偏差（$p_n - p_c'$）比直动式溢流阀的调压偏差（$p_n - p_c$）小，调压精度更高。

所谓调压偏差，即调定压力与开启压力之差值。压力越高，调压弹簧刚度越大，由溢流量变化而引起的压力变化越大，调压偏差也越大。

由以上分析可知，直动型溢流阀结构简单，灵敏度高，但压力受溢流量变化的影响较大，调压偏差大，不适于在高压、大流量下工作，常作安全阀或用于调压精度要求不高的场合。先导型溢流阀中主阀弹簧主要用于克服阀芯的摩擦力，弹簧刚度小。当溢流量变化引起主阀弹簧压缩量变化时，弹簧力变化较小，因此阀进口压力变化也较小。先导型溢流阀调压精度高，被广泛用于高压、大流量系统。

溢流阀的阀芯在移动过程中要受到摩擦力的作用，阀口开大和关小时的摩擦力方向刚好相反，使溢流阀开启时的特性和闭合时的特性产生差异。

4) 溢流阀的应用

溢流阀借助于溢去一定量油液来保证液压系统中压力为一定值，并防止过载。根据溢流阀在液压系统中所起的作用，其主要应用如下：

（1）为定量泵系统溢流稳压。定量泵液压系统中，溢流阀通常接在泵的出口处，与去系统的油路并联，如图 6-3-5(a) 所示，泵的供油一部分按速度要求由流量阀调节流往系统的执行元件，多余油液通过被推开的溢流阀流回油箱，而在溢流的同时稳定了泵的供油压力。

（2）为变量泵系统提供过载保护。变量泵系统如图 6-3-5(b) 所示，执行元件速度由变量泵自身调节，不需溢流；泵压可随负载变化，也不需要稳压。但变量泵出口也常接一溢流阀，其调定压力约为系统最大工作压力的 1.1 倍，系统一旦过载，溢流阀立即打开，从而保障了系统的安全，故此系统中的溢流阀又称为安全阀。

（3）做背压阀用。如图 6-3-5(c) 所示，将直动式溢流阀放在回油路上，产生一定的回油阻力，以改善执行元件的运动平稳性，可当背压阀用。

（4）对系统实行远程调压或使系统卸荷。利用先导式溢流阀的控制口 K，可以使系统实现远程调压或使系统卸荷。具体应用，请参阅调压回路。

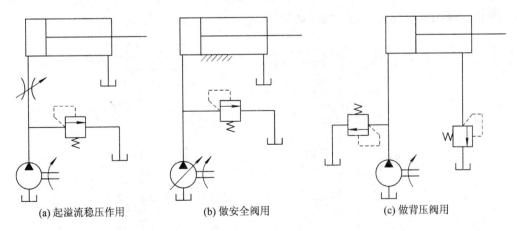

(a) 起溢流稳压作用　　(b) 做安全阀用　　(c) 做背压阀用

图 6-3-5　溢流阀的应用

2. 调压回路

调压回路主要是应用溢流阀使液压系统压力满足需要。在定量泵系统中，液压泵的供油压力可以通过溢流阀来调节。在变量泵系统中，用溢流阀作安全阀用来限定系统的最高压力,防止系统过载。当系统中如需要两种以上压力时,则可采用多级调压回路。

1) 单级调压回路

在图 6-3-6 所示的定量泵系统中,节流阀可以调节进入液压缸的流量,定量泵输出的流量大于进入液压缸的流量,而多余油液便从溢流阀流回油箱。调节溢流阀便可调节泵的供油压力,溢流阀的调定压力必须大于液压缸最大工作压力和油路上各种压力损失的总和。为了便于调压和观察,溢流阀旁一般要就近安装压力表。

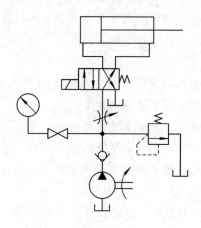

图 6-3-6　单级调压回路

2) 双向调压回路

当执行元件正反向运动需要不同的供油压力时,可采用双向调压回路,如图 6-3-7 所示。图(a)中,当换向阀在左位工作时,活塞为工作行程,泵出口压力较高,由溢流阀 1 调定。当换向阀在右位工作时,活塞作空行程返回,泵出口压力较低,由溢流阀 2 调定。图(b)所示回路在图示位置时,阀 2 的出口被高压油封闭,即阀 1 的远控口被堵塞,故泵压由阀 1 调定为较高压力。当换向阀在右位工作时,液压缸左腔通油箱,压力为零,阀 2 相当于阀 1 的远程调压阀,泵的压力由阀 2 调定。

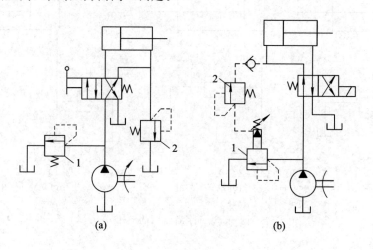

(a)　　　　　　　　　　　　　　　(b)

图 6-3-7　双向调压回路

3) 多级调压回路

在不同的工作阶段，液压系统需要不同的工作压力，多级调压回路便可实现这种要求。

图 6-3-8(a)所示为二级调压回路。图示状态下，泵出口压力由溢流阀 3 调定为较高压力，阀 2 换位后，泵出口压力由远程调压阀 1 调为较低压力。图 6-3-8(b)为三级调压回路。溢流阀 1 的远程控制口通过三位四通换向阀 4 分别接远程调压阀 2 和 3，使系统有三种压力调定值：换向阀在左位时，系统压力由阀 2 调定；换向阀在右位时，系统压力由阀 3 调定，换向阀在中位时，系统压力由主阀 1 调定。在此回路中，远程调压阀的调整压力必须低于主溢流阀的调整压力，只有这样远程调压阀才能起作用。图 6-3-8(c)所示为采用比例溢流阀的调压回路。

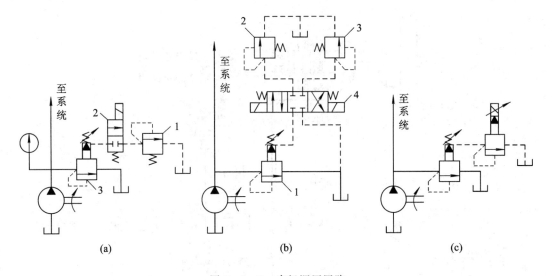

图 6-3-8　多级调压回路

6.3.2　减压阀与减压回路

在一个液压系统中，一个液压泵往往需要同时向几个执行元件供油，而各执行元件所需的工作压力不尽相同。若某个执行元件所需要的工作压力比液压泵的供油压力低，则可在各分支油路上串联一个减压阀来获得，所需压力的大小可用减压阀来调节。减压阀按结构型式的不同可分为直动型和先导型两大类；按工作原理的不同可分为定值减压阀、定差减压阀和定比减压阀。定值减压阀可以保持出口压力为定值，应用最广泛，简称为减压阀。这里只介绍定值减压阀。

1. 减压阀

减压阀是一种利用液体流过缝隙产生压力降的原理，使出口压力低于进口压力的压力控制阀。减压阀的特征是：阀与负载相串联，调压弹簧腔有外接泄油口，采用出口压力负反馈。

减压阀也有直动型和先导型之分，但直动型减压阀较少单独使用，先导式减压阀应用较广。如图 6-3-9 是一种常用的先导式减压阀结构原理图和图形符号。它由先导阀和主阀两部分组成，由先导阀调压，主阀减压。如图 6-3-9(b)所示，压力为 p_1 的压力油从进油口流入，经节流口减压后压力降为 p_2 并从出油口流出。由图可见，出口压力油经阀体与下端盖的通道流至主阀芯的下腔，再经主阀芯上的阻尼孔 e 流到主阀芯的上腔，最后经导阀阀口及泄油口 L 流回油箱。

　　工作时，若出口压力 p_2 低于先导阀的调定压力，先导阀芯关闭，主阀芯上、下两腔压力相等，主阀芯在弹簧作用下处于最下端，减压口开度 f 为最大，阀不起减压作用，$p_2 \approx p_1$。当出口压力达到先导阀调定压力时，先导阀阀口打开，主阀弹簧腔的油液便由泄油口 L 流回油箱，由于油液在主阀芯阻尼孔内流动，使主阀芯两端产生压力差，主阀芯在压差作用下，克服弹簧力抬起，减压阀口 f 减小，压降增大，使出口压力下降到调定的压力值时，先导阀芯和主阀芯同时处于受力平衡，出口压力稳定不变等于调定压力。调节调压弹簧的预紧力即可调节阀的出口压力。

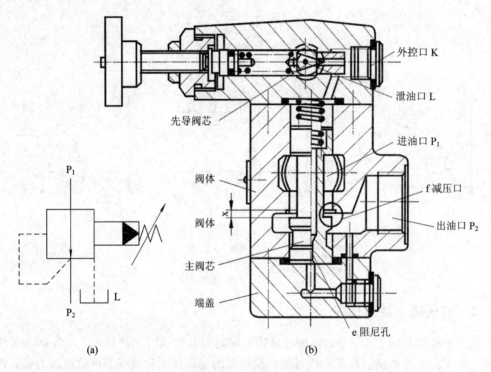

图 6-3-9　先导式减压阀结构原理图和图形符号

　　应当指出，当减压阀出口处的油液不流动时，此时仍有少量油液通过减压阀口经先导阀和泄油口 L 流回油箱，阀处于工作状态，阀出口压力基本保持在调定值上。

　　必须说明的是，减压阀出口压力还与出口的负载有关，若因负载建立的压力低于调定压力，则出口压力由负载决定，此时减压阀不起减压作用。

　　与溢流阀相同的是，减压阀亦可以在先导阀的遥控口接远程调压阀实现远程控制或多次调压。

2. 减压回路

　　减压回路的功用是应用减压阀使系统中某一部分油路具有较低的稳定压力。常用于机床的工件夹紧、导轨润滑以及液压系统的控制油路中。

　　图 6-3-10(a)是一种常用的单级减压回路。泵的供油压力根据油路上负载的大小由

溢流阀 1 调定，夹紧缸所需的低压力则靠减压阀 2 来调节。单向阀 3 的作用是在工作油路低到小于减压阀调整压力时，使夹紧油路和工作油路隔开，实现短时间保压。

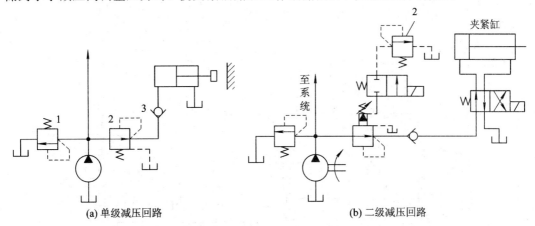

(a) 单级减压回路　　　　　　　　　　(b) 二级减压回路

图 6 - 3 - 10　减压回路

图 6 - 3 - 10(b)所示为用于工件夹紧的二级减压回路。夹紧工作时为了防止系统压力降低(例如进给缸空载快进)油液倒流，并短时保压，通常在减压阀后串接一个单向阀。图示状态，低压由减压阀 1 调定；当二通阀通电后，阀 1 出口压力则由远程调压阀 2 决定，故此回路为二级减压回路。

必须指出，应用减压阀组成减压回路虽然可以方便地使某一分支油路压力减低，但油液流经减压阀将产生压力损失，这增加了功率损失并使油液发热。当分支油路的压力较主油路压力低得多，而需要的流量又很大时，为减少功率损耗，常采用高、低压液压泵分别供油，以提高系统的效率。

6.3.3　顺序阀与平衡回路

1. 顺序阀

顺序阀的作用是利用油液压力作为控制信号控制油路通断。顺序阀也有直动型和先导型之分，根据控制压力来源不同，它还有内控式和外控式之分，前者用阀的进口压力控制阀芯的启、闭，称为内控顺序阀，简称顺序阀；后者用外来的控制压力油控制阀芯的启、闭，称为液控顺序阀。

直动型顺序阀如图 6 - 3 - 11 所示，图 6 - 3 - 11(a)为实际结构图，图 6 - 3 - 11(c)为原理图。直动式顺序阀通常为滑阀结构，其工作原理与直动式溢流阀相似，均为进油口测压，但顺序阀为减小调压弹簧刚度，还设置了断面积比阀芯小的控制活塞 A。顺序阀与溢流阀的区别还有：其一，出口不是溢流口，因此出口 P_2 不接回油箱，而是与某一执行元件相连，弹簧腔泄漏油口 L 必须单独接回油箱；其二，顺序阀不是稳压阀，而是开关阀，它是一种利用压力的高低控制油路通断的"压控开关"，严格地说，顺序阀是一个二位二通液动换向阀。

工作时，压力油从进油口 P_1(两个)进入，经阀体上的孔道 a 和端盖上的阻尼孔 b 流到控制活塞的底部，当作用在控制活塞上的液压力能克服阀芯上的弹簧力时，阀芯上移，油液便从 P_2 流出。该阀称为内控式顺序阀，其图形符号如图 6 - 3 - 11(b)所示。

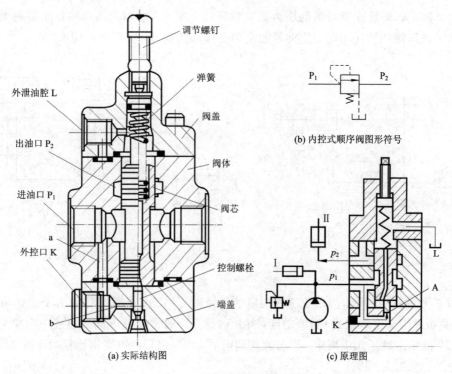

图 6-3-11　直动型顺序阀

必须指出，当进油口一次油路压力 P_1 低于调定压力时，顺序阀一直处于关闭状态；一旦超过调定压力，阀口便全开（溢流阀口则是微开），压力油进入二次油路（出口 P_2），驱动另一个执行元件。

若将图 6-3-11(a) 中的端盖旋转 90°安装，切断进油口通向控制活塞下腔的通道，并打开螺堵 K，引入控制压力 P_K 便成为外控式顺序阀，外控顺序阀阀口开启与否，与阀的进口压力 P_1 的大小没有关系，仅取决于控制压力 P_K 的大小。

把外控式顺序阀的出油口接通油箱，并将外泄口 L 堵死，便成为外控内泄式顺序阀。外控内泄式顺序阀只用于出口接油箱的场合，常用于泵卸荷，故称卸荷阀。

当顺序阀内装并联的单向阀，可构成单向顺序阀。单向顺序阀也有内外控之分。若将出油口接通油箱，且将外泄改为内泄，即可作平衡阀用，使垂直放置的液压缸不因自重而下落。

顺序阀在液压系统中的主要用途，除控制执行元件的顺序动作外，也可作卸荷阀、背压阀及平衡阀使用。各种顺序阀的图形符号如表 6-3-1 所示。

表 6-3-1　顺序阀的图形符号

控制泄油方式	内控外泄	外控外泄	内控内泄	外控内泄	内控外泄加单向阀	外控外泄加单向阀	内控内泄加单向阀	外控内泄加单向阀
名　称	顺序阀	外控顺序阀	背压阀	卸荷阀	内控单向顺序阀	外控单向顺序阀	内控平衡阀	外控平衡阀
图形符号								

2．平衡回路

平衡回路的功能在于防止垂直（或倾斜）放置的液压缸和与之相连的工作部件因自重而自行下落或在下行运动中速度超过液压泵供油所能达到的速度，而使工作腔中出现真空，使运动不平稳。平衡回路是在立式液压缸的下行回路上设置一个适当的阻力，使之产生一定的背压与自重相平衡。

1）采用单向顺序阀的平衡回路

图 6-3-12(a)所示为采用单向顺序阀的平衡回路，当 1YA 得电后活塞下行时，回油路上就存在着一定的背压；只要将这个背压调得能支承住活塞和与之相连的工作部件的自重，活塞就可以平稳地下落。当换向阀处于中位时，活塞就停止运动，不再继续下移。这种回路当活塞向下快速运动时功率损失大，锁住时活塞和与之相连的工作部件会因单向顺序阀和换向阀的泄漏而缓慢下落，因此它只适用于工作部件重量不大、活塞锁住时定位要求不高的场合。

2）采用液控顺序阀的平衡回路

图 6-3-12(b)为采用液控顺序阀的平衡回路。当活塞下行时，控制压力油打开液控顺序阀，背压消失，因而回路效率较高；当停止工作时，液控顺序阀关闭以防止活塞和工作部件因自重而下降。这种平衡回路的优点是只有上腔进油时活塞才下行，比较安全可靠；缺点是活塞下行时平稳性较差。这是因为活塞下行时，液压缸上腔油压降低，将使液控顺序阀关闭。当顺序阀关闭时，因活塞停止下行，使液压缸上腔油压升高，又打开液控顺序阀，因此液控顺序阀始终工作于启闭的过渡状态，因而影响工作的平稳性。这种回路适用于运动部件重量不很大、停留时间较短的液压系统中。

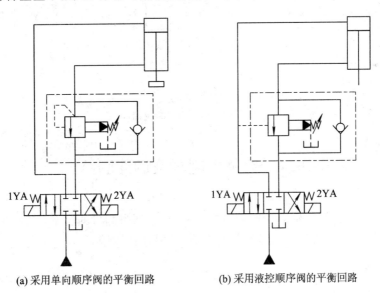

(a) 采用单向顺序阀的平衡回路　　　　(b) 采用液控顺序阀的平衡回路

图 6-3-12　采用顺序阀的平衡回路

6.3.4　压力继电器

压力继电器是利用油液的压力来启闭电气触点的液压电气转换元件。它在油液压力达到其调定值时，发出电信号，控制电气元件动作，实现液压系统的自动控制。

压力继电器有柱塞式、膜片式、弹簧管式和波纹管式四种结构形式。柱塞式压力继电器的结构和图形符号如图 6-3-13 所示，当进油口 P 处油液压力达到压力继电器的调定压力时，作用在柱塞 1 上的液压力通过顶杆 2 的推动，合上微动电器开关 4，发出电信号。图中，L 为泄油口。改变弹簧的压缩量，可以调节继电器的动作压力。

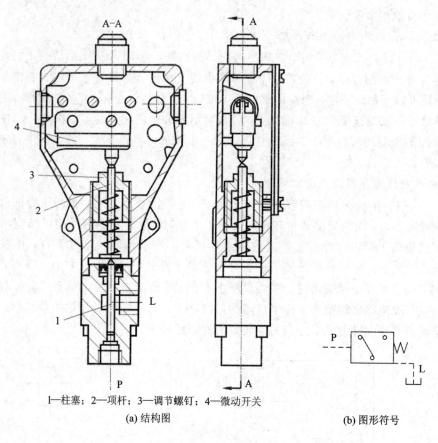

1—柱塞；2—顶杆；3—调节螺钉；4—微动开关

(a) 结构图　　　　　　　　　(b) 图形符号

图 6-3-13　压力继电器

6.4　流量控制阀及调速回路

流量控制阀是靠改变阀口通流面积的大小来调节通过阀口的流量，从而达到改变执行元件运动速度的目的。常用的流量控制阀有节流阀和调速阀等。

6.4.1　节流阀

1. 节流阀的流量特性

节流阀的节流口通常有三种基本形式：薄壁小孔、短孔和细长孔。通过节流阀的流量可用式(2-5-4)描述为 $q = CA_T \Delta p^\varphi$。节流阀的特性曲线如图 6-4-1 所示。

流量控制阀依靠改变节流口的大小来调节通过阀口的流量。当流量阀的通流截面积 A_T 调定后，常要求通过节流孔截面积的流量 q 能保持稳定不变，使执行元件获得稳定的速度。实际上，当节流阀的通流截面积调定后，还有许多因素影响着流量的稳定性。根据式（2-5-4）可知：

1）压差 Δp 对流量的影响

由于负载的变化，节流阀两端压力差 Δp 也会发生变化，使通过它的流量也要发生变化。φ 越大，Δp 对流量 q 的影响越大。三种结构形式的节流口中，通过薄壁小孔的流量受压差改变的影响最小。

2）温度对流量的影响

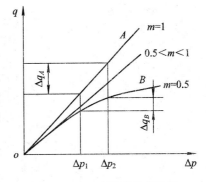

图 6-4-1　节流阀特性曲线

油温直接影响到油液黏度，引起系数 C 发生变化，从而引起流量变化。对于细长孔，油温变化时，流量也随之改变；对于薄壁小孔，黏度对于流量几乎没有影响，故油温变化时，其流量基本不变。

3）孔口形状对流量的影响

能维持最小稳定流量是流量阀的一个重要性能，实践证明，最小稳定流量与节流口截面形状有关，截面水力半径愈大，则阀在小流量下的稳定性愈好；若水力半径小，则阀的工作性能就差。圆形节流口的水力半径最大，而方形和三角形节流口次之，但方形和三角形节流口便于连续且均匀地调节其开口量，所以在流量控制阀上应用较多。

综上所述，为保证流量稳定，节流口的形式以薄壁小孔较为理想。通过节流口的油液应严格过滤并适当选择节流阀前、后的压力差，因为压力差过大，能量损失大且油液易发热；压力差过小，会使压差变化对流量的影响大。推荐采用压力差 $\Delta p = 0.2 \sim 0.3$ MPa。

2．节流阀的结构

1）节流阀的结构与工作原理

图 6-4-2 所示为一种典型的节流阀结构图和图形符号。压力油从进油口 P_1 流入，经阀芯上的三角槽节流口流出，从出油口 P_2 流出。转动手柄可使推杆推动阀芯作轴向移动，从而改变节流口的通流截面积，以达到调节流量的目的。进口压力油通过弹簧腔径向小孔和阀体上的斜孔同时作用在阀芯的上、下两端，即使在高压下，调节阀口也比较方便。

节流阀结构简单，制造容易，体积小，但负载和温度的变化对流量的稳定性影响较大，因此只适用于负载和温度变化不大或速度稳定性要求较低的液压系统。

2）单向节流阀

图 6-4-3 为单向节流阀的结构和图形符号。当压力油从油口 P_1 进入，经阀芯上的三角槽节流口从油口 P_2 流出，这时起节流的作用。当压力油

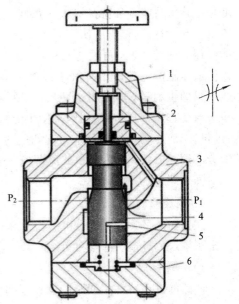

1—顶盖；2—螺母；3—阀体；
4—节流口；5—阀芯；6—端盖
图 6-4-2　节流阀的结构和图形符号

从油口 P_2 进入，在压力油作用下阀芯克服软弹簧的作用力而下移，油液不再经过节流口而直接从油口 P_1 流出，这时起单向阀作用。

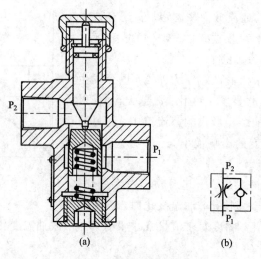

图 6 - 4 - 3 单向节流阀的结构和图形符号

6.4.2 调速回路概述

在液压传动系统中,调速是为了满足执行元件对工作速度的要求,因此是系统的核心问题。调速回路不仅对系统的工作性能起着决定性的影响,而且对其他基本回路的选择也起着决定性的作用,因此它在液压系统中占有极其重要的地位。

1. 基本调速方式

一般液压传动机械都需要调节执行元件的运动速度。在液压系统中,液压缸的运动速度是由输入流量 q 和缸的有效作用面积 A 决定的,即 $v = q/A$;液压马达的转速 n 由输入流量 q 和马达的排量 V_m 决定,即 $n = q/V_m$。由以上两式可知,要改变液压缸的运动速度或液压马达的转速,可通过两种途径实现:一是改变进入液压缸或液压马达的流量 q;二是改变液压缸的有效作用面积 A 或改变液压马达的排量 V_m。其中改变 q 有两种方法:一是改变泵的供油量,即采用变量泵;二是采用定量泵供油,利用调节流量控制阀的通流截面积来改变进入液压缸或液压马达的流量,这种调速方法称为节流调速。采用改变泵的流量(排量)或液压马达的排量来实现调速的方法,称为容积调速。采用变量泵和流量控制阀相配合的调速方法,称为容积节流调速。这里只介绍节流调速,容积调速和容积节流调速将在后面介绍。

2. 调速回路基本特性

调速回路的调速特性、机械特性和功率特性实际上就是系统的静态特性,它们基本上决定了系统的性能、特点和用途。

1)调速特性

回路的调速特性用回路的调速范围来表征。所谓调速范围是指执行元件在某负载下可能得到的最高工作速度与最低工作速度之比:

$$R = \frac{v_{max}}{v_{min}} \qquad\qquad (6 - 4 - 1)$$

各种调速回路可能的调速范围是不同的,人们希望能在较大的范围内调节执行元件的速度,在调速范围内能灵敏、平稳地实现无级调速。

2）机械特性

机械特性即速度—负载特性，它是调速回路中执行元件运动速度随负载而变化的性能。一般来说，执行元件运动速度随负载增大而降低。如图 6-4-4 所示为某调速回路中执行元件的速度—负载特性曲线。速度受负载影响的程度，常用速度刚度来描述。

速度刚度定义为负载对速度的变化率的负值，即

$$k_{\mathrm{v}} = -\frac{\partial F}{\partial v} = -\frac{1}{\tan \alpha} \qquad (6-4-2)$$

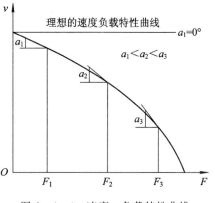

图 6-4-4　速度—负载特性曲线

速度刚度的物理意义：负载变化时，调速回路抵抗速度变化的能力，亦即引起单位速度变化时负载力的变化量。从图 6-4-4 可知，速度刚好是速度—负载特性曲线上某点处斜率的倒数。在特性曲线上某处的斜率越小，速度刚度就越大，亦即机械特性就越硬，执行元件工作速度受负载变化的影响就越小，运动平稳性也就越好。

3）功率特性

调速回路的功率特性包括回路的输入功率、输出功率、功率损失和回路效率，一般不考虑执行元件和管路中的功率损失，这样便于从理论上对各种调速回路进行比较。功率特性好，即能量损失小、效率高、发热少。

6.4.3　节流调速回路

在节流调速回路中，执行元件可以是液压缸，也可以是液压马达，这里以液压缸为例。根据节流阀在回路中的不同位置，节流调速回路可以分为三种基本形式：进油路节流调速、回油路节流调速和旁油路节流调速。

1. 进油路节流调速回路

如图 6-4-5(a)所示，节流阀串联在液压泵和液压缸之间，定量泵输出的油液，一部分经节流阀控制进入液压缸工作腔而推动活塞运动，多余的油液经溢流阀回油箱。溢流是

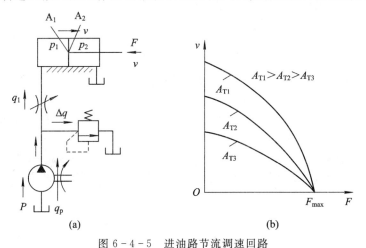

(a)　　　　　　　　　　　　　　　(b)

图 6-4-5　进油路节流调速回路

这种调速回路能够正常工作的必要条件。由于溢流阀有溢流,泵出口压力为溢流阀调定值,并基本保持不变。调节节流阀的通流面积,即可调节通过节流阀的流量,从而调节液压缸的运动速度。

1) 速度负载特性

液压缸在稳定工作时,活塞上的力平衡方程为

$$P_1 A_1 = F + P_2 A_2 \tag{6-4-3}$$

式中,F 是负载(包括切削负载、摩擦负载的总和);P_1 是液压缸进油腔压力;P_2 是液压缸回油腔压力;A_1 是液压缸进油腔有效工作面积;A_2 是液压缸回油腔有效工作面积。

由于回油腔通油箱,P_2 视为零,所以有

$$P_1 = \frac{F}{A_1} \tag{6-4-4}$$

液压泵的供油压力 P_p 为定值,则节流阀进出口的压差为

$$\Delta P = P_p - P_1 = P_p - \frac{F}{A_1} \tag{6-4-5}$$

由薄壁小孔流量公式可知,流经节流阀进入液压缸的流量为

$$q_1 = CA_T \Delta P^\varphi = CA_T \left(P_p - \frac{F}{A_1} \right)^\varphi \tag{6-4-6}$$

故活塞的运动速度为

$$v = \frac{q_1}{A_1} = \frac{CA_T}{A_1} \left(P_p - \frac{F}{A_1} \right)^\varphi \tag{6-4-7}$$

式(6-4-7)即为进口节流调速回路的速度负载特性方程,它反映了速度 v 和负载 F 的关系。若以活塞运动速度 v 为纵坐标,负载 F 为横坐标,将式(6-4-7)按不同节流阀通流面积 A_T 作图,则可得一组曲线,即为该回路的速度负载特性曲线,如图 6-4-5(b)图所示。当负载恒定时,液压缸的速度 v 与节流阀通流面积 A_T 成正比,调节 A_T 可实现无极调速,且调速范围较大(最高速度与最低速度之比可高达 100)。当 A_T 调定后,速度随着负载的增加而减小。

速度 v 随负载 F 变化的程度叫速度刚性,表现在速度负载特性曲线的斜率上,特性曲线上某点处的斜率越小,速度刚性就越大,说明回路在该处速度受负载变化的影响就越小,即该点的速度稳定性越好。

2) 最大承载能力

液压缸能产生的最大推力即最大承载能力可由方程(6-4-8)求得

$$F_{max} = P_p A_1 \tag{6-4-8}$$

3) 功率和效率

液压泵输出的功率为

$$P_p = p_p q_p = 常数$$

液压缸输出功率为

$$P_1 = p_1 q_1$$

回路的功率损失为

$$\Delta P = P_p - P_1 = p_p q_p - p_1 q_1 = p_p \Delta q + \Delta p q_1 \tag{6-4-9}$$

式中 q_p 为液压泵供油量;Δq 为溢流阀溢流量,其余符号同前。

由式(6-4-9)可知，这种调速回路的功率损失由两部分组成，即溢流损失 $p_p \Delta q$ 和节流损失 $\Delta p q_1$。

回路的效率为

$$\eta = \frac{P_1}{P_p} = \frac{p_1 q_1}{p_p q_p} \tag{6-4-10}$$

综上可知，节流阀进口节流调速回路适用于轻载、低速、负载变化不大和对速度稳定性要求不高的小功率液压系统。

2. 回油路节流调速回路

如图 6-4-6 所示，把节流阀串联在液压缸的回油路上，借助于节流阀控制液压缸的排油量 q_2 来实现速度调节。由于进入液压缸的流量 q_1 受回油路排出量 q_2 的限制，所以用节流阀来调节液压缸的排油量 q_2，也就调节了进油量 q_1，定量泵多余的油液仍经溢流阀流回油箱，从而使泵出口的压力稳定在调整值不变。

回油路节流调速回路的静态特性与进油路节流调速回路的完全相同，在此不再赘述。

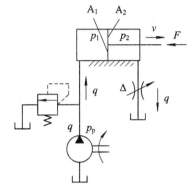

图 6-4-6　回油路节流调速回路

3. 旁油路节流调速回路

如图 6-4-7(a)所示，将节流阀安装在与液压缸并联的支路上，定量泵输出的油液，一部分进入油液缸，另一部分通过节流阀回油箱。调节节流阀的流量，便可调节进入油液缸的流量，从而调节液压缸的运动速度。系统正常工作时，溢流阀处于关闭状态，起过载保护作用，其调整值压力为最大负载所需要压力的 $1.1 \sim 1.2$ 倍。泵的工作压力不是恒定的，它随负载发生变化。

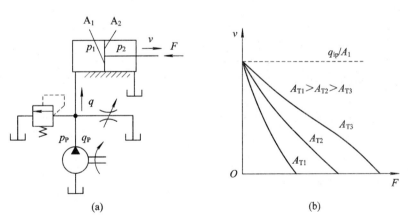

图 6-4-7　旁油路节流调速回路

1) **速度负载特性**

旁油路节流调速的速度负载特性方程为

$$v = \frac{q_1}{A_1} = \frac{q_{ip} - K_L \left(\dfrac{F}{A_1} \right) - C A_T \left(\dfrac{F}{A_1} \right)^{\varphi}}{A_1} \tag{6-4-11}$$

式中 q_{ip} 是泵的理论流量；K_L 是泵的泄漏系数，其余符号意义同前。

根据式(6-4-11)，按节流阀的不同通流面积画出旁油路节流调速的速度负载特性曲线，如图6-4-7(b)所示。由曲线分析可看出，当负载 F 恒定时，液压缸运动速度 v 随节流阀开口面积 A_T 的增大而减小，当节流阀开口面积 A_T 调定后，液压缸运动速度随负载的增大而减小。

2）最大承载能力

从图6-4-7(b)可以看出，旁油路节流调速回路能够承受的最大负载，随着节流阀通流面积 A_T 的增加而减小。当通流面积 A_T 达到一定值时，泵的全部流量经节流阀流回油箱，活塞停止运动，因此，这种调速回路在低速时承载能力低，调速范围小。同时该回路最大承载能力还受溢流阀的安全压力值的限制。

3）功率和效率

旁油路节流调速回路只有节流损失而无溢流阀的溢流损失，故效率高。这种回路适用于高速、重载且对速度平稳性要求不高的较大功率的液压系统。

上述三种节流调速回路的特性比较见表6-4-1。

表6-4-1 三种节流调速回路性能比较

特　性	调　速　方　式		
	进油路节流调速回路	回油路节流调速回路	旁油路节流调速回路
回路的主要参数	p_1、Δp、q_1 均随负载变化。p_p＝常数，$p_2 \approx 0$	p_2、Δp、q_2 均随负载变化。$p_1 = p_p$ 常数	p_1、Δp、q_1 均随负载变化。$p_1 = p_p$，$p_2 \approx 0$
速度负载特性及运动平稳性	速度负载特性较差，平稳性较差。不能在负值负载下工作	速度负载特性较差，平稳性较好。可以在负值负载下工作	速度负载特性差，不能在负值负载下工作
负载能力	最大负载有溢流阀所调定的压力来决定，属于恒转矩(恒牵引力)调速	同左	最大负载随节流阀开口增大而减小，低速承载能力差
调速范围	较大，可达100	同左	由于低速稳定性差，故调速范围较小
功率消耗	功率消耗与负载、速度无关。低速、轻载时功率消耗较大，效率低，发热大	同左	功率消耗与负载成正比。效率较高，发热小
发热及泄漏的影响	油通过节流孔发热后进入液压缸，影响液压缸泄漏，从而影响液压缸速度	油通过节流孔后回油箱冷却，对泵、缸泄漏影响较小，因而对港速度影响较小	泵、缸及阀的泄漏都影响速度
其他	(1)停车后起动冲击小 (2)便于实现压力控制	(1)停车后起动有冲击 (2)压力控制不方便	(1)停车后起动有冲击 (2)便于实现压力控制

6.4.4　调速阀

在上节节流阀的三种调速回路中，都存在着相同的问题，即当节流阀开口调定时，通过它的流量受工作负载变化的影响，不能保持执行元件运动速度的稳定，因此，只适用于负载变化不大和速度稳定性要求不高的场合。在负载变化较大而又要求速度稳定时，就要采用压力补偿的办法来保证节流阀前后的压力差不变，从而使流量稳定。对于节流阀进行压力补偿的方法有两种，一种是将定差减压阀与节流阀串联成一个复合阀，由定差减压阀保持节流阀前后压力差不变，这种组合阀称为调速阀；另一种是将差压式溢流阀和节流阀并联成一个组合阀，由溢流阀保证节流阀前后压力差不变，这种组合阀称为旁通型调速阀（有时也称为溢流节流阀）。

1. 调速阀的工作原理及应用

调速阀的工作原理如图 6-4-8(a) 所示。液压泵输出油液的压力（即调速阀的进口）为 p_1（由溢流阀调整基本不变），流经减压阀到节流阀前的压力为 p_2，节流阀后的压力为 p_3，则 p_3 由液压缸负载 F 决定。油液先经减压阀产生一次压力降，将压力降到 p_2，p_2 经通道 e、f 作用到减压阀的 d 腔和 c 腔；节流阀的出口压力 p_3 又经反馈通道 a 作用到减压阀的上腔 b，当减压阀的阀芯在弹簧力 F_s、油液压力 p_2 和 p_3 作用下处于某一平衡位置时（忽略摩擦力和液动力等），则有

$$p_2 A_1 + p_2 A_2 = p_3 A + F_s \tag{6-4-12}$$

式中 A、A_1 和 A_2 分别为 b 腔、c 腔和 d 腔内压力油作用于阀芯的有效面积，且 $A = A_1 + A_2$，故

$$p_2 - p_3 = \Delta p = \frac{F_s}{A} \tag{6-4-13}$$

因为弹簧刚度较低，且工作过程中减压阀阀芯位移很小，可以认为 F_s 基本保持不变，故节流阀两端压力差 $p_2 - p_3$ 也基本保持不变，这就保证了通过节流阀的流量稳定。换言之，将调速阀流量调定后，无论出口压力 p_3 和进口油压力 p_1 如何发生变化，由于减压阀的自动调节作用，节流阀前后压力差总是保持稳定，从而使通过调速阀的流量基本保持不变。图 6-4-8(b)、(c) 所示为其图形符号。

图 6-4-8(d) 所示为通过节流阀和调速阀的流量 q 随阀进、出油口两端的压力差 Δp 的变化规律。从图上可以看出，节流阀的流量随压力差变化较大，而调速阀在压力差大于一定数值后，流量基本上保持恒定。当压力差很小时，由于减压阀阀芯被弹簧推至最下端，减压阀阀口全开，不起减压作用，故这时调速阀的性能与节流阀相同，因此，为使调速阀正常工作，就必须有一最小压力差，在一般调速阀中为 0.5 MPa，高压调速阀中为 1 MPa。

调速阀装在进油路、回油路或旁油路上，都可以达到改善速度负载特性、使速度稳定性提高的目的。旁油路节流调速回路比前两种调速回路的刚度差，主要是受泵的泄漏影响所致。旁油路节流调速回路的承载能力也有了很大的提高，不受活塞速度的影响。然而，所有性能上的改进都是以加大整个流量控制阀前后的压力差为代价，所以采用调速阀的调速回路时，其功率损失比节流阀调速回路还要大。

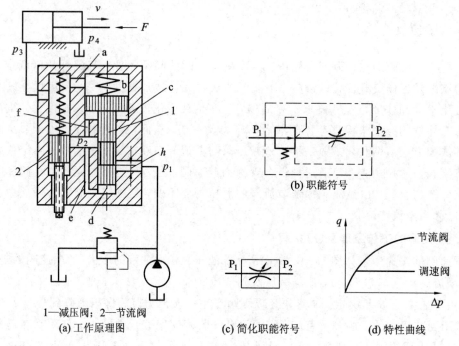

1—减压阀；2—节流阀
(a) 工作原理图　　　　　　　(c) 简化职能符号　　　　　　(d) 特性曲线

图 6-4-8　调速阀工作原理图

2. 旁通型调速阀

旁通型调速阀(也称溢流节流阀)也是一种压力补偿型节流阀。图 6-4-9 所示为其工作原理图及图形符号。

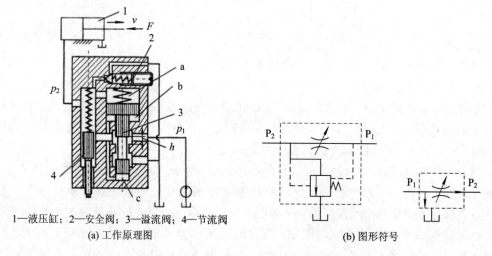

1—液压缸；2—安全阀；3—溢流阀；4—节流阀
(a) 工作原理图　　　　　　　　　　　(b) 图形符号

图 6-4-9　旁通型调速阀(溢流节流阀)

从液压泵输出的油液一部分从节流阀 4 进入液压缸左腔推动活塞向右运动，另一部分经溢流阀的溢流口流回油箱，溢流阀阀芯 3 的上端 a 腔同节流阀 4 上腔相通，其压力为 p_2；腔 b 和下端腔 c 同溢流阀阀芯 3 前的油液相通，其压即为泵的压力 p_1。当液压缸活塞上的负载力 F 增大时，压力 p_2 升高，a 腔的压力也升高，使阀芯 3 下移，关小溢流口，这样就使液压泵的供油压力 p_1 增加，从而使节流阀 4 的前、后压力差($p_1 - p_2$)基本保持不变。这种溢流阀一般附带一个安全阀 2，以避免系统过载。

溢流节流阀是通过 p_1 随 p_2 的变化来使流量基本上保持恒定的，它与调速阀虽都具有压力补偿的作用，但其组成调速系统时是有区别的，调速阀无论在执行元件的进油路上或回油路上，执行元件上负载变化时，泵出口处压力都由溢流阀保持不变，而溢流节流阀只能用在进油路节流调速回路中，泵出口处的压力 p_1 随 p_2（负载的压力）的变化来使流量基本上保持恒定，因而溢流节流阀具有功率损耗低，发热量小的优点。但是，溢流节流阀中流过的流量比调速阀大（一般是系统的全部流量），阀芯运动时阻力较大，弹簧较硬，其结果使节流阀前后压差 Δp 加大（需达 $0.3 \sim 0.5$ MPa），因此它的稳定性稍差。

由以上分析可知，旁通型调速阀适用于对速度稳定性要求不高而功率较大的节流调速系统，如插床、小型拉床和牛头刨床。

6.4.5　容积调速回路和容积节流调速回路

1. 容积调速回路

容积调速回路的工作原理是通过改变回路中变量泵或变量马达的排量来调节执行元件运动速度的。根据调节对象的不同，容积调速有以下三种形式：

① 变量泵和定量执行元件组成的调速回路；

② 定量泵和变量执行元件组成的调速回路；

③ 变量泵和变量执行元件组成的调速回路。

在这种容积调速回路中，液压泵输出的油液直接进入执行元件，没有溢流损失和节流损失，系统效率较高，发热少。

根据油路的循环方式不同，容积调速回路可分为开式回路和闭式回路。在开式回路中，液压泵从油箱吸油后输入执行元件，执行元件排出的油液直接返回油箱。这种回路结构简单，油液在油箱中可以得到很好的冷却并使杂质沉淀，但油箱结构尺寸大，且油液和空气接触，使空气容易侵入系统。在闭式回路中，液压泵将油液输入执行元件的进油腔，又从执行元件的回油腔处吸油。这种回路结构紧凑，但散热条件差，为了补偿回路的泄漏，需要设置补油装置，使回路结构复杂化。

1) 变量泵和定量执行元件组成的容积调速回路

图 6-4-10 所示为变量泵和定量执行元件组成的容积调速回路，其中(a)是以液压缸为执行机构，改变液压泵的排量即可调节活塞的运动速度 v。安全阀 2 限制回路中的最大压力，只有系统过载时才打开。若不考虑液压泵以外的元件和管道的泄漏，则这种回路的活塞运动速度为

$$v = \frac{q_p}{A_1} = \frac{q_i - K_L \dfrac{F}{A_1}}{A_1} \tag{6-4-14}$$

式中，q_i 为变量泵的理论流量；K_L 为变量泵的泄漏系数；其余符号意义同前。

将式 6-4-14 按不同的 q_i 值作图，可得一组平行直线，如图 6-4-11(a)所示。由图可见，由于变量泵有泄漏，活塞运动速度会随负载的加大而略有减小。在低速时，当负载增大到某值会使活塞停止运动（图 6-4-11(a)中的 F' 点），这时变量泵的理论流量等于泄漏量，可见这种回路在低速时的承载能力较差，速度稳定性也差。

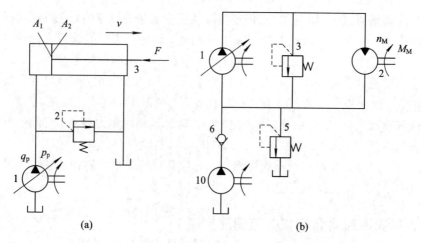

图 6-4-10　变量泵和定量执行元件组成的容积调速回路

在图 6-4-10(b)所示的变量泵定量马达的调速回路中，溢流阀 3 起安全保护作用，用来防止系统过载。为了补充泵和液压马达的泄漏，增加了补油泵 10 和溢流阀 5。溢流阀 5 用来调节补油泵的补油压力，同时置换部分已发热的油液，降低系统的温升。若不计损失，则马达的转速 $n_M = q_p/V_M$，输出转矩 $T = \Delta p_M V_M/(2\pi)$。因为液压马达的排量为定值，系统工作压力由安全阀限制，故调节变量泵的流量 q_p 即可对马达的转速 n_M 进行调节。马达的输出功率 $P = \Delta p_M V_M n_M$ 与转速 n_M 成正比，输出转矩恒定不变，所以本回路的调速方式称为恒转矩调速，回路的调速特性如图 6-4-11(b)所示。

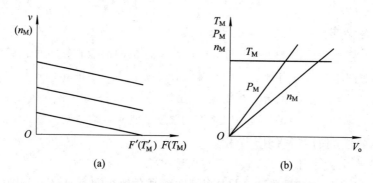

图 6-4-11　变量泵和定量执行元件的调速特性曲线

2）定量泵和变量马达组成的容积调速回路

如图 6-4-12(a)所示为定量泵和变量马达容积调速回路。其中 3 是安全阀，2 是变量马达，4 是用以向系统补油的辅助泵，5 为调节补油压力的溢流阀。定量泵 1 输出流量不变，马达的转速 $n_M = q_p/V_M$，改变马达的排量 V_M 即可调节马达的转速。在这种回路中，马达的输出功率 $P = \Delta p_M V_M n_M = \Delta p_M q_p$ 恒定不变，故这种回路称为恒功率调速回路。液压马达的输出转矩 $T = \Delta p_M V_M/(2\pi)$ 与马达的排量 n_M 成正比，其调速特性如图 6-4-12(b)所示。

由于液压泵和液压马达的泄漏损失和摩擦损失，这种回路 V_M 很小时，n_M、T_M 和 P_M 的实际值也都等于零，一般无力带动负载，造成液压马达停止转动的"自锁"现象，故这种调速回路很少单独使用。

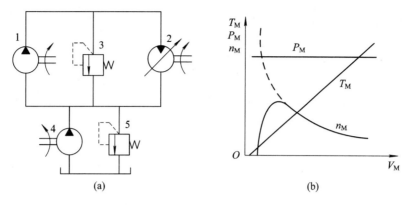

图 6-4-12　定量泵和变量马达容积调速回路

3）变量泵和变量马达组成的容积调速回路

如图 6-4-13(a)所示，液压泵和液压马达均采用双向变量，既可以改变流量大小，又可以改变供油方向，从而实现液压马达的调速和换向。单向阀 7 和 9 使溢流阀 3 在两个方向都能起过载保护作用，从而起安全阀作用。单向阀 6 和 8 用于使补油泵 4 能双向补油。这种调速回路实际上是上述两种调速回路的组合。

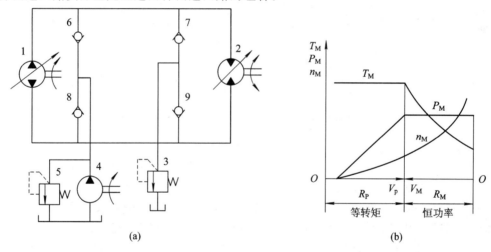

图 6-4-13　变量泵和变量马达容积调速回路

一般工作部件在低速时要求有较大的转矩，在高速时又希望输出功率能基本不变，因此，当变量液压马达的输出转速 n_M 由低向高调节时，可分为两个阶段。

① 应先将变量马达的排量调为最大，然后改变泵的排量使其排量逐渐增大，液压马达的转速 n_M 从低到高逐渐变大，直到 V_P 最大为止，此过程为恒转矩调速。

② 将变量泵的流（排）量固定在最大，然后调节变量液压马达，使它的排量由最大逐渐减小，变量液压马达的转速逐渐升高，直到 V_M 最小为止，此过程为恒功率调速。

由以上分析可知，这种调速回路是上述两种调速回路的组合。这种调节顺序可满足大多数机械，低速运转时保持较大转矩，高转速时输出较大功率，调速范围较大，具有较高的效率。它适用于大功率的场合，如起重运输机械、矿山机械等液压系统中。

2. 容积节流调速回路

容积调速回路，虽然具有效率高，发热小的优点，但随着负载增加，容积效率将下降，于是速度发生变化，尤其低速时稳定性更差，因此有些机床的进给系统，为了减少发热并满足速度稳定性要求，常采用容积节流调速回路。

容积节流调速回路的工作原理是采用压力补偿型变量泵供油，用流量控制元件调节进入液压缸的流量来改变活塞的运动速度，并使变量泵的输出流量自动地与液压缸所需的流量相适应。这种回路没有溢流损失，效率较高，速度稳定性比单纯容积式调速回路要好。

1）限压式变量泵与调速阀组成的容积节流调速回路

如图 6-4-14(a) 所示，该回路由限压式变量泵 1 供油，空载时泵以最大流量进入液压缸使其快进，进入工作进给（简称工进）时，电磁阀 3 应通电使其所在油路断开，压力油经调速阀 2 流入缸内。工进结束后，压力继电器 5 发出信号，使阀 3 和阀 4 换向，调速阀再被短接，缸快退，回油经背压阀 6 返回油箱。调速阀 2 也可放在回油路上，但对于单杆缸，为获得更低的稳定速度，应放在进油路上。

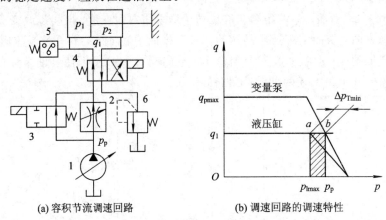

(a) 容积节流调速回路　　　(b) 调速回路的调速特性

图 6-4-14　限压式变量泵和调速阀的容积节流调速回路

当回路处于工进阶段时，液压缸的运动速度由调速阀中节流阀的通流面积 A_T 来控制。变量泵的输出流量 q_p 和供油压力 p_p 自动保持相应的恒定值。由于调速阀中的减压阀具有压力补偿机能，所以当负载变化时，通过调速阀的流量 q_1 不变。变量泵输出流量 q_p 随泵的供油压力增减而自动增减，并始终和液压缸所需的流量 q 相适应，稳态工作时，有 $q_p \approx q_1$，所以又称这种回路为流量匹配回路。

这种回路流量匹配的动态过程是：减小调速阀的通流面积 A 到某一值，在关小调速阀节流口瞬间，泵的输出流量还未来得及改变，出现了 $q_p > q_1$，导致泵的出口压力 p_p 增大，其反馈作用是变量泵的流量 q_p 自动减小到与调速阀的流量 q_1 一致。反之，将调速阀的通流面积增大到某一值，将出现 $q_p < q_1$，引起泵的出口压力降低，使其输出流量自动增大到 $q_p \approx q_1$。

图 6-4-14(b) 所示为回路的调速特性曲线。由图可见，限压式变量泵压力-流量特性曲线上的点 a 是泵的工作点，泵的供油压力为 p_p，流量为 q_1。调速阀在某一开度下的压力-流量特性曲线上的点 b 是调速阀（液压缸）的工作点，压力为 p_1，流量为 q_1。当改变调速阀的开口量，使调速阀压力-流量特性曲线上下移动时，回路的工作状态便相应改变。限压式变量泵的供油压力应调节为

$$p_q \gg p_1 + \Delta p_{min} \qquad\qquad (6-4-15)$$

系统最大工作压力应为

$$p_{1\max} \leqslant p_p - \Delta p_{\min} \tag{6-4-16}$$

一般地，限压式变量泵的压力—流量曲线在调定后是不会改变的，因此，当负载 F 和 p_1 发生变化时，调速阀的自动调节作用使调速阀内节流阀上的压差 Δp 保持不变，流过此节流阀的流量 q_1 也不变，从而使泵的输出压力 p_p 和流量 q_p 也不变，回路就能保持在原工作状态下工作，速度稳定性好。

如果不考虑泵、缸和管路的损失，回路效率为

$$\eta = \frac{\left(p_1 - p_2 \dfrac{A_2}{A_1}\right) q_1}{p_p q_1} = \frac{p_1 - p_2 \left(\dfrac{A_2}{A_1}\right)}{p_p} \tag{6-4-17}$$

如果无背压 $p_2 = 0$，则有

$$\eta = \frac{p_1}{p_p} = \frac{p_p - \Delta p}{p_p} = 1 - \frac{\Delta p}{p_p} \tag{6-4-18}$$

从式(6-4-18)可知，如果负载较小时，p_1 减小，使调速阀的压力 Δp 增大，造成节流损失增大。低速时，泵的供油流量较小，而对应的供油压力很大，泄漏增加，回路效率严重下降，因此，这种回路不宜用在低速、变载且轻载的场合。

必须指出，一般调速阀稳定工作的最小压差 $\Delta p_{\min} = 0.5$ MPa 左右，为此应合理调节变量泵的特性曲线，保证调速阀稳定工作，这样不仅液压缸的速度不随负载变化，而且通过调速阀的功率损失最小。这种回路适用于负载变化不大的中、小功率场合，如组合机床的进给系统等。

2) 差压式变量泵和节流阀组成的调速回路

如图 6-4-15 所示，当电磁阀 4 的电磁铁 1YA 通电时，节流阀 5 控制进入液压缸的流量 q_1，并使变量泵 3 输出的流量 q_p 自动和 q_1 相适应。阀 7 为背压阀，阀 9 为安全阀。阻尼孔 8 以增加变量泵定子移动阻尼，改善动态特性，避免定子发生振荡。

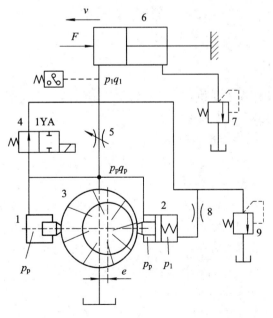

图 6-4-15　差压式变量泵和节流阀组成的回路

泵的变量机构由定子两侧的控制缸 1、2 组成，配油盘上的油腔对称于垂直轴，定子的移动（即偏心量的调节）靠控制缸两腔的液压力之差与弹簧力的平衡来实现。压力差增大时，偏心量减小，输油量减小。压力差一定时，输油量也一定。调节节流阀的开口量，即改变其两端压力差，也改变了泵的偏心量，使其输油量与通过节流阀进入液压缸的流量相适应。

设 p_p 和 p_1 分别为节流阀 5 前后的压力，F_s 为控制缸 2 中的弹簧力，A 为控制活塞 2 右端的面积，A_1 为控制缸 1 和缸 2 的柱塞面积，则作用在泵定子上的力平衡方程式为

$$p_p A_1 + P_p (A - A_1) = p_1 A + F_s$$

故得节流阀前后压差为

$$\Delta p = p_p - p_1 = \frac{F_s}{A} \tag{6-4-19}$$

系统在图示位置时，泵排出的油液经阀 4 进入缸 6，故 $p_p = p_1$，泵的定子仅受 F_s 的作用，从而使定子与转子间的偏心距 e 为最大，泵的流量最大，缸 5 实现快进。快进结束，1YA 通电，阀 4 关闭，泵的油液经节流阀 5 进入缸 6，故 $p_p > p_1$，定子右移，使 e 减小，泵的流量就自动减小至与节流阀 5 调定的开度相适应为止。缸 6 实现慢速工进。

由于弹簧刚度小，工作中伸缩量也很小（$\leqslant e$），所以 F_s 基本恒定，由式（6-4-19）可知，节流阀前后压差 ΔP 基本上不随外负载而变化，经过节流阀的流量也近似等于常数。

当外负载 F 增大（或减小）时，缸 6 工作压力 p_1 就增大（或减小），则泵的工作压力 p_p 也相应增大（或减小），故又称此回路为变压式容积节流调速回路。由于泵的供油压力随负载而变化，回路中又只有节流损失，没有溢流损失，因而其效率比限压式变量泵和调速阀组成的调速回路要高。这种回路适用于负载变化大，速度较低的中、小功率场合，如某些组合机床进给系统。

6.5 其他控制回路

6.5.1 快速运动回路

快速运动回路的功用在于使执行元件获得尽可能大的工作速度，以提高系统的工作效率。常见的快速运动回路有以下几种：

1. 液压缸差动连接的快速运动回路

如图 6-5-1 所示，当换向阀处于图示位置时，液压缸有杆腔的回油和液压泵供给的油液合在一起进入液压缸无杆腔，使活塞快速向右运动。这种回路结构简单，应用较多，但液压缸的速度加快有限，有时仍不能满足快速运动的要求，常常需要和其他方式联合使用。在差动连接回路中，泵的流量和液压缸有杆腔排出的流量合在一起流过的阀和管路应按合成流量来选择其规格增大通径，否则压力损失过大，导致系统快速运动时，泵的供油压力升高。

2. 采用蓄能器的快速运动回路

图 6-5-2 所示为采用蓄能器的快速运动回路。对某些间歇工作且停留时间较长的液压设备，如冶金机械；对某些工作速度存在快、慢两种速度的液压设备，如组合机床，常采

用蓄能器和定量泵共同组成的油源。其中定量泵可选较小的流量规格，在系统不需要流量或工作速度很低时，泵的全部流量或大部分流量进入蓄能器储存待用，在系统工作或要求快速运动时，由泵和蓄能器同时向系统供油。

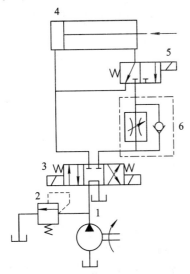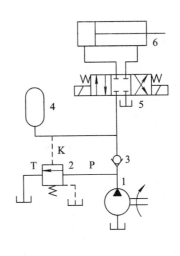

　　　图 6-5-1　液压缸差动连接快速回路　　　　　图 6-5-2　采用蓄能器的快速回路

3. 采用双泵供油系统的快速运动回路

　　图 6-5-3 所示为采用双泵供油系统的快速运动回路。低压大流量泵 1 和高压小流量泵 2 组成的双联泵向系统供油，外控顺序阀 3（卸荷阀）和溢流阀 5 分别设定双泵供油和小流量泵 2 供油时系统的工作压力。系统压力低于卸荷阀 3 的调定压力时，两个泵同时向系统供油，活塞快速向右运动；当系统压力达到或超过卸荷阀 3 的调定压力，大流量泵 1 通过阀 3 卸荷，单向阀 4 自动关闭，只有小流量泵 2 向系统供油，活塞慢速向右运动。卸荷阀 3 的调定压力应高于快速运动时的系统压力，而低于慢速运

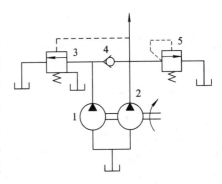

图 6-5-3　采用双泵供油的快速回路

动时的系统压力，至少比溢流阀 5 的调定压力低 10%～20%，大流量泵 1 卸荷减少了功率损耗，回路效率较高，常用于执行元件快进和工进速度相差较大的场合。

6.5.2　速度换接回路

　　速度换接回路的功用是使液压执行机构在一个工作循环中，从一种运动速度换接到另一种运动速度。这种转换不仅包括快速转慢速的换接，而且也包括两个慢速之间的换接。实现这些功能的回路应该具有较高的速度换接平稳性。

1. 液压回路中动作换接控制方式

　　所谓动作换接，就是执行元件从一个动作转换到另一个动作时的方法。动作换接主要采用方向阀、行程阀和液控顺序阀，也有采用其他液压元件的。按转换时控制方式可分为：人工控制；压力信号控制；位置信号控制和其他方式控制。

1）人工控制动作换接

每个动作均由人工直接进行控制，如手动换向阀的控制，电磁换向阀采用按钮或脚踏开关等控制。该控制方式简单、直观，在工程机械中应用较多，许多机械制造设备的调整动作均采用该方式，设备的起动和停止也多采用该方法。该方法不易实现自动化。

2）压力信号控制动作换接

随着执行元件负载的变化，系统中各部分的压力将发生变化，可使压力继电器、电接点压力表动作，发出电信号，控制电磁换向阀动作，实现动作转换；也可利用变化的压力信号使顺序阀开启，实现下一个动作，如多缸顺序动作和卸荷动作的实现；采用外控顺序阀和液控换向阀也能实现动作换接。利用压力信号在回路中进行动作换接方式较多，应用灵活，能自动切换，易于实现自动化，是自动机械中常用的方式之一，但回路较复杂，设计难度较大。采用压力继电器和电接点压力表控制换接时，应注意防止系统中液压冲击使压力继电器产生误动作。

3）位置信号控制动作换接

位置信号，主要来自设备的运动部件或执行元件的运动。常采用行程开关将位移信号转变成电信号，通过电液转换元件（电磁阀、比例阀等）对液压系统进行控制。另一种常见的方式，就是在运动部件上安装撞块，直接推动行程换向阀换向，或推动行程节流阀使运动部件减速。

4）其他控制方式

时间控制，可用延时阀或时间继电器，使执行元件延时动作，从而满足一些设备延时动作的要求。采用计算机预编程对比例阀、伺服阀进行开环控制，也是近年来发展较快的一种控制方式。

2. 快、慢速换接回路

图6-5-4为用电磁阀实现的速度换接回路。该回路可使执行元件完成"快进—工进—止挡块停留—快退—停止"这一自动工作循环，是机床液压系统中常用的一种快速运动与工作进给速度换接回路，该换接方法平稳性及定位精度较差。其电磁铁动作顺序表如表6-5-1所示。

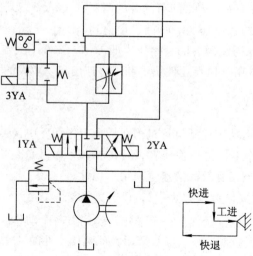

图6-5-4 采用电磁阀实现的速度换接回路

表 6 - 5 - 1　电磁铁动作顺序表

电磁铁 动　作	1YA	2YA	3YA	YJ
快进	+	−	+	−
工进	+	−	−	−
止挡块停留	+	−	−	+
快退	−	+	+	−
停止	−	−	−	−

注：电磁铁通电为"＋"；断电为"－"。

图 6 - 5 - 5 为用行程阀实现的速度换接回路。该回路可使执行元件完成"快进—工进—快退—停止"这一自动工作循环。在图示位置，电磁换向阀 2 处在右位，液压缸 7 快进。此时，溢流阀处于关闭状态。当活塞所连接的液压挡块压下行程阀 6 时，行程阀上位工作，液压缸右腔的只能经过节流阀 5 回油，构成回油节流调速回路，活塞运动速度转变为慢速工进，此时，溢流阀处于溢流恒压状态。当电磁换向阀 2 通电处于左位时，压力油经单向阀 4 进入液压缸右腔，液压缸左腔的油液直接流回油箱，活塞快速退回。

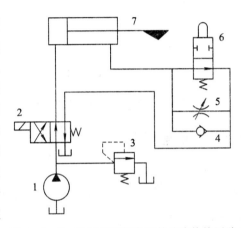

图 6 - 5 - 5　采用行程阀实现的速度换接回路

这种回路换接过程平稳、冲击小、定位精度高，常用于自动钻床等机床上。缺点是行程阀必须安装在装备上，管路连接较复杂。

3. 两种慢速的换接回路

某些机床要求工作行程有两种进给速度，一般第一进给速度大于第二进给速度，为实现两次工作进给速度，常用两个调速阀串联或并联在油路中，用换向阀进行切换。

1）两个调速阀并联式速度换接回路

图 6 - 5 - 6 为两个调速阀并联实现两种工作进给速度的换接回路。液压泵输出的压力油经三位电磁阀 D 左位、调速阀 A 和电磁阀 C 进入液压缸，液压缸得到由阀 A 所控制的第一种工作速度。当需要第二种工作速度时，电磁阀 C 通电切换，使调速阀 B 接入回路，压力油经阀 B 和阀 C 的右位进入液压缸，这时活塞就得到阀 B 所控制的工作速度。这种回路中，调速阀 A、B 各自独立调节流量，互不影响，一个工作时，另一个没有油液通过。没有工作的调速阀中的减压阀开口处于最大位置。阀 C 换向，由于减压阀瞬时来不及响应，会使调速阀瞬时通过过大的流量，造成执行元件出现突然前冲现象，速度换接不平稳。

2）两个调速阀串联式速度换接回路

图 6 - 5 - 7 为两个调速阀串联的速度换接回路。在图示位置，压力油经电磁换向阀 D、调速阀 A 和电磁换向阀 C 进入液压缸，执行元件的运动速度由调速阀 A 控制。当电磁换向阀 C 通电切换时，调速阀 B 接入回路，由于阀 B 的开口量调得比阀 A 小，压力油经电磁换向阀 D、调速阀 A 和调速阀 B 进入液压缸，执行元件的运动速度由调速阀 B 控制。这种

回路在调速阀 B 没起作用之前，调速阀 A 一直处于工作状态，在速度换接的瞬间，它可限制进入调速阀 B 的流量突然增加，所以速度换接比较平稳。但由于油液经过两个调速阀，因此能量损失比两调速阀并联时大。

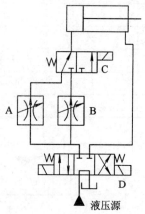

图 6-5-6　调速阀并联的速度换接回路　　　图 6-5-7　调速阀串联的速度换接回路

6.5.3　增压回路

增压回路用来使系统中某一支路获得较系统压力高且流量不大的油液供应。利用增压回路，液压系统可以采用压力较低的液压泵，甚至压缩空气动力源来获得较高压力的压力油。增压回路中实现油液压力放大的主要元件是增压器，其增压比为增压器大小活塞的面积之比。

1. 单作用增压器的增压回路

图 6-5-8(a) 所示的为单作用增压器的增压回路，它适用于单向作用力大、行程小、作业时间短的场合，如制动器、离合器等。当压力为 p_1 的油液进入增压器的大活塞腔时，在小活塞腔即可得到压力为 p_2 的高压油液，增压的倍数等于增压器大小活塞的工作面积之比。当二位四通电磁换向阀右位接入系统时，增压器的活塞返回，补油箱中的油液经单向阀补入小活塞腔。这种回路只能间断增压。

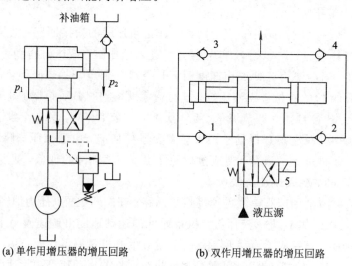

(a) 单作用增压器的增压回路　　　(b) 双作用增压器的增压回路

图 6-5-8　增压回路

2. 双作用增压器的增压回路

图 6-5-8(b) 所示为采用双作用增压器的增压回路,它能连续输出高压油,适用于增压行程要求较长的场合。泵输出的压力油经换向阀 5 左位和单向阀 1 进入增压器左端大、小活塞腔,右端大活塞腔的回油通油箱,右端小活塞腔增压后的高压油经单向阀 4 输出,此时单向阀 2、3 被关闭;当活塞移到右端时,换向阀 5 得电换向,活塞向左移动,左端小活塞腔输出的高压液体经单向阀 3 输出。这样增压缸的活塞不断往复运动,两端便交替输出高压液体,实现了连续增压。

6.5.4　卸荷回路

卸荷回路是在系统执行元件短时间不工作时,不频繁启停驱动泵的原动机,而使泵在很小的输出功率下运转的回路。所谓卸荷就是使液压泵在输出压力接近为零的状态下工作。因为泵的输出功率等于压力和流量的乘积,因此卸荷的方法有两种,一种是将泵的出口直接接回油箱,泵在零压或接近零压下工作;一种是使泵在零流量或接近零流量下工作。前者称为压力卸荷,后者称为流量卸荷。流量卸荷仅适用于变量泵。

1. 利用三位阀中位机能(M,K,H 型)卸荷

换向阀在中位时,泵输出油液直接与油箱接通,泵卸荷。这种卸荷方式结构简单,液压泵在极低的压力下运转,但切换时压力冲击较大,只适用于低压小流量系统,如图 6-5-9 (a)所示。

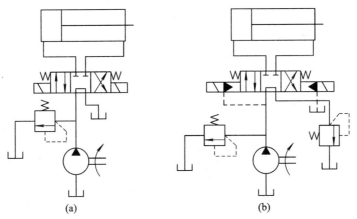

图 6-5-9　采用换向阀的卸荷回路

当流量较大时,可采用电液换向阀,如图 6-5-9(b)所示。这种回路切换时压力冲击小,但回路中必须增加背压,以使系统保持 0.3～0.5 MPa 的压力,供操纵油路之用。

2. 二位二通阀卸荷

在液压泵出口处并联一个二位二通电磁换向阀,如图 6-5-10 所示。

当系统工作时,电磁铁断电,切断液压泵出口通向油箱的通道,泵输出油液进入系统;当工作部件停止运动时,电磁铁通电,泵输出的油液经换向阀直接回油箱实现卸荷。

在这种回路中,二位二通电磁换向阀的规格必须与液压泵的额定流量相适应,因此不适用于大流量系统,通常用于液压泵流量小于 63 L/min 的场合。

3. 电磁溢流阀卸荷

将先导式溢流阀的远控口通过二位二通电磁换向阀与油箱相连。当电磁铁通电时，溢流阀的远控口通油箱，溢流阀主阀打开，泵输出的油液全部回油箱，液压泵卸荷。如图 6-5-11 所示。

这种回路的卸荷压力小，切换时冲击亦不大。二位二通阀只需通过控制油液，可采用小流量规格，这种卸荷方式适用于流量大的系统。实际产品中，将电磁换向阀与先导式溢流阀组合在一起，这种组合阀称为电磁溢流阀。

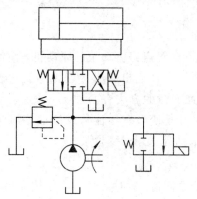

图 6-5-10　采用二位二通阀的卸荷回路

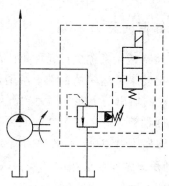

图 6-5-11　采用电磁溢流阀的卸荷回路

6.5.5　保压回路

保压回路的功用是在执行元件工作循环中的某一阶段，保持系统中规定的压力。有些机械设备在工作过程中，常常要求液压执行元件机构在其行程终止时，保持压力一段时间，这时须采用保压回路。这时系统一般液压泵卸荷，液压缸保压。

1. 利用蓄能器的保压回路

图 6-5-12 所示为用蓄能器保压的回路。系统工作时，电磁换向阀 6 的左位通电，主换向阀左位接入系统，液压泵向蓄能器和液压缸左腔供油，并推动活塞右移，压紧工件后，进油路压力升高，升至压力继电器调定值时，压力继电器发讯使二通阀 3 通电，通过先导式溢流阀使泵卸荷，单向阀自动关闭，液压缸则由蓄能器保压。蓄能器的压力不足时，压力继电器复位使泵重新工作。保压时间的长短取决于蓄能器的容量，调节压力继电器的通断区间即可调节缸中压力的最大值和最小值。这种回路既能满足保压工作需要，又能节省功率、减少系统发热。

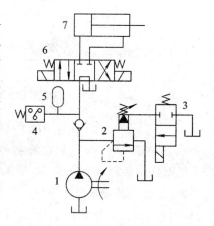

图 6-5-12　利用蓄能器的保压回路

2. 利用液压泵的保压回路

如图 6-5-13 所示，在回路中增设一台小流量高压补油泵 5，组成双泵供油系统。当液压缸加压完毕要求保压时，由压力继电器 4 发讯，换向阀 2 处于中位，主泵 1 卸载，同时二位二通换向阀 8 处于左位，由高压补油泵 5 向封闭的保压系统 a 点供油，维持系统压力稳定。由于高压补油泵只需补偿系统的泄漏量，可选用小流量泵，功率损失小。压力稳定性取决于溢流阀 7 的稳压精度。

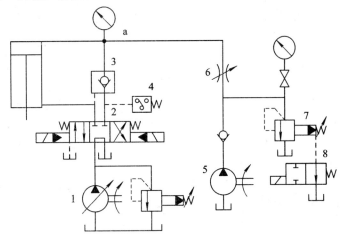

图 6 - 5 - 13　用高压补油泵的保压回路

3. 采用液控单向阀的保压回路

图 6 - 5 - 14 所示为采用液控单向阀和电接触式压力表的自动补油式保压回路，当 1YA 通电时，换向阀右位接入回路，液压缸上腔压力升至电接触式压力表上触点调定的压力值时，上触点接通，1YA 断电，换向阀切换成中位，泵卸荷，液压缸由液控单向阀保压。当缸上腔压力下降至下触头调定的压力值时，压力表又发出信号，使 1YA 通电，换向阀右位接入回路，泵向液压缸上腔补油使压力上升，直至上触点调定值。这种回路用于保压精度要求不高的场合。

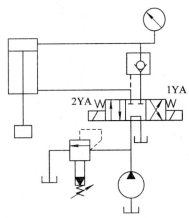

图 6 - 5 - 14　采用液控单向阀和电触式压力表的自动补油式保压回路

6.5.6　背压回路

在液压系统中设置背压回路，是为了提高执行元件的运动平稳性或减少爬行现象。所谓背压就是作用在压力作用面反方向上的压力或回油路中的压力。背压回路就是在回油路上设置背压阀，以形成一定的回油阻力，用以产生背压，一般背压为 0.3 MPa～0.8 MPa。采用溢流阀、顺序阀作背压阀可产生恒定的背压；而采用节流阀、调速阀等作背压阀则只能获得随负载减小而增大的背压。另外，也可采用硬弹簧单向阀作背压阀。图 6 - 5 - 15 所示是采用溢流阀的背压回路，回油路上溢流阀起背压作用，液压缸往复运动的回油都要经背压阀流回油箱，因而在两个方向上都能获得背压，使活塞运动平稳。

　　必须指出，无论是平衡回路还是背压回路，在回油管路上都存在背压，故都需要提高供油压力。但这两种基本回路也有区别，主要表现在功用和背压的大小上。背压回路主要用于提高进给系统的稳定性，提高加工精度，所以具有的背压不大。平衡回路通常是在立式液压缸情况下用以平衡运动部件的自重，以防下滑发生事故，其背压应根据运动部件的重力而定。

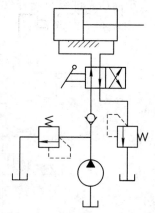

图 6 - 5 - 15　采用溢流阀的背压回路

6.5.7　释压回路

　　液压系统在保压过程中，由于油液压缩性和机械部分产生弹性变形，因而储存了相当的能量，若立即换向，则会产生压力冲击，因而对容量大的液压缸和高压系统，应在保压与换向之间采取释压措施。

　　图 6 - 5 - 16 所示为一种使用节流阀的释压回路。液压缸上腔的高压油在换向阀 5 处于中位时通过节流阀 6、单向阀 7 和换向阀 5 释压，释压快慢由节流阀 6 调节。当此腔压力降至压力继电器 4 的调定压力时，换向阀切换至左位，液控单向阀 2 打开，使缸上腔的油通过该阀排至液压缸 8 顶部的副油箱 3 中。

　　图 6 - 5 - 17 所示为一种用液控顺序阀控制的节流阀释压回路。液压缸上腔在保压结束后，电磁换向阀 3 处于中位时液压缸上腔的液压油经单向节流阀 6 流回油箱，当该腔压力降到液控顺序阀 5 的调点压力时，换向阀切换到右位，液控单向阀 7 打开，使缸上腔的油通过该阀排至液压缸 4 顶部的油箱 8 中，顺序阀打开液压泵所输出的油液经顺序阀流回油箱。

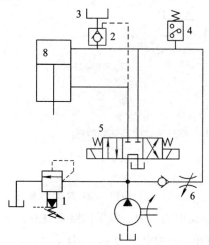

图 6 - 5 - 16　使用节流阀的释压回路

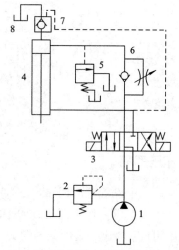

图 6 - 5 - 17　用液控顺序阀控制的节流阀释压回路

6.5.8　缓冲回路

缓冲回路的作用是克服液压部件的惯性，防止液压缸在工作行程终点撞击缸盖和定位元件等，并避免运动部件突然停止或换向而引起的液压冲击。除液压元件(液压缸)本身设计缓冲装置外，还可在系统中设置缓冲回路，有时则需要综合采用几种制动缓冲措施。

图 6-5-18 所示为溢流缓冲回路。图(a)和图(b)分别为液压缸和液压马达的双向缓冲回路。当出现液压冲击时，产生的冲击压力使溢流阀 1 打开，实现缓冲，缸的另一腔(低压腔)则通过单向阀从油箱补油，以防止产生空穴现象。

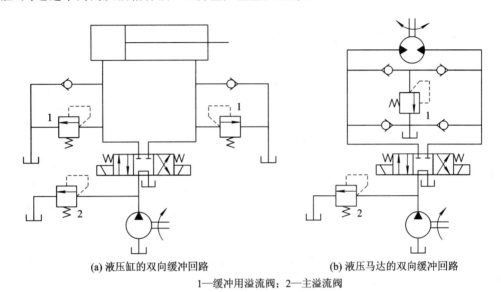

(a) 液压缸的双向缓冲回路　　　　　　(b) 液压马达的双向缓冲回路
1—缓冲用溢流阀；2—主溢流阀

图 6-5-18　溢流缓冲回路

6.6　多缸工作控制回路

液压系统中，一个油源往往要驱动多个液压缸，按照系统的要求，这些缸或顺序动作，或同步动作，多缸之间要求能避免在压力和流量上的相互干扰。

6.6.1　顺序动作回路

顺序动作回路的作用是使多个液压缸系统中的各个液压缸严格地按照规定的顺序动作。按控制方式的不同，有压力控制、行程控制和时间控制三类，其中前两类用得较多。

1. 压力控制顺序动作回路

压力控制就是利用液压系统工作过程中的压力变化控制某些液压元件动作，使执行元件按要求的顺序动作。压力控制的顺序动作一般用顺序阀或压力继电器来实现。

用顺序阀控制的顺序动作回路如图 6-6-1 所示。图中液压缸 1 可看作夹紧液压缸，液压缸 2 可看作钻孔液压缸，它们按①→②→③→④的顺序动作。回路中采用两个单向顺序阀，用来控制液压缸顺序动作。其中顺序阀 4 的调定压力值大于液压缸 1 右行时的最大工作压力，故压力油先进入液压缸 1 的左腔，实现动作①。缸 1 移动到位后，压力上升，直到打开顺序阀 4 进入液压缸 2 右腔，实现动作②。换向阀切换至右位后，过程与上述相同，先后完成动作③和④。这种回路动作的可靠性取决于顺序阀的性能及其压力调整值。为了防止压力脉动时发生误动作，顺序阀的调定压力应比前一个动作元件的工作压力高 0.8～1 MPa，因此这种回路适用于液压缸数目不多、负载变化不大的场合。其优点是动作灵敏、安装连接较方便；缺点是可靠性不高、位置精度低。

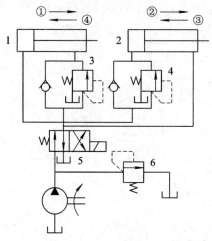

图 6-6-1 用顺序阀控制的顺序动作回路

图 6-6-2 是用压力继电器控制的顺序动作回路。当电磁铁 1YA 通电时，压力油进入液压缸 A 左腔，实现运动①。液压缸 A 的活塞运动到预定位置，碰上死挡铁后，回路压力升高。压力继电器 1DP 发出信号，控制电磁铁 3YA 通电。此时压力油进入液压缸 B 左腔，实现运动②。液压缸 B 的活塞运动到预定位置时，控制电磁铁 3YA 断电，4YA 通电，压力油进入液压缸 B 的右腔，使缸 B 活塞向左退回，实现运动③。当它到达终点后，回路压力

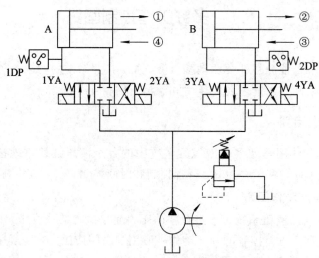

图 6-6-2 用压力继电器控制的顺序动作回路

又升高,压力继电器 2DP 发出信号,使电磁铁 1YA 断电,2YA 通电,压力油进入液压缸 A 的右腔,推动活塞向左退回,实现运动④。如此,完成①→②→③→④的动作循环。当运动④到终点时,压下行程开关,使 2YA、4YA 断电,所有运动停止。在这种顺序动作回路中,为了防止压力继电器误发信号,压力继电器的调整压力也应比先动作的液压缸的最高动作压力高 0.3~0.5 MPa。为了避免压力继电器失灵造成动作失误,往往采用压力继电器配合行程开关构成"与门"控制电路,要求压力达到调定值,同时行程也到达终点才进入下一个顺序动作。表 6-6-1 列出了图 6-6-2 回路中各电磁铁顺序动作结果,其中"+"表示电磁铁通电;"-"表示电磁铁断电。

表 6-6-1　电磁铁顺序动作表

元件 动作	1YA	2YA	3YA	4YA	1DP	2DP
①	+	-	-	-	-	-
②	+	-	+	-	+	-
③	+	-	+	-	+	-
④	-	+	-	+	-	+
复位						

液压冲击易使压力继电器误动作,所以适用于压力冲击较小及夹紧力大小要求不严的系统中。

2. 行程控制顺序动作回路

行程控制就是利用执行元件运动到一定位置时发出控制信号,使下一个执行元件开始动作。行程控制可以利用行程阀、行程开关等来实现。

图 6-6-3 是用行程开关控制的顺序动作回路。由执行元件上的撞块触动行程开关来控制电磁换向阀换向,实现顺序动作。图中行程开关 6 控制 1YA 断电,3YA 通电,使缸 4 活塞杆伸出。同样,4 个行程开关可循环控制,实现液压缸上所标注的顺序动作。

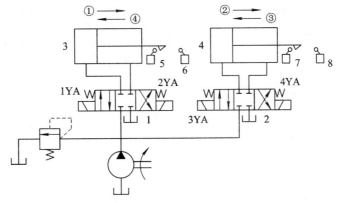

图 6-6-3　用行程开关控制的顺序动作回路

图 6-6-4 是行程换向阀控制的顺序动作回路。缸 1 左腔通油,活塞杆伸出,运动到撞块压下行程阀 4 时,缸 2 进油开始动作。退回时,缸 1 先动,使行程阀复位,缸 2 才能退回。

这种顺序动作回路换向位置精确,动作可靠。

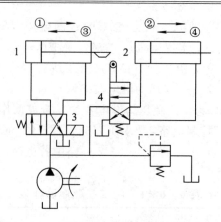

图 6-6-4 行程换向阀控制的顺序动作回路

6.6.2 同步回路

同步回路的作用是保证系统中两个或两个以上的液压缸在运动中的位移量相同或以相同的速度运动。影响同步精度的因素很多，例如，液压缸外负载、泄漏、摩擦阻力、制造精度、结构弹性变形以及油液中含气量等。同步回路要尽量克服或减少这些因素的影响。

1. 串联液压缸同步回路

将两个面积相等的液压缸串联起来，就能得到串联液压缸同步回路，如图 6-6-5 所示。这种回路结构简单，回路允许有较大偏载，且回路的效率较高。但是两个缸的制造误差会影响同步精度，多次行程后，位置误差还会累积起来，而且泵的供油压力为两缸负载压力之和。

图 6-6-6 是带有位置补偿装置的串联液压缸同步回路。图中两液压缸串联，A 腔 B 腔工作面积相等，进出流量相等，两液压缸的升降便可得到同步运动。补偿装置使同步误差在每一次下行运动中都可消除，即当阀 6 在右位工作时，液压缸下降，若缸 1 的活塞先运动到底，则它就触动电气行程开关 S_1 使阀 3 通电，压力油便通过该阀和单向阀向缸 2 的 B 腔补油，

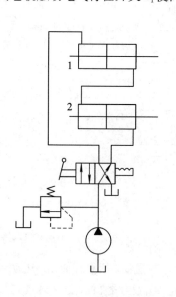

图 6-6-5 串联液压缸同步回路

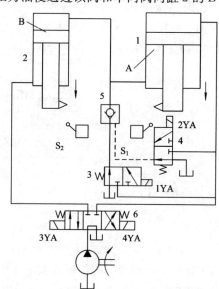

图 6-6-6 带有补偿装置的串联液压缸同步回路

推动活塞继续运动，位置误差即被消除。若缸 2 先运动到底，则它就触动电气行程开关 S$_2$ 使阀 4 通电，控制压力油打开液控单向阀的反向通道，缸 1 的 A 腔通过液控单向阀回油，其活塞便可继续运动到底。这种串联液压缸同步回路，只适用于负载较小的液压系统。

2. 采用流量阀的同步回路

图 6-6-7 是两个并联的液压缸，两个调速阀分别调节两液压缸活塞的运动速度。由于调速阀具有当负载变化时仍然能保持流量稳定这一特点，所以只要仔细调整两个调速阀开口的大小，就能使两个液压缸保持同步。这种回路结构简单，但调整比较麻烦，同步精度不高，不宜用于偏载或负载变化频繁的场合。采用分流集流阀(流量控制阀的一种，能自动地对其输入(或输出)油液的流量等量或按比例地进行分配)代替调速阀来控制两液压缸的进入或输出的流量，可使两液压缸在承受不同负载时仍然能实现速度同步，如图 6-6-8 所示。由于同步作用靠分流阀自动调整，使用方便，但效率低，压力损失大。

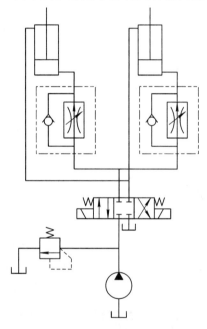 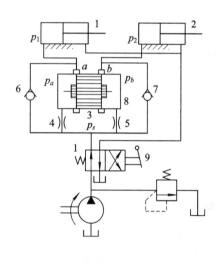

图 6-6-7　用调速阀的同步回路　　　　图 6-6-8　采用分流集流阀的同步回路

6.6.3　多缸快慢互不干扰回路

用一个油源驱动多个执行元件时，因各执行元件的负载、动作时间不同，会产生相互干扰，所以需要采用防干扰回路。若各缸不同时动作，则可在各支路入口安装单向阀，如图 6-6-9 中的单向阀 2，可防止进给回路压力下降对夹紧回路的影响，也可采用 O 型、Y 型等将压力油进口封闭的滑阀机能，将该支路与主油路断开。

对多缸在不同的速度和负载下要求同时动作，可采用换向阀、单向阀复合控制，双泵供油的回路实现。图 6-6-9 是双泵供油环干扰回路。图中各缸可同时动作，分别完成"快进→工进→快退"的工作循环。高压小流量泵 1 供给工进行程压力油，低压大流量泵 2 供给快进和回程时的压力油。具体工作情况参见该回路的电磁铁动作表 6-6-2。

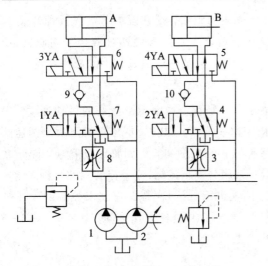

图 6-6-9 双泵供油环干扰回路

表 6-6-2 双泵供油环干扰回路电磁铁动作表

动作 \ 元件	A 缸		B 缸	
	1YA	3YA	2YA	4YA
快进	−	+	−	+
工进	+	−	+	−
快退	+	+	+	+
停止	−	−	−	−

6.7 新型液压元件简介

6.7.1 叠加式液压阀

叠加式液压阀简称叠加阀,是近十年内在板式阀集成化基础上发展起来的新型液压元件。这种阀即具有板式液压阀的工作功能,其阀体本身又同时具有通道体的作用,从而能用其上、下安装面呈叠加式无管连接,组成集成化液压系统。

叠加阀自成体系。每一种通径系列的叠加阀,其主油路通道和螺钉孔径大小、位置、数量都与相应通径的板式换向阀相同,因此,同一通径系列的叠加阀可按需要组合叠加起来组成不同的系统。

通常用于控制同一个执行件的各个叠加阀与板式换向阀及底板纵向叠加成一叠,组成一个子系统。其换向阀(不属于叠加阀)安装在最上面,与执行件连接的底板块放在最下面。底板上有进、回油口及与执行元件的接口。控制液流压力、流量,或单向流动的叠加阀安装在换向阀与底板块之间,其顺序应按子系统动作要求安排。由不同执行件构成的各子系统之间可以通过底板块横向叠加成为一个完整的液压系统,其外观如图 6-7-1 所示。

叠加阀具有以下的特点:

(1) 标准化、通用化、集成化程度高,设计、加工、装配周期短。

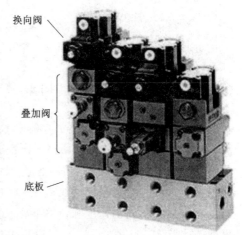

换向阀

叠加阀

底板

图 6-7-1 叠加阀总成外观图

（2）用叠加阀组成的液压系统结构紧凑，体积小，重量轻，外形整齐美观。

（3）叠加阀可集中配置在液压站上，也可分散安装在设备上，配置形式灵活。系统变化时，元件重新组合叠装方便、迅速。

（4）因不用油管连接，压力损失小，漏油少，振动小，噪声小，动作平稳，使用安全可靠，维修容易。

（5）回路形式较少，通径较小，品种规格尚不能满足较复杂和大功率液压系统的需要。

6.7.2　插装阀

二通插装阀是插装阀基本组件（阀芯、阀套、弹簧和密封圈）插到特别设计加工的阀体内，配以盖板、先导阀组成的一种多功能的复合阀。因每个插装阀基本组件有且只有两个油口，故被称为二通插装阀，早期又称为逻辑阀。

二通插装阀具有下列特点：流通能力大，压力损失小，适用于大流量液压系统；主阀芯行程短，动作灵敏，响应快，冲击小；抗油污能力强，对油液过滤精度无严格要求；结构简单，维修方便，故障少，寿命长；插件具有一阀多能的特性，便于组成各种液压回路，工作稳定可靠；插件具有通用化、标准化、系列化程度很高的特点，可以组成集成化系统。

1. 插装阀的工作原理

插装阀的结构原理图和图形符号如图 6-7-2 所示。它由控制盖板、插装单元（由阀套、弹簧、阀芯及密封件组成）、插装块体和先导控制元件（图中未画出）组成。由于这种阀的插装单元在回路中主要起通、断作用，故又称二通插装阀。二通插装阀的工作原理相当于一个液控单向阀。图中 A、B 为主油路通口，K 为控制油路通口（与先导阀相接）。当 K 口无液压力作用时，阀芯受到的向上的液压力大于弹簧力，阀芯开启，A 与 B 相通。

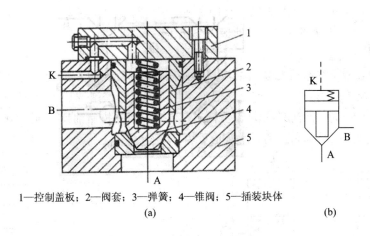

1—控制盖板；2—阀套；3—弹簧；4—锥阀；5—插装块体

(a)　　　　　　　　　　　　　　　　(b)

图 6-7-2　插装阀结构原理图和图形符号

至于液流的方向，视 A、B 口的压力大小而定。反之，当 K 口有液压力作用时，且 K 口的油液力大于 A 和 B 口的油液压力，才能保证 A 与 B 之间关闭。

插装阀与各种先导阀组合，根据用途不同分为方向阀组件、压力阀组件和流量阀组件。同一通径的三种组件安装尺寸相同，但阀芯的结构形式和阀套座直径不同。三种组件均有两个主油口 A 和 B、一个控制口 x，如图 6-7-3 所示。

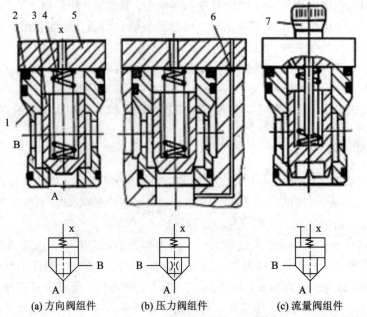

(a) 方向阀组件　　　　　(b) 压力阀组件　　　　　(c) 流量阀组件

1—阀套；2—密封件；3—阀芯；4—弹簧；5—盖板；6—阻尼孔；7—阀芯行程调节杆

图 6-7-3　插装阀基本组件

2. 插装式方向控制阀

1）作单向阀

将控制油口 K 与 A 或 B 连接，即成单向阀。连接方法不同其导通方式也不同。如图 6-7-4(a) 所示，A 与 K 连通，当 $P_A > P_B$ 时，锥阀关闭，A、B 不通；当 $P_A < P_B$ 时，锥阀开启，油液由 B 流向 A。如图 6-7-4(b) 所示，B 与 K 连通，当 $P_A < P_B$ 时，锥阀关闭，A、B 不通；当 $P_A > P_B$ 时，锥阀开启，油液由 A 流向 B。锥阀下面的符号为可以替代的普通液压阀符号。

若在控制盖板上接一个二位三通液控换向阀，用以控制插装锥阀控制油口 K 的通油状态，即成为液控单向阀，如图 6-7-5 所示，当换向阀的控制油口 K 不通压力油，换向阀为左位（图示位置）时，油液只能由 A 流向 B；当换向阀的控制油口 K 通入压力油，换向阀为右位时，锥阀上腔与油箱连通，油液也可由 B 流向 A。

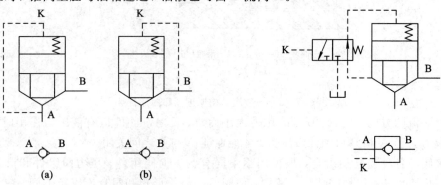

图 6-7-4　插装式单向阀　　　　　　　　图 6-7-5　插装式液控单向阀

2) 作换向阀

如图 6 - 7 - 6(a)和 6 - 7 - 6(c)连接二位三通阀，即可组成二位二通电液换向阀。

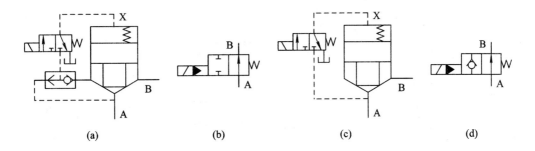

图 6 - 7 - 6　插装式二位二通电液换向阀

如图 6 - 7 - 7 连接二位四通阀，即可组成二位三通电液换向阀。

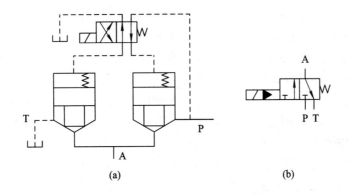

图 6 - 7 - 7　插装式二位三通电液换向阀

如图 6 - 7 - 8 连接二位四通阀，即可组成二位四通电液换向阀。

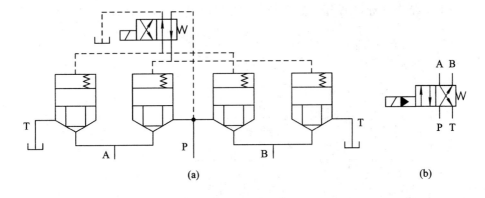

图 6 - 7 - 8　插装式二位四通电液换向阀

如图 6 - 7 - 9 连接三位四通阀换向阀和单向阀，即可组成三位四通 O 型电液换向阀。

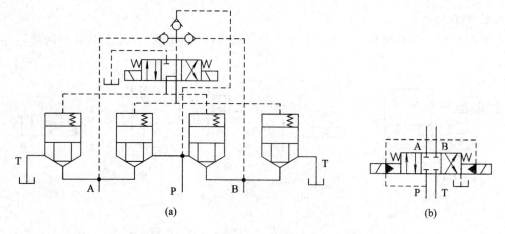

图 6 - 7 - 9 插装式三位四通 O 型换向阀

3. 插装式压力控制阀

对插装式锥阀的控制油口 K 的油液进行压力控制，即可构成各种压力控制阀，以控制高压大流量液压系统的工作压力，其结构原理如图 6 - 7 - 10 所示。用直动式溢流阀作为先导阀来控制插装式主阀，在不同的油路连接下便构成不同的插装式压力阀。在图 6 - 7 - 10(a)中，插装锥阀 1 的 B 油口与油箱接通，其控制油口 K 与先导阀 2 相连，先导阀 2 的出油口与油箱接通，这样就构成了插装式溢流阀，即当插装锥阀与油口 A 连接的油腔压力升高到先导阀 2 的调定压力时，先导阀打开油液流过主阀芯阻尼孔 a 时造成两端压力差，使主阀芯抬起，油口 A 的压力油便经主阀开口由油口 B 溢回油箱，实现稳压溢流。在图 6 - 7 - 10(b)中，插装锥阀 1 的 B 油口与油箱接通，其控制油口 K 接二位二通电磁换向阀 3，即构成了插装式卸荷阀。当电磁阀 2 通电，使锥阀控制油口 K 接通油箱时，锥阀芯抬起，A 口油液便在很低油压下流回油箱，实现卸荷。在图 6 - 7 - 10(c)中，插装锥阀 1 的 B 油口接压力油路，控制油口 K 接先导阀 2，便构成插装式顺序阀，即当 A 油口压力达到先导阀的调定压力时，先导阀打开，控制油口的油液经先导阀流回油箱，油液流过主阀芯阻尼孔 a，造成主阀两端压差，使主阀芯抬起，油口 A 压力油便经主阀开口由 B 流入阀后的压力油路。

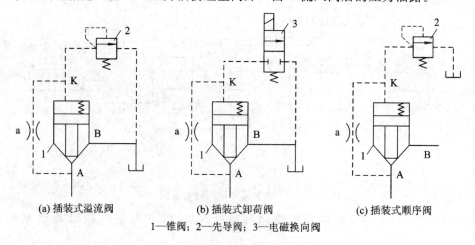

(a) 插装式溢流阀　　(b) 插装式卸荷阀　　　　(c) 插装式顺序阀

1—锥阀；2—先导阀；3—电磁换向阀

图 6 - 7 - 10 插装式压力控制阀

4. 插装式流量控制阀

在插装锥阀的盖板上，增加阀芯行程调节装置，调节阀芯开口的大小，就构成了一个插装式流量控制阀，如图 6-7-11 所示，其锥阀芯上开有三角槽，用以调节流量。若在插装节流阀前串联一差压式减压阀，就可组成插装调速阀。若用比例电磁铁取代插装节流阀的手调装置，即可组成插装比例节流阀。不过在高压大流量系统中，为减少能量损失，提高效率，仍采用容积调速。

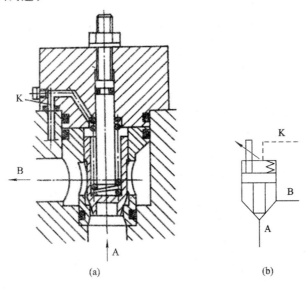

图 6-7-11 插装式流量控制阀

6.7.3 电液比例控制阀

电液比例控制阀是一种按输入电气信号连续地、按比例地对油液的压力、流量或方向进行远距离控制的阀。与手动调节的普通液压阀相比，电液比例控制阀能够提高液压系统参数的控制水平；与电液伺服阀相比，电液比例控制阀在某些性能方面稍差一些，但它的结构简单、成本低，所以它广泛应用于要求对液压参数进行连续控制或程序控制，但对控制精度和动态特性要求不太高的液压系统中。

电液比例控制阀的构成，相当于在普通液压阀上，装上一个比例电磁铁以代替原有的控制部分。根据用途和工作特点的不同，电液比例控制阀可以分为电液比例压力阀、电液比例流量阀和电液比例方向阀三大类。下面对三类比例阀作简要介绍。

1. 电液比例溢流阀

用比例电磁铁代替直动型溢流阀的手调装置，便成为直动式电液比例溢流阀，如图6-7-12 所示。比例电磁铁的推杆通过弹簧座对液压弹簧施加推力。随着输入电信号强度的变化，比例电磁铁的电磁力将随之变化，从而改变调压弹簧的压缩量，使锥阀的开启压力随信号的变化而变化。若输入信号连续地、按比例地或按一定程序变化，则比例溢流阀所调节的系统压力也连续地、按比例或一定的程序进行变化，因此比例溢流阀多用于系统的多级调压或实现连续的压力控制。把直动型比例溢流阀作先导阀与其他普通的压力阀的主阀相配，便可组成先导比例溢流阀、比例顺序阀和比例减压阀。

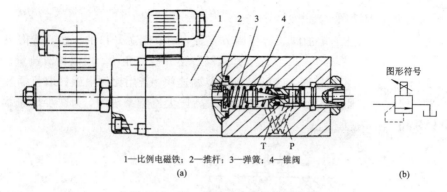

1—比例电磁铁；2—推杆；3—弹簧；4—锥阀

(a)　　　　　　　　　　　　　　　(b)

图 6 - 7 - 12　直动式电液比例溢流阀

2. 电液比例调速阀

用比例电磁铁取代节流阀或调速阀的手调装置，以输入电信号控制节流口开度，便可连续地或按比例地远程控制其输出流量，实现执行元件的速度调节。如图 6 - 7 - 13 所示，是电液比例调速阀。图中的节流阀芯由比例电磁铁的推杆操作，输入的电信号不同，则电磁力不同，推杆受力不同，与阀芯左端弹簧力平衡后，便有不同的节流口开度。由于定差减压阀已保证了节流口前后压力差为定值，所以一定的输入电流就对应一定的输出流量，不同的输入信号变化，就对应着不同的输出流量变化。

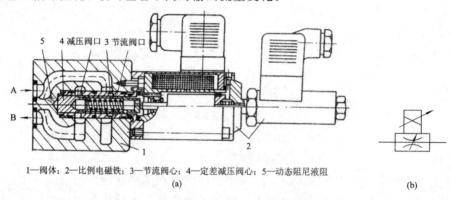

1—阀体；2—比例电磁铁；3—节流阀心；4—定差减压阀心；5—动态阻尼液阻

(a)　　　　　　　　　　　　　　　(b)

图 6 - 7 - 13　电液比例调速阀

3. 电液比例换向阀

用比例电磁铁代替电磁换向阀中的普通电磁铁，便构成直动型电液比例换向阀，如图 6 - 7 - 14 所示。由于使用了比例电磁铁，阀芯不仅可以换位，而且换位的行程可以连续地或按比例地变化，因而连通油口的通流面积也可以连续地或按比例地变化，所以比例换向阀不仅能控制执行元件的运动方向，而且能控制其速度。

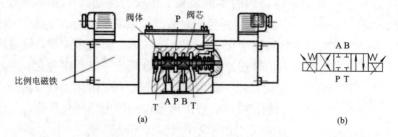

(a)　　　　　　　　　　　　　　　(b)

图 6 - 7 - 14　直动型电液比例换向阀

思考题与习题

6-1　液压控制阀在液压系统中的作用是什么？通常分为几大类？

6-2　什么叫单向阀？其工作原理如何？开启压力有何要求？当做背压阀时采取何种措施？

6-3　何谓换向阀的"位"与"通"？图形符号应如何表达？

6-4　换向阀的操纵、定位和复位方式有哪些？

6-5　何谓换向阀的中位机能？选用时应考虑哪几类？

6-6　什么叫锁紧回路，如何实现锁紧？

6-7　溢流阀的作用是什么？其工作原理如何？

6-8　先导型溢流阀的阻尼孔有什么作用？是否可将它堵死或随意加大？

6-9　减压阀的作用是什么？其工作原理如何？其进、出油口可否接反？

6-10　影响节流阀流量稳定性的因素有哪些？

6-11　节流阀与调速阀有何区别？分别应用于什么场合？

6-12　速度控制回路的作用是什么？有哪几种调速方法？

6-13　节流调速回路有哪几种形式？应用在哪类液压泵供油的液压系统中？

6-14　什么是进油节流调速回路？什么是回油节流调速回路？它们各有哪些特性？应用在什么场合？

6-15　速度换接回路的作用是什么？

6-16　同步动作控制回路的作用是什么？有哪几种措施来实现同步回路？

6-17　试说明图所示回路中液压缸往复移动的工作原理。为什么换向阀一到中位，液压缸便左右推不动？

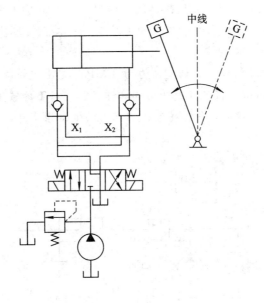

图题 6-17

6-18　如图题 6-18 所示系统，若不计管路压力损失时，液压泵的输出压力为多少？

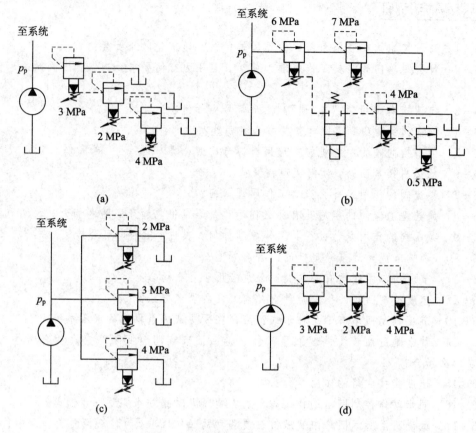

图题 6-18

6-19　两个不同调整压力的减压阀串联后的出口压力取决于哪一个减压阀的调整压力？为什么？如两个不同调整压力的减压阀并联时，出口压又取决于哪一个减压阀？为什么？

6-20　图题 6-20 中溢流阀的调定压力为 5 MPa，减压阀的调定压力为 2.5 MPa，设缸的无杆腔面积 $A=50$ cm²，液流通过单向阀和非工作状态下的减压阀时的压力损失分别为 0.2 MPa 和 0.3 MPa。试问：当负载为 0、7.5 kN 和 30 kN 时，

(1) 缸能否移动？

(2) A、B、C 三点的压力数值各为多少？

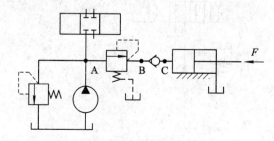

图题 6-20

6-21　如图题 6-21 所示的减压回路，已知液压缸无杆腔的有效面积均为 $100\ \text{cm}^2$，有杆腔的有效面积均为 $50\ \text{cm}^2$，当最大负载均为 $F_1 = 14 \times 10^3\ \text{N}$，$F_2 = 4500\ \text{N}$，背压 $P = 1.5 \times 10^5\ \text{Pa}$，节流阀 2 的压差 $\Delta P = 2 \times 10^5\ \text{Pa}$ 时，试问：

（1）A、B、C 各点的压力（忽略管路损失）；

（2）泵和阀 1、2、3 最小应选多大的额定压力？

（3）若两缸进给速度分别为 $v_1 = 3.5\ \text{cm/s}$，$v_2 = 4\ \text{cm/s}$，泵和各阀的额定流量应选多大？

（4）若通过节流阀的流量为 $10\ \text{L/min}$，通过减压阀的流量为 $20\ \text{L/min}$，试求两缸的运动速度。

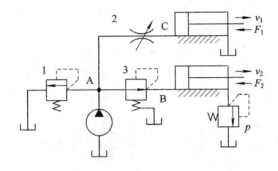

图题 6-21

6-22　如图所示系统，缸 Ⅰ、Ⅱ 的外负载 $F_1 = 20\,000\ \text{N}$，$F_2 = 30\,000\ \text{N}$，有效工作面积都是 $A = 50\ \text{cm}^2$，要求缸 Ⅱ 先于缸 Ⅰ 动作，问：

（1）顺序阀和溢流阀的调整压力分别为多少？

（2）不计管道阻力损失，缸 Ⅰ 动作时，顺序阀进口、出口压力分别为多少？

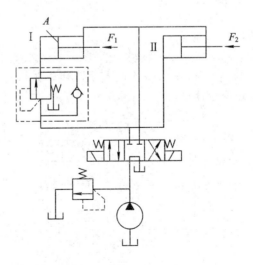

图题 6-22

6-23　如图题 6-23 所示，A 缸速度可调节。试回答：

（1）在 A 缸运动到底后，B 缸能否自动顺序动作而向右移？说明理由。

（2）在不增加也不改换元件的条件下，如何修正顺序动作而向右移？说明理由。

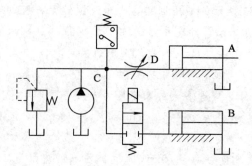

图题 6-23

6-24 如图所示的回路中，溢流阀的调整压力为 $P_Y = 5$ MPa，减压阀的调整压力 $P_J = 2.5$ MPa。试分析下列情况，并说明减压阀的阀口处于什么状态？

(1) 当泵压力 $P_p = P_Y$ 时，夹紧缸使工件夹紧后，A、C 点的压力为多少？

(2) 当泵压力由于工作缸快进而降到 $P_Y = 1.5$ MPa 时，A、C 点的压力各为多少？

(3) 夹紧缸在未夹紧工件前作空载运动时，A、B、C 三点的压力各为多少？

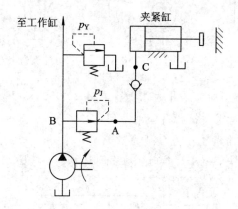

图题 6-24

6-25 图题 6-25 所示为用插装阀组成的两组方向控制阀，试分析其功能相当于什么换向阀，并用标准的职能符号画出。

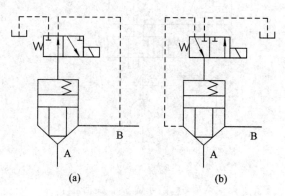

图题 6-25

第 7 章 典型液压系统应用与分析

7.1 阅读液压传动系统图的一般步骤

机械设备的液压系统是根据该设备的工作要求，采用各种不同功能的基本回路构成的。液压系统图是表示一个液压系统工作原理的一张简图，也是表示该系统执行元件实现所需动作的工作原理图。正确而迅速地阅读液压系统图，无论对于液压设备的设计、分析研究，还是使用、维护、调整，都具有重要的作用。

7.1.1 液压系统图的读图方法和步骤

要能正确而迅速地阅读液压系统图，首先要掌握液压知识，熟悉各种液压元件(特别是各种阀)的工作原理；熟悉液压系统的各种基本回路和油路的一些基本性质；熟悉液压系统的各种控制方式及图中符号的标记。其次要在实际工作中联系实际，多读多练，通过各种机械典型的液压系统，了解各种机械液压系统的特点，这对于阅读新的液压系统可以起到以点带面、触类旁通和熟能生巧的作用。

1. 阅读液压系统图的步骤

(1) 尽可能了解该机床的任务、工作循环表、具备的特性和对液压系统的各种要求等。例如阅读外圆磨床液压系统图，一般来说，外圆磨床应能实现工作台的往复运动，砂轮的快速进退和周期进给等运动循环，有的还要能实现工件旋转的液压驱动。该磨床一般的特性和要求是：工作台换向精度高，运动平稳、往复速度不高、调速范围也不大、砂轮进给比较恒定等。这种初步了解能使我们对系统做进一步分析找出一些头绪，对读图有所帮助。

(2) 了解系统图中所有液压元件及它们之间的联系，并弄清各个液压元件的类型、性能、规格及功用。

首先要弄清一些半结构图表示的元件和专用元件的工作原理和性能，其次阅读系统图中液压泵和执行元件(液压缸和液压马达)，再次读各种控制装置及变量机构，最后读辅助装置。液压系统主要是靠系统中的各种控制装置(如控制阀)和变量机构的作用来实现各种复杂的动作和工作循环，这些也是系统和阅读系统图的重点和难点。

(3) 仔细分析并写出各执行元件的动作循环表和相应的油路所经路线。

为了便于分析工作原理，往往用简要的方法写出油路路线。在分析前最好将系统中的各个元件及各条油路分别编码表示，这对于分析线路复杂、动作较多的系统是很有必要的。

　　首先从系统动力源液压泵开始分析，将每个液压泵的输油路线的来龙去脉弄清楚，分清楚驱动执行元件的主油路及控制油路。主油路按每个执行元件来写，从泵开始到执行元件，再从执行元件回到油箱(闭式系统则是回到液压泵)，成一个完整循环。

　　要特别注意系统从一个工作状态转换到另一个工作状态是由哪些元件发出讯号，使哪些换向阀或其他控制元件动作，从而改变其通路状态而实现的。

　　调整或检修液压设备，也要对某些元件加以调整和检修。这时我们就要在充分了解此液压系统工作原理的基础上，对各个液压元件在该系统中的具体作用和要求加以分析和综合。

2. 液压系统图的分析

　　在读懂液压系统图的基础上，还必须进一步对该系统进行一些分析，这样才能评价液压系统的优缺点，使设计的液压系统性能不断完善。

　　液压系统图的分析可考虑以下几个方面：

　　(1) 液压基本回路的确定是否符合主机的动作要求。

　　(2) 各主油路之间、主油路与控制油路之间有无矛盾和干涉现象。

　　(3) 液压元件的代用、变换和合并是否合理、可行。

　　(4) 液压系统性能的改进方向。

7.1.2　液压系统图阅读举例

　　下面以 YT4543 组合机床动力滑台液压系统图来进行说明。

　　动力滑台是组合机床上实现进给运动的通用部件，配上动力头和主轴箱后可以对工件完成各种孔加工、端面加工等工序。液压动力滑台用液压缸驱动，它在电气和机械装置的配合下可以实现一定的工作循环。

　　动力滑台液压系统是以速度调节、速度变换为主的液压系统。在液压系统中的速度调节，是指系统能在规定的调速范围内调节执行元件的工作速度，以满足各工序进给速度的要求，如节流调速、容积调速和容积、节流调速。速度变换是指在一个工作循环中，执行元件需要实现从一种速度换接到另一种速度。

　　这种系统通常具有如下要求：

　　(1) 一般能实现工作部件的自动工作循环，且生产率较高。

　　(2) 快速进给与工作进给时，其速度与负载相差甚大。

　　(3) 进给速度平稳、刚性好，有一定的调速范围。

　　(4) 进给行程终点的重复位置精度高。

　　(5) 应能实现严格的顺序动作。

　　YT4543 型组合机床液压动力滑台的工作进给速度范围为 $6.6\sim660$ mm/min，最大快进速度为 7300 mm/min，最大推力为 45 kN。YT4543 型动力滑台液压系统如图 7-1-1 所示。其电磁铁动作顺序见表 7-1-1。该系统采用限压式变量叶片泵供油，电液换向阀换向，行程阀实现快慢速度转换，串联调速阀实现两种工作进给速度的转换，其最高工作压力不大于 6.3 MPa。液压滑台的工作循环是由固定在移动工作台侧面上的挡铁直接压行程阀换位或压行程开关控制电磁换向阀的通、断电顺序实现的。

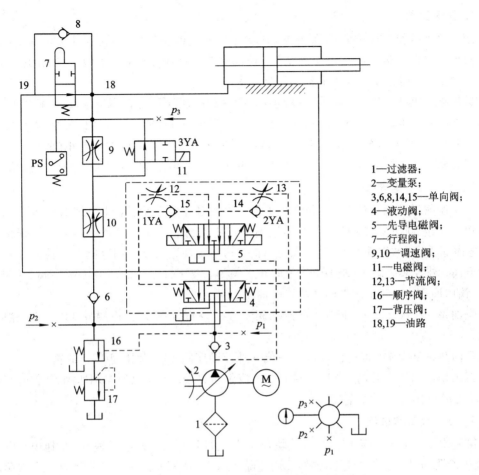

图 7-1-1　YT4543 型动力滑台液压系统原理图

1—过滤器；
2—变量泵；
3,6,8,14,15—单向阀；
4—液动阀；
5—先导电磁阀；
7—行程阀；
9,10—调速阀；
11—电磁阀；
12,13—节流阀；
16—顺序阀；
17—背压阀；
18,19—油路

表 7-1-1　电磁铁动作顺序表

	快 进	一工进	二工进	停 留	快 退	原位停止
1YA	+	+	+	+	—	—
2YA	—	—	—	—	+	—
3YA	—	—	+	+	+	—
行程阀 7	—	+	+	+	+（—）	—
顺序阀 16	—	+	+	+	—	—
PS	—	—	—	+	—	—

注：电磁铁通电为"+"；断电为"—"。

　　由图 7-1-1 和表 7-1-1 可知，该系统可实现的的典型工作循环是快速进给→第一次工作进给→第二次工作进给→止挡块停留→快速退回→原位停止，其工作情况分析如下：

1. 快速进给

按下启动按钮，电磁铁 1YA 通电，先导电磁阀 5 的左位接入系统，由泵 2 输出的压力油经先导电磁阀 5 进入液动阀 4 的左侧，使液动阀 4 换至左位，液动阀 4 右侧的控制油经阀 5 回油箱。这时系统中油液的流动油路如下：

进油路：变量泵 2→单向阀 3→液动阀 4 左位→行程阀 7→液压缸左腔（无杆腔）；

回油路：液压缸右腔→液动阀 4 左位→单向阀 6→行程阀 7→液压缸左腔（无杆腔）。

这时形成差动回路。因为快进时滑台液压缸负载小，系统压力低，外控顺序阀 16 关闭，所以液压缸为差动连接，又因变量泵 2 在低压下输出流量大，所以滑台快速进给。

2. 第一次工作进给

当快速前进到预定位置时，滑台上的液压挡块压下行程阀 7，使油路 18、19 断开，即切断快进油路。此时，电磁铁 1YA 继续通电，其控制油路未变，液动阀 4 左位仍接入系统；电磁阀 11 的电磁铁 3YA 处于断电状态，这时主油路必须经调速阀 10，使阀前主系统压力升高，外控顺序阀 16 被打开，单向阀 6 关闭，液压缸右腔的油液经顺序阀 16 和背压阀 17 流回油箱，这时系统中油液的流动油路如下：

进油路：变量泵 2→单向阀 3→液动阀 4 左位→调速阀 10→电磁阀 11 左位→液压缸左腔；

回油路：液压缸右腔→液动阀 4 左位→外控顺序阀 16→背压阀 17→油箱。

因工作进给压力升高，所以变量泵 2 的流量会自动减少，以便与调速阀 10 的开口相适应，动力滑台作第一次工作进给。

3. 第二次工作进给

第一次工作进给结束时，电气挡块压下电气行程开关，使电磁铁 3YA 通电，电磁阀 11 处于油路断开位置，这时进油路须经过调速阀 10 和调速阀 9 两个调速阀，实现第二次工作进给，进给量大小由调速阀 9 调定。而调速阀 9 调节的进给速度应小于调速阀 10 的工作进给速度。这时系统中油液的流动油路如下：

进油路：变量泵 2→单向阀 3→液动阀 4 左位→调速阀 10→调速阀 9→液压缸左腔；

回油路：与第一次工作进给的回油路相同。

4. 止挡块停留

动力滑台第二次工作进给终了碰到止挡块时，不再前进，其系统压力进一步升高，一方面变量泵保压卸荷，另一方面使压力继电器 PS 动作而发出信号接通控制电路中延时继电器，调整延时继电器可调整希望停留的时间。

5. 快速退回

延时继电器停留时间到时后，给出动力滑台快速退回的信号，电磁铁 1YA、3YA 断电，2YA 通电，先导电磁阀 5 的右位接入控制油路，使液动阀 4 右位接入主油路。这时主油路油液的情况如下：

进油路：变量泵 2→单向阀 3→液动阀 4 右位→液压缸右腔；

回油路：液压缸左腔→单向阀 8→液动阀 4→油箱。

这时系统压力较低，变量泵 2 输出流量大，动力滑台快速退回。

6. 原位停止

当动力滑台快速退回到原始位置时，原位电气挡块压下原位行程开关，使电磁铁 2YA 断电，先导电磁阀 5 和液动阀 4 都处于中间位置，液压缸失去动力来源，液压滑台停止运动。这时，变量泵输出油液经单向阀 3 和液控换向阀 4 流回油箱，液压泵卸荷。

由上述分析可知，外控顺序阀 16 在动力滑台快进时必须关闭，工进时必须打开，因此，外控顺序阀 16 的调定压力应低于工进时的系统压力而高于快进时的系统压力。

系统中有三个单向阀，其中，单向阀 6 的作用是在工进时隔离进油路和回油路。单向阀 3 除有保护液压泵免受液压冲击的作用外，主要是在系统卸荷时使电液换向阀的先导控制油路有一定的控制压力，确保实现换向动作。单向阀 8 的作用则是确保实现快退。

由上述分析可以可知，YT4543 型动力滑台的液压系统主要由下列基本回路组成：

（1）限压式变量泵、调速阀、背压阀组成的容积节流调速回路。

（2）差动连接的快速运动回路。

（3）电液换向阀（由先导电磁阀 5、液动阀 4 组成）的换向回路。

（4）行程阀和电磁阀的速度换接回路。

（5）串联调速阀的二次进给回路。

（6）采用 M 形中位机能三位换向阀的卸荷回路。

这些基本回路就决定了系统的主要性能，该系统具有以下特点：

（1）采用限压式变量泵和调速阀组成的容积节流进油路调速回路，并在回油路上设置了背压阀，使动力滑台能获得稳定的低速运动，较好的调速刚性和较大的工作速度调节范围。

（2）采用限压式变量泵和差动连接回路，快进时能量利用比较合理；工进时只输出与液压缸相适应的流量；止挡块停留时，变量泵只输出补偿泵及系统内泄漏所需要的流量。系统无溢流损失，效率高。

（3）采用行程阀和顺序阀实现快进与工进的速度切换，动作平稳可靠、无冲击，转换位置精度高。

（4）在第二次工作进给结束时，采用止挡块停留，这样动力滑台的停留位置精度高，适用于镗端面、镗阶梯孔、锪孔和锪端面等工序使用。

（5）由于采用调速阀串联的二次进给进油路节流调速方式，因此可使启动和进给速度转换时的前冲量较小，并有利于利用压力继电器发出信号进行自动控制。

7.2　数控车床液压系统

1. 概述

在数控车床上进行车削加工时，其自动化程度高，能获得较高的加工质量。目前，在数控车床上大多都应用了液压传动技术。下面介绍 MJ－50 型数控车床的液压系统。图 7－2－1 所示为该系统的原理图，它主要承担卡盘、回转刀架与刀盘及尾座套筒的驱动与控制。它能实现卡盘的夹紧与松开、刀架的夹紧与松开、刀架的正转与反转、尾座套筒的伸出与缩回。液压系统中各电磁阀的电磁铁动作是由数控系统的 PLC 控制实现的。各电磁铁动作顺序表见表 7－2－1。

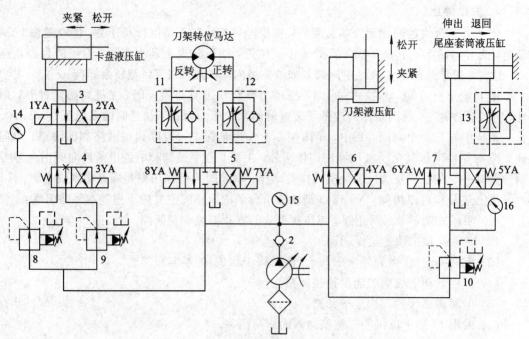

3，4，5，6，7—电磁换向阀；8，9，10—减压阀；11，12，13—单向调速阀；14，15，16—压力表

图 7-2-1　MJ-50 型数控车床的液压系统原理图

表 7-2-1　电磁铁动作顺序表

动　作		电磁铁	1YA	2YA	3YA	4YA	5YA	6YA	7YA	8YA
卡盘正卡	高压	夹紧	＋	－	－					
		松开	－	＋	－					
	低压	夹紧	＋	－	＋					
		松开	－	＋	－					
卡盘反卡	高压	夹紧	－	＋	－					
		松开	＋	－	－					
	低压	夹紧	－	＋	＋					
		松开	＋	－	＋					
回转刀架		刀架正转							－	＋
		刀架反转							＋	－
		刀盘松开				＋				
		刀盘夹紧				－				
尾座		套筒伸出					＋	－		
		套筒退回					－	＋		

注："＋"表示电磁铁通电，"－"表示电磁铁断电。

2. 液压系统的工作原理

机床的液压系统采用单向变量液压泵，系统压力调至 4 MPa。泵出口的压力油经过单向阀接入回路，其工作原理如下：

（1）卡盘的夹紧与松开。当卡盘处于正卡且在高压夹紧状态时，夹紧力的大小由减压阀 8 来调整，夹紧压力由压力表 14 来显示。当 1YA 通电时，阀 3 左位工作，系统压力油经阀 8、阀 4、阀 3 到液压缸右腔，液压缸左腔的油液经阀 3 直接回油箱。这时，活塞杆左移，卡盘夹紧。反之，当 2YA 通电时，阀 3 右位工作，系统压力油经阀 8、阀 4、阀 3 到液压缸左腔，液压缸右腔的油液经阀 3 直接回油箱，活塞杆右移，卡盘松开。

当卡盘处于正卡且在低压夹紧状态时，夹紧力的大小由减压阀 9 来调整。这时，3YA 通电，阀 4 右位工作。阀 3 的工作情况与高压夹紧时相同。

卡盘反卡时的工作情况与正卡相似，不再赘述。

（2）回转刀架的回转。回转刀架换刀时，首先是刀架松开，之后刀架转到指定的刀位，最后刀架复位夹紧。4YA 通电时，阀 6 右位工作，刀架松开。当 8YA 通电时，液压马达带动刀架正转，转速由单向调速阀 11 控制。若 7YA 通电，则液压马达带动刀架反转，转速由单向调速阀 12 控制。当 4YA 断电时，阀 6 左位工作，液压缸使刀架夹紧。

（3）尾座套筒伸缩运动。尾座套筒的伸出与退回由三位四通电磁阀 7 控制。当 6YA 通电时阀 7 左位工作，系统压力油经减压阀 10、换向阀 7 到尾座套筒液压缸的左腔，液压缸右腔油液经单向调速阀 13、阀 7 回油箱，缸带动尾座套筒伸出，伸出时的预紧力大小通过压力表 16 显示。反之，当 5YA 通电时，阀 7 右位工作，系统压力油经减压阀 10、换向阀 7、单向调速阀 13 到液压缸右腔，液压缸左腔的油液经阀 7 流回油箱，套筒缩回。

3. 系统的特点

（1）系统采用单向变量液压泵供油，能量损失较小。

（2）用换向阀控制卡盘，实现高低压夹紧的转换，并且可分别调节高压夹紧或低压夹紧力的大小。这样可根据工件情况调节夹紧力，操作方便简单。

（3）用液压马达来控制刀架的正、反转，可实现无级调速。

（4）用换向阀来实现套筒的伸缩转换，并可调节尾座套筒伸出工作时预紧力的大小，来适应不同工况的需要。

（5）压力表 14、15、16 可分别显示系统相应处的压力，以便于故障诊断和调试。

7.3　数控加工中心液压传动系统

1. 概述

数控加工中心是在数控机床基础上发展起来的多功能数控机床。数控机床和数控加工中心都采用计算机数控技术（简称 CNC），在数控加工中心机床上配备有刀库和换刀机械手，可在一次装夹中完成对工件的钻、扩、铰、镗、铣、锪、螺纹加工、复杂曲面加工和测量等多道加工工序，是集机、电、液、气、计算机、自动控制等技术于一体的高效柔性自动化机床。数控加工中心机床各部分的动作均由计算机的指令控制，具有加工精度高、尺寸稳定性好、生产周期短、自动化程度高等优点，特别适合于加工形状复杂、精度要求高的多品种成批、中小批量及单件生产的工件，因此数控加工中心目前已在国内相关企业中普遍使用。

在加工中心中普遍采用了液压技术，主要完成机床的各种辅助动作，如主轴变速、主轴刀具夹紧与松开、刀库的回转与定位、换刀机械手的换刀、数控回转工作台的定位与夹紧等。以如图 7-3-1 所示卧式镗铣加工中心液压系统原理图为例分析其工作原理及特点。

2. 数控加工中心液压系统工作原理

1）液压油源

该液压系统采用变量叶片泵和蓄能器联合供油方式，液压泵为限压式变量叶片泵，最高工作压力为 7 MPa。溢流阀 4 作为溢流阀用，其调整压力为 8 MPa，只有系统过载时才起作用。手动换向阀 5 用于系统卸荷，过滤器 6 用于对系统回油进行过滤。

2）液压平衡装置

由溢流减压阀 7、溢流阀 8、手动换向阀 9、液压缸 10 组成平衡装置，蓄能器 11 用于吸收液压冲击。液压缸 10 为支撑加工中心立柱丝杠的液压缸。为减小立柱丝杠与螺母间的摩擦，并保持摩擦力均衡，保证主轴精度，用溢流减压阀 7 维持液压缸 10 下腔的压力，使丝杠在正、反向工作状态下处于稳定的受力状态。当液压缸上行时，压力油和蓄能器向液压缸下腔供油，当液压缸在滚珠丝杠带动而下行时，缸下腔的油又被挤回蓄能器或经过溢流减压阀 7 回油箱，因而起到平衡作用。调节溢流减压阀 7 可使液压缸 10 处于最佳受力工作状态，其受力的大小可通过测量 Y 轴伺服电动机的负载电流来判断。手动换向阀 9 用于使液压缸卸载。

3）主轴变速回路

主轴通过交流变频电动机实现无级调速。为了得到最佳的转矩性能，将主轴的无级调速分成高速和低速两个区域，并通过一对双联齿轮变速来实现。主轴的这种换挡变速由液压缸 40 完成。在图示位置时，压力油直接经电磁阀 13 右位、电磁阀 14 右位进入缸 40 左腔，完成由低速向高速的换挡。当电磁阀 13 切换至左位时，压力油经减压阀 12、电磁阀 13、14 进入缸 40 右腔，完成由高速向低速的换挡。换挡过程中缸 40 的速度由双单向节流阀 15 来调节。

4）换刀回路及动作

加工中心在加工零件过程中，当前道工序完成后就需换刀，此时机床主轴退至换刀点，且处在准停状态，所需置换的刀具已处在刀库预定换刀位置。换刀动作由机械手完成，其换刀过程为机械手抓刀→刀具松开和定位→拔刀→换刀→插刀→刀具夹紧和松开→机械手复位。

（1）机械手抓刀：当系统收到换刀信号时，电磁阀 17 切换至左位，压力油进入齿条缸 38 下腔，推动活塞上移，使机械手同时抓住主轴锥孔中的刀具和刀库上预选的刀具。双单向节流阀 18 控制抓刀和回位的速度，双液控制单向阀 19 保证系统失压时机械手位置不变。

（2）刀具松开和定位：当抓刀动作完成后，发出信号使电磁阀 20 切换至左位，电磁阀 21 处于右位，从而使增压器 22 的高压油进入液压缸 39 左腔，活塞杆将主轴锥孔中的刀具松开；同时，液压缸 24 的活塞杆上移，松开刀库中预选的刀具；此时，液压缸 36 的活塞杆

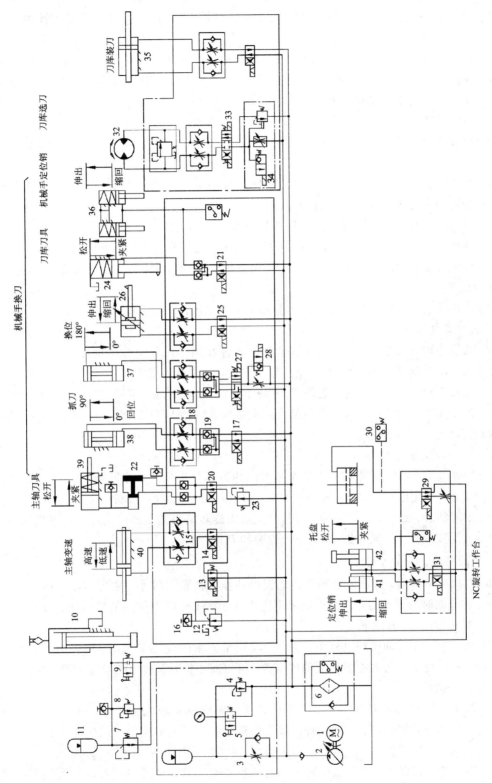

图 7-3-1　某卧式镗铣加工中心液压系统原理图

在弹簧力作用下将机械手上两个定位销伸出，卡住机械手上的刀具。松开主轴锥孔中刀具的压力可由减压阀23调节。

（3）机械手拔刀：当主轴、刀库上的刀具松开后，无触点开关发出信号，电磁阀25处于右位，由缸26带动机械手伸出，使刀具从主轴锥孔和刀库链节中拔出。缸26带有缓冲装置，以防止行程终点发生撞击和噪声。

（4）机械手换刀：机械手伸出后发出信号，使电磁阀27换向至左位。齿条缸37的活塞向上移动，使机械手旋转180°，转位速度由双单向节流阀调节，并可根据刀具的质量，由电磁阀28确定两种换刀速度。

（5）机械手插刀：机械手旋转180°后发出信号，使电磁阀25换向，缸26使机械手缩回，刀具分别插入主轴锥孔和刀库链节中。

（6）刀具夹紧和松销：机械手插刀后，电磁阀20、21换向。缸39使主轴中的刀具夹紧；缸24使刀库链节中的刀具夹紧；缸36使机械手上定位销缩回，以便机械手复位。

（7）机械手复位：刀具夹紧后发出信号，电磁阀17换向，液压缸38使机械手旋转90°回到起始位置。

到此，整个换刀动作结束，主轴起动进入零件加工状态。

5）数控旋转工作台回路

（1）数控工作台夹紧：数控旋转工作台可使工件在加工过程中连续旋转，当进入固定位置加工时，电磁阀29切换至左位，使工作台夹紧，并由压力继电器30发出信号。

（2）托盘交换：交换工件时，电磁阀31处于右位，缸41使定位销缩回，同时缸42松开托盘，由交换工作台交换工件，交换结束后电磁阀31换向，定位销伸出，托盘夹紧，即可进入加工状态。

6）刀库选刀、装刀回路

在零件加工过程中，刀库需把下道工序所需的刀具预选列位。首先判断所需的刀具在刀库中的位置，确定液压马达32的旋转方向，使电磁阀33换向，控制单元34控制液压马达起动、中间状态、到位、旋转速度，刀具到位后由旋转编码器组成的闭环系统发出信号。双向溢流阀起安全作用。液压缸35用于刀库装卸刀具。

3. 系统特点

（1）在加工中心中，液压系统所承担的辅助动作的负载力较小，主要负载是运动部件的摩擦力和起动时的惯性力，因此一般采用压力在10 MPa以下的中低压系统，且液压系统流量一般在30 L/min以下。

（2）加工中心在自动循环过程中，各个阶段流量需求的变化很大，并要求压力基本恒定。采用限压式变量泵与蓄能器组成的液压源，可以减小流量脉动、能量损失和系统发热，提高机床加工精度。

（3）加工中心的主轴刀具需要的夹紧力较大，而液压系统其他部分需要的压力为中低，且受主轴结构的限制，不宜选用缸径较大的液压缸。采用增压器可以满足主轴刀具对夹紧力的要求。

（4）在齿轮变速箱中，采用液压缸驱动滑移齿轮来实现两级变速，可以扩大伺服电动机驱动的主轴的调速范围。

（5）加工中心的主轴、垂直拖板、变速箱、主电动机等联成一体，由伺服电动机通过滚珠丝杠带动其上下移动。采用平衡阀—平衡缸的平衡回路，可以保证加工精度，减小滚珠丝杠的轴向受力，且结构简单、体积小、质量轻。

7.4　M1432A 型万能外圆磨床液压系统

有些液压设备，如万能外圆磨床，要求工作部件必须具有良好的换向性能（平稳性和灵敏度）和必要的换向精度，如换向冲击要小，换向精度要高，超程量小，换向停留时间可调以及换向时间短等。对这样的液压系统，主要根据对工作部件换向精度控制的要求来设计，一般具有如下要求：

（1）运动平稳性高，爬行起始速度低。

（2）起动与制动迅速平稳，无冲击，换向精度高。

（3）换向前停留时间可调。

对上述换向要求，采用一般的换向阀是不能满足的。

1. 概述

M1432A 型万能外圆磨床主要用于磨削 IT5～IT7 精度的圆柱形或圆锥形外圆和内孔，表面粗糙度在 Ra1.25～0.08 之间。该机床的液压系统具有以下功能：

（1）能实现工作台的自动往复运动，并能在 0.05～4 m/min 之间无级调速，工作台换向平稳，起动制动迅速，换向精度高。

（2）在装卸工件和测量工件时，为缩短辅助时间，砂轮架具有快速进退动作，为避免惯性冲击，控制砂轮架快速进退的液压缸设置有缓冲装置。

（3）为方便装卸工件，尾架顶尖的伸缩采用液压传动。

（4）工作台可作微量抖动：切入磨削或加工工件略大于砂轮宽度时，为了提高生产率和改善表面粗糙度，工作台可作短距离（1～3 mm）、频繁往复运动（100～150 次/分）。

（5）传动系统具有必要的联锁动作如下：

① 工作台的液动与手动联锁，以免液动时带动手轮旋转引起工伤事故。

② 砂轮架快速前进时，可保证尾架顶尖不后退，以免加工时工件脱落。

③ 磨内孔时，为使砂轮不后退，传动系统中设置有与砂轮架快速后退联锁的机构，以免撞坏工件或砂轮。

④ 砂轮架快进时，头架带动工件转动，冷却泵启动；砂轮架快速后退时，头架与冷却泵电机停转。

2. 液压系统的工作原理

图 7-4-1 为 M1432A 型万能外圆磨床液压系统原理图，其工作原理如下：

1）工作台的往复运动

（1）工作台右行：如图 7-4-1 所示状态，先导阀、换向阀阀芯均处于右端，开停阀处于右位。其主油路如下：

进油路：液压泵 19→换向阀 2 右位（P→A）→液压缸 22 右腔；

回油路：液压缸 22 左腔→换向阀 2 右位（B→T_2）→先导阀 1 右位→开停阀 3 右位→节流阀 5→油箱。液压油推液压缸带动工作台向右运动，其运动速度由节流阀来调节。

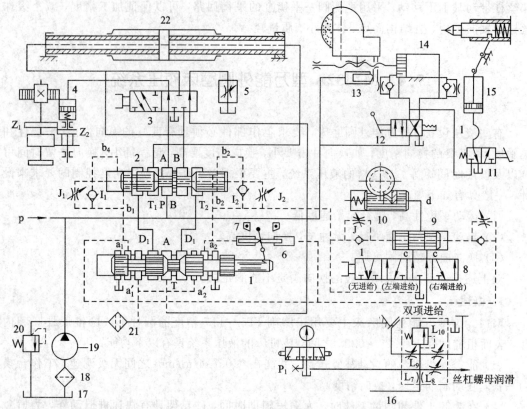

1—先导阀；2—换向阀；3—开停阀；4—互锁缸；5—节流阀；6—抖动缸；7—挡块；8—选择阀；
9—进给阀；10—进给缸；11—尾架换向阀；12—快动换向阀；13—闸缸；14—快动缸；15—尾架缸；
16—润滑稳定器；17—油箱；18—粗过滤器；19—液压泵；20—溢流阀；21—精过滤器；22—液压缸

图 7 - 4 - 1　M1432A 型万能外圆磨床液压系统原理图

（2）工作台左行：当工作台右行到预定位置时，工作台上左边的挡块拨与先导阀 1 的阀芯相连接的杠杆，使先导阀芯左移，开始工作台的换向过程。先导阀阀芯左移过程中，其阀芯中段制动锥 A 的右边逐渐将回油路上通向节流阀 5 的通道（$D_2 \rightarrow T$）关小，使工作台逐渐减速制动，实现预制动；当先导阀阀芯继续向左移动到先导阀芯右部环形槽，使 a_2 点与高压油路 a_2' 相通，先导阀芯左部环槽使 $a_1 \rightarrow a_1'$ 接通油箱时，控制油路被切换。这时借助于抖动缸推动先导阀向左快速移动（快跳）。其油路如下：

进油路：液压泵 19 → 精过滤器 21 → 先导阀 1 左位（$a_2' \rightarrow a_2$）→ 抖动缸 6 左端。

回油路：抖动缸 6 右端 → 先导阀 1 左位（$a_1 \rightarrow a_1'$）→ 油箱 17。

因为抖动缸的直径很小，上述流量很小的压力油足以使之快速右移，并通过杠杆使先导阀芯快跳到左端，从而使通过先导阀到达换向阀右端的控制压力油路迅速打通，同时又使换向阀左端的回油路也迅速打通（畅通）。

这时的控制油路如下：

进油路：液压泵 19 → 精过滤器 21 → 先导阀 1 左位（$a_2' \rightarrow a_2$）→ 单向阀 I_2 → 换向阀 2 右端。

回油路：换向阀 2 左端回油路在换向阀芯左移过程中有三种变换。

首先，换向阀 2 左端 $b_1' \rightarrow$ 先导阀 1 左位（$a_1 \rightarrow a_1'$）→ 油箱。换向阀芯因回油畅通而迅速

左移，实现第一次快跳。当换向阀芯 1 快跳到制动锥的右侧关小主回油路（B→T_2）通道时，工作台便迅速制动(终制动)。换向阀芯继续迅速左移到中部台阶处于阀体中间沉割槽的中心处时，液压缸两腔都通压力油，工作台便停止运动。

换向阀芯在控制压力油作用下继续左移，换向阀芯左端回油路改为：换向阀 2 左端→节流阀 J_1→先导阀 1 左位→油箱。这时换向阀芯按节流阀(停留阀)J_1 调节的速度左移，由于换向阀体中心沉割槽的宽度大于中部台阶的宽度，所以阀芯慢速左移的一定时间内，液压缸两腔继续保持互通，使工作台在端点保持短暂的停留。其停留时间在 0～5 s 内由节流阀 J_1、J_2 调节。

最后当换向阀芯慢速左移到左部环形槽与油路(b_1→b_1')相通时，换向阀左端控制油的回油路又变为：换向阀 2 左端→油路 b_1→换向阀 2 左部环形槽→油路 b_1'→先导阀 1 左位→油箱。这时由于换向阀左端回油路畅通，换向阀芯实现第二次快跳，使主油路迅速切换，工作台则迅速反向启动(左行)。这时的主油路如下：

进油路：泵 19→换向阀 2 左位(P→B)→液压缸 22 左腔。

回油路：液压缸 22 右腔→换向阀 2 左位 (A→T_1)→先导阀 1 左位(D₁→T)→开停阀 3 右位→节流阀 5→油箱。

当工作台左行到位时，工作台上的挡块又碰到杠杆推动先导阀右移，重复上述换向过程。实现工作台的自动换向。

2) 工作台液动与手动的互锁

工作台液动与手动的互锁是由互锁缸 4 来完成的。当开停阀 3 处于图 7 - 4 - 1 所示位置时，互锁缸 4 的活塞在压力油的作用下压缩弹簧并推动齿轮 Z_1 和 Z_2 脱开，这样当工作台液动(往复运动)时，手轮不会转动。

当开停阀 3 处于左位时，互锁缸 4 通油箱，活塞在弹簧力的作用下带着齿轮 Z_2 移动，Z_2 与 Z_1 啮合，工作台就可用手摇机构摇动。

3) 砂轮架的快速进、退运动

砂轮架的快速进退运动是由手动二位四通换向阀 12(快动阀)来操纵，并由快动缸来实现的。在图 7 - 4 - 1 所示位置时，快动阀右位接入系统，压力油经快动阀 12 右位进入快动缸 14 右腔，砂轮架快进到前端位置，快进终点是靠活塞与缸体端盖相接触来保证其重复定位精度的；当快动缸左位接入系统时，砂轮架快速后退到最后端位置。为防止砂轮架在快速运动到达前后终点处产生冲击，在快动缸两端设缓冲装置，并设有抵住砂轮架的闸缸 13，用以消除丝杠和螺母间的间隙。

手动换向阀 12(快动阀)的下面装有一个自动启、闭头架电动机和冷却电动机的行程开关和一个与内圆磨具联锁的电磁铁(图上均未画出)。当手动换向阀 12(快动阀)处于右位使砂轮架处于快进时，手动阀的手柄压下行程开关，使头架电动机和冷却电动机启动。当翻下内圆磨具进行内孔磨削时，内圆磨具压另一行程开关，使联锁电磁铁通电吸合，将快动阀锁住在左位(砂轮架在退的位置)，以防止误动作，保证安全。

4) 砂轮架的周期进给运

砂轮架的周期进给运动是由选择阀 8、进给阀 9、进给缸 10 通过棘爪、棘轮、齿轮、丝杠来完成的。选择阀 8 根据加工需要可以使砂轮架在工件左端或右端时进给，也可在工件两端都进给(双向进给)，也可以不进给，共四个位置可供选择。

图 7-4-1 所示为双向进给，周期进给油路：压力油从 a_1 点→J_4→进给阀 9 右端；进给阀 9 左端→I_3→a_2→先导阀 1→油箱。进给缸 10→d→进给阀 9→c_1→选择阀 8→a_2→先导阀 1→油箱，进给缸柱塞在弹簧力的作用下复位。当工作台开始换向时，先导阀换位（左移）使 a_2 点变高压、a_1 点变为低压（回油箱）；此时周期进给油路为压力油从 a_2 点→J_3→进给阀 9 左端；进给阀 9 右端→I_4→a_1 点→先导阀 1→油箱，使进给阀右移；与此同时，压力油经 a_2 点→选择阀 8→c_1→进给阀 9→d→进给缸 10，推进给缸柱塞左移，柱塞上的棘爪拨棘轮转动一个角度，通过齿轮等推砂轮架进给一次。在进给阀活塞继续右移时堵住 c_1 而打通 c_2，这时进给缸右端→d→进给阀→c_2→选择阀→a_1→先导阀 a_1'→油箱，进给缸在弹簧力的作用下再次复位。当工作台再次换向，再周期进给一次。若将选择阀转到其他位置，如右端进给，则工作台只有在换向到右端才进给一次，其进给过程不再赘述。从上述周期进给过程可知，每进给一次由一股压力油（压力脉冲）推进给缸柱塞上的棘爪拨棘轮转一角度。调节进给阀两端的节流阀 J_3、J_4 就可调节压力脉冲的时期长短，从而调节进给量的大小。

5）尾架顶尖的松开与夹紧

尾架顶尖只有在砂轮架处于后退位置时才允许松开。为操作方便，采用脚踏式二位三通阀 11（尾架阀）来操纵，由尾架缸 15 来实现。由图 7-4-1 可知，只有当快动阀 12 处于左位、砂轮架处于后退位置，脚踏尾架阀处于右位时，才能有压力油通过尾架阀进入尾架缸推动杠杆拨尾顶尖松开工件。当快动阀 12 处于右位（砂轮架处于前端位置）时，油路 L 为低压（回油箱），这时误踏尾架换向阀 11 也无压力油进入快动缸 14，顶尖也就不会推出。

尾顶尖的夹紧是靠弹簧力。

6）抖动缸的功用

抖动缸 6 的功用有两个。第一是帮助先导阀 1 实现换向过程中的快跳；第二是当工作台需要作频繁短距离换向时实现工作台的抖动。

当砂轮作切入磨削或磨削短圆槽时，为提高磨削表面质量和磨削效率，需工作台频繁短距离换向—抖动。这时将换向挡块调得很近或夹住换向杠杆，当工作台向左或向右移动时，挡块带动杠杆使先导阀阀芯向右或向左移动一个很小的距离，使先导阀 1 的控制进油路和回油路仅有一个很小的开口。通过此很小开口的压力油不可能使换向阀阀芯快速移动，这时，因为抖动缸柱塞直径很小，所通过的压力油足以使抖动缸快速移动。抖动缸的快速移动推动杠杆带动先导阀快速移动（换向），迅速打开控制油路的进、回油口，使换向阀也迅速换向，从而使工作台作短距离频繁往复换向—抖动。

3. M1432A 型万能外圆磨床液压系统的特点

（1）采用了活塞杆固定式双杆液压缸，保证了左、右两个方向运动速度一致，占地面积小。

（2）系统采用结构简单、价格便宜而压力损失又小的简单节流式调速回路，它对调速范围不大、负载很小且又基本上恒定的磨削加工来说是完全合适的。此外，回油节流的型式在液压缸回油腔中造成的背压力有助于工作台运动稳定，有助于工作台的制动，也有助于防止空气渗入系统。

（3）系统采用了先导阀、换向阀、开停阀、节流阀和抖动缸等元件所组成的 HYY21/3P-25T 型快跳式操纵箱，它能显著地缩小液压元件的总体积、缩短阀间通道长度、减少油管及管接头的数目，并改善液压系统的工作性能，操纵较方便。

（4）采取了能使先导阀实现快跳，能使换向阀实现一次快跳、慢移、二次快跳的油路结构，从而使工作台有可能获得很高的换向精度和换向平稳。"换向死点"的现象也得到克服。

（5）设置了抖动缸，工作台可短行程、高频率抖动，有利于提高切入磨削时的工件表面质量，同时有利于换向精度的提高，以保证阶梯轴(孔)的磨削质量。

上述液压系统中采用了液压操纵箱，虽具有许多优点，但制造比较困难是其不足之处。

7.5　液压机液压传动系统

以压力变换为主的液压系统，在压力设备及压力加工机械中应用广泛。这类机械在其工作循环中，除了对速度要求外，往往需要加压、保压延时及泄压等压力变换。为了要求液压系统加压时，压力能缓慢或急剧上升，产生大推力、大功率，达到最大负载点，保持恒定或急剧下降，因而压力经常需要变换和调节。

这种液压系统通常具有如下要求：

（1）液压系统中压力要能经常变换和调节，并能产生较大的压力（吨位），以满足工况要求。

（2）空程时速度大，加压时推力大，系统功率大，且要求功率利用率高。

（3）空程与压制时，其速度与压力相差甚大，所以多采用高低压泵组或恒功率变量泵供油系统，以满足低压快速行程和高压慢速行程的要求。

1. 概述

液压机是锻压、冲压、冷挤、校直、弯曲、粉末冶金、成型等压力加工工艺中广泛应用的机械设备。它是最早应用液压传动的机械之一。按其工作介质是油还是水（乳化液）来分，液压机可分为油压机和水压机两种。

液压机具有压力和速度可大范围无级调整、可在任意位置输出全部功率和保持所需压力等许多优点，因而用途十分广泛。液压机的结构形式很多，其中以四柱式液压机的结构布局最为典型，应用也最广泛，如图 7-5-1 所示。为了满足大多数压制工艺的要求，上滑块应能实现快速下

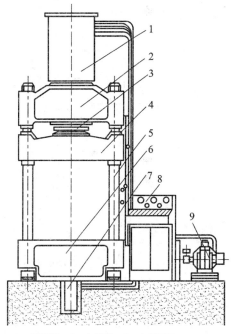

1—充液筒；2—上横梁；3—上液压缸；
4—上滑块；5—立柱；6—下滑块；
7—下液压缸；8—电气操纵箱；9—动力机构

图 7-5-1　液压机外形图

行→慢速加压→保压延时→快速返回→原位停止的自动工作循环；下滑块应能实现向上顶出→停留→向下退回→原位停止的工作循环，如图7-5-2所示。

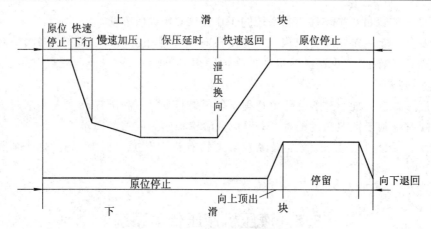

图 7-5-2 YB32-200 型液压机动作循环图

2. 液压系统的工作原理

四柱式 YB32-200 型液压机液压系统如图 7-5-3 所示。

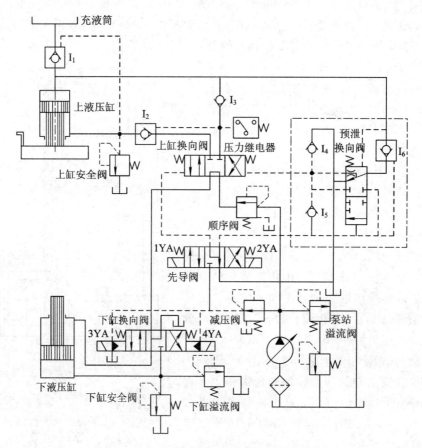

图 7-5-3 YB32-200 型液压机液压系统图

系统由高压轴向变量柱塞泵供油，上、下两个滑块分别由上、下液压缸带动，实现上述各种循环，其原理如下：

1) 上滑块工作循环

(1) 快速下行。当电磁铁 1YA 通电后，先导阀和上缸换向阀左位接入系统，液控单向阀被打开，系统主油路走向为

进油路：液压泵→顺序阀→上缸换向阀左位→单向阀 I₃→上液压缸上腔

回油路：上液压缸下腔→单向阀 I₂→上缸换向阀左位→油箱

上滑块在自重作用下快速下行。这时，上液压缸上腔所需流量较大，而液压泵的流量又较小，其不足部分由充液筒（副油箱）经单向阀向液压缸上腔补油。

(2) 慢速加压。当上滑块下行到接触工件后，因受阻力而减速，液控单向阀 I₁ 关闭，液压缸上腔压力升高实现慢速加压。加压速度由液压泵的流量决定。这时的油路走向与快速下行时相同。

(3) 保压延时。当上液压缸上腔压力升高到使压力继电器动作时，压力继电器发出信号，使电磁铁 1YA 断电，则先导阀和上腔换向阀处于中位，保压开始。当缸内压力低于保压所调定的压力时，由控制压力的元件发出信号，使电磁铁 1YA 通电，这时缸内压力升高直至再使压力继电器动作，重复保压过程。保压时间由时间继电器（图中未画出）控制。

(4) 快速返回。在保压延时结束时，时间继电器使电磁铁 2YA 通电，先导阀右位接入系统，使控制压力油推动预泄换向阀，并将上缸换向阀右位接入系统。这时，液控单向阀 I₁ 被打开，其主油路走向为

进油路：液压泵→顺序阀→上缸换向阀右位→单向阀 I₂→上液压缸下腔

回油路：上液压缸上腔→单向阀 I₁→充液筒（副油箱）

这时上滑块快速返回，返回速度由液压泵流量决定。当充液筒内液面超过预定位置时，多余的油液由溢流管流回油箱。

(5) 原位停止。当上滑块返回上升到挡块压下行程开关时，行程开关发出信号，使电磁铁 2YA 断电，先导阀和换向阀都处于中位，则上滑块在原位停止不动。这时，液压泵处于低压卸荷状态，油路走向为

液压泵→顺序阀→上缸换向阀中位→下缸换向阀中位→油箱

2) 下滑块工作循环

(1) 向上顶出。当电磁铁 4YA 通电使下缸换向阀右位接入系统时，下液压缸带动下滑块向上顶出。其主油路走向为

进油路：液压泵→顺序阀→上缸换向阀中位→下缸换向阀右位→下液压缸下腔

回油路：下液压缸上腔→下缸换向阀右位→油箱

(2) 停留。当下滑块上移至下液压缸活塞碰到上缸盖时，便停留在这个位置上。此时，液压缸下腔压力由下缸溢流阀调定。

(3) 向下退回。使电磁铁 4YA 断电，3YA 通电，下液压缸快速退回。此时油路走向为

进油路：液压泵→顺序阀→上缸换向阀中位→下缸换向阀左位→下液压缸上腔

回油路：下液压缸下腔→下缸换向阀左位→油箱

(4) 原位停止。原位停止是在电磁铁 3YA、4YA 都断电，下缸换向阀处于中位的情况下得到的。

3. 四柱式 YB32‑200 型液压机液压系统特点

四柱式 YB32‑200 型液压机液压系统有如下特点：

（1）采用高压大流量恒功率变量泵供油，既符合工艺要求，又节省能量。

（2）利用活塞滑块自重的作用实现快速下行，并用充液筒对主缸充液。这种快速运动回路结构简单，使用元件少。

（3）采用液控单向阀、单向阀的密封性和液压管路及油路的弹性来保压，结构简单、造价低，比用泵保压节省功率，但要求液压缸等元件密封性能好。顺序阀使快进转换为工进时，动作平稳可靠，转换的位置精度比较高。至于两个工进之间的换接，则由于两者速度都较低，采用电磁阀完全能保证换接精度。

（4）为防止高压系统的换向冲击，本系统采用预泄换向阀，先使液压缸上腔压力释放降低后，再切换油路。

（5）上、下两液压缸动作的协调是由两个换向阀的互锁来保证的，只有当上缸换向阀处于中位时，下缸换向阀才能接通压力油。

（6）利用换向阀中位实现液压泵的卸荷。在两个液压缸各有一个安全阀实现过载保护。

7.6　Q2-8型汽车起重机液压传动系统

1. 概述

汽车起重机动性好，能以较快速度行走。液压起重机承载能力大，可在有冲击、振动和环境较差的条件下工作。其执行元件需完成的动作较为简单，位置精度较低，大部分采用手动操纵，液压系统工作压力较高。因为是起重机械，所以保证安全是至关重要的。

图7-6-1为Q2-8型汽车起重机简图，该液压系统的执行机构包括支腿收放、回转机构、起升机构、吊臂伸缩和吊臂变幅等五部分，通过手动的多路阀组合进行操纵。各部分运动都有相对的独立性。

2. 液压系统原理

Q2-8型汽车起重机是一种小型起重机，其液压系统如图7-6-2所示。这是一种通过手动操纵来实现各缸各自动作的系统。为简化结构，系统用一个液压泵给各执行元件串联供油。在轻载情况

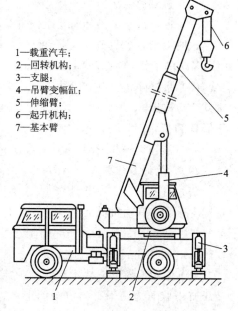

1—载重汽车；
2—回转机构；
3—支腿；
4—吊臂变幅缸；
5—伸缩臂；
6—起升机构；
7—基本臂

图7-6-1　Q2-8型汽车起重机简图

下，各串联的执行元件可任意组合，使几个执行元件同时动作，如伸缩和回转，或伸缩和变幅同时进行等。

该系统液压泵的动力由汽车发动机通过装在底盘变速箱上的取力箱提供。液压泵的额定压力为21 MPa，排量为40 mL/r，转速为1500 r/min，液压泵通过中心回转接头9、开关10和过滤器11从油箱吸油；输出的压力油经多路阀1和2串联地输送到各执行元件。系统工作情况和手动换向阀位置的关系如表7-6-1所示。

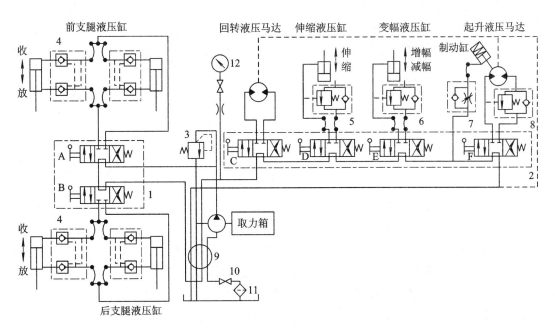

图 7-6-2　Q2-8 型汽车起重机液压系统图

表 7-6-1　Q2-8 型汽车起重机液压系统的工作情况

手动换向阀位置						系统工作情况						
阀 A	阀 B	阀 C	阀 D	阀 E	阀 F	前支腿液压缸	后支腿液压缸	回转液压马达	伸缩液压缸	变幅液压缸	起升液压马达	制动液压缸
左位	中位	中位	中位	中位	中位	伸出	不动	不动	不动	不动	不动	制动
右位						缩回						
中位	左位					不动	伸出					
	右位						缩回					
	中位	左位					不动	正转				
		右位						反转				
		中位	左位					不动	缩回			
			右位						伸出			
			中位	左位					不动	减幅		
				右位						增幅		
				中位	左位					不动	正转	松开
					右位						反转	

下面对各个回路动作进行叙述：

1）支腿收放

由于汽车轮胎的支承能力有限，在起重作业时必须放下支腿，使车轮架空，形成一个刚性的工作基础平台，汽车行驶时则必须收起支腿。

汽车前后各有两个支腿，每个支腿由一个液压缸驱动。在每个液压缸的进出油路上都串接一个由液控单向阀组成的双向液压锁，保证将支腿锁住在任何位置上，防止起重作业时的"软腿"和汽车行驶过程中支腿下落现象的出现。前支腿液压缸由三位四通手动换向阀A操纵，后支腿液压缸用另一个三位四通换向阀B操纵。两个换向阀都采用M型中位机能，油路串联。

2）回转机构

回转机构可以让吊臂能在任意方位起吊。回转机构由于惯性小，一般不设缓冲装置。

回转机构带动整个上车部分转动。回转机构中的转盘由低速大扭矩液压马达经齿轮、涡轮减速箱和一对内啮合齿轮驱动。由于转盘和液压马达转速较低，不需设置制动回路，以使得回转机构液压回路比较简单。用三位四通手动换向阀C操纵，可获得回转机构左转、停转、右转三种不同的工况。

3）吊臂伸缩

吊臂由基本臂和伸缩臂组成。伸缩臂套装在基本臂中，由伸缩液压缸驱动其伸缩。用三位四通手动换向阀D控制其伸缩和停止。为防止吊臂在自重作用下下落，在缩回的油路中设置平衡阀5。

4）吊臂变幅

吊臂变幅是用一液压缸改变起重臂的起落角度的。为防止吊臂自重下落，保证变幅作业时平稳可靠，在吊臂回路上设有平衡阀6。变幅缸的动作用三位四通手动换向阀E操纵。

5）起升机构

起升机构是起重机的主要执行部件。它由低速大扭矩液压马达、卷扬机、制动机构、平衡阀等组成。卷扬机由液压马达驱动。马达的正反转和停止，用三位四通手动换向阀F操纵。为了防止重物自由下落，在马达下降的回路上装有平衡阀8。另外，由于马达的泄漏比液压缸严重，即使有平衡阀重物也可能缓慢下降。为此，设有制动缸，在马达停转时，制动它的转轴。在该制动缸中装有制动弹簧，当制动缸通油箱时实现制动；向缸中通压力油时，制动器松开。为了满足上闸快、松闸慢的使用要求，在制动缸的油路上设有单向节流阀。

3. 系统特点

从图7-6-2可以看出，该液压系统由调压、调速、换向、锁紧、平衡、制动、多缸卸荷等回路组成，其性能特点是：

(1)在调压回路中，用安全阀限制系统最高压力。

(2)在调速回路中，用手动调节换向阀的开度大小来调整工作结构(起降机构除外)的速度，方便灵活，但劳动强度较大。

（3）在锁紧回路中，采用由液控单向阀构成的双向液压锁将前后支腿锁定在一定位置上，工作可靠，且有效时间长。

（4）在平衡回路中，采用经过改进的单向液控顺序阀作平衡阀，可防止在起升、吊臂伸缩和变幅作业过程中因重物自重而下降，工作可靠；但在一个方向有背压，会造成一定的功率损耗。

（5）在多缸卸荷回路中，采用三位换向阀 M 型中位机能并将油路串联起来，可使任何一个工作机构可单独工作，也可在轻载下任意组合地同时动作；但 6 个换向阀串联，会使液压泵的卸荷压力增大。

（6）在制动回路中，采用由单向节流阀和单作用制动缸构成的制动器，工作可靠，且制动动作快，松开动作慢，能确保安全。

📖 思考题与习题

7－1　图 7-1-1 所示的组合机床动力滑台液压系统由哪些基本回路组成？如何实现差动连接？采用行程阀进行快慢速转换有何特点？

7－2　如图题 7-2 所示液压系统，完成如下动作循环：快进—工进—快退—停止、卸荷。试写出动作循环表，并评述系统的特点。

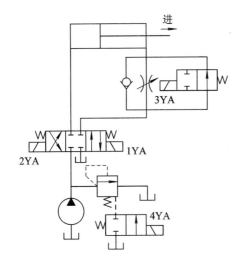

	1YA	2YA	3YA	4YA
快进				
工进				
快退				
停止、载荷				

图题 7-2　液压系统

7－3　如图题 7-3 所示为专用铣床液压系统，要求机床工作台一次可安装两支工件，并能同时加工。工件的上料、卸料由手工完成，工件的夹紧及工作台由液压系统完成。机床的加工循环为"手工上料—工件自动夹紧—工作台快进—铣削进给—工作台快退—夹具松开—手工卸料。

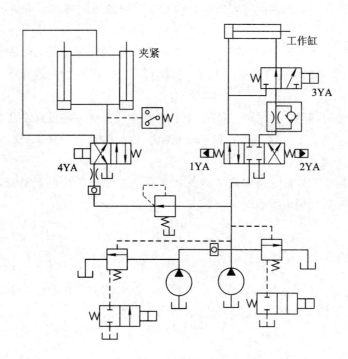

图题 7-3　专用铣床液压系统

分析系统回答下列问题：

（1）填写电磁铁动作顺序表。

动作 电磁铁	手工 上料	自动 夹紧	快进	铣削 进给	快退	夹具 松开	手工 卸料
1YA							
2YA							
3YA							
4YA							
压力继电器							

（2）系统由哪些基本回路组成？

（3）哪些工况由双泵供油，哪些工况由单泵供油？

第8章　液压传动系统设计与计算

液压传动系统的设计与计算是对前面各章内容的综合运用。本章介绍液压传动系统设计的一般步骤、考虑方面、注意事项和设计计算方法，并通过设计实例加以具体阐述。

　　液压传动系统的设计是整机设计的一部分，它的任务是根据整机的用途、特点和要求，明确整机对液压系统设计的要求；进行工况分析、确定液压系统主要参数；拟定出合理的液压系统原理图；计算和选择液压元件的规格；验算液压系统的性能；绘制工作图、编制技术文件。这些步骤互相关联，彼此影响，因此常需要交叉进行。对某些比较复杂的液压系统，需经过多次反复比较，才能最后确定；而对某些简单液压系统，有些步骤可省略或合并。

8.1　液压传动系统的设计

8.1.1　明确液压系统设计要求

　　液压传动系统的设计与主机的设计是紧密联系的，两者往往是同时进行的，相互协调。但是，液压传动系统的设计迄今为止仍没有一个公认的统一步骤，常常随着系统的繁简、借鉴的多寡、设计人员经验的不同而在具体做法上有所差异。实际设计工作中，大体上可按照图 8-1-1 所示的内容和流程来进行。这里除了最后一项全部属于性能设计的范围。这些步骤是相互关联的，常须穿插进行，并经反复修改才能逐步完成。

　　主机对液压系统的使用要求是设计液压系统的依据，因此首先对主机工况要弄清楚。

　　1. 主机概况

　　（1）主机的用途、总体情况、主要结构、技术参数及性能要求；

　　（2）主机对液压执行元件的布置位置及空间尺寸的限制；

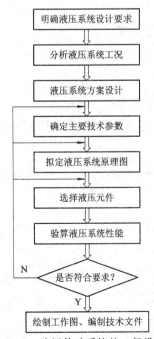

图 8-1-1　液压传动系统的一般设计流程

（3）主机的工作循环、作业环境等。

2. 主机各执行元件的动作顺序或互锁要求

（1）液压系统所应完成的动作，执行元件的运动方式及范围；

（2）液压执行元件的负载大小、性质，及运动速度大小或变化范围；

（3）多个液压执行元件的顺序动作、互锁关系或同步要求；

（4）对液压系统的性能要求，运动平稳性、位置精度、自动化程度、效率、安全可靠性；

（5）对液压系统的控制方式的要求。

除此之外，还应注意液压系统的工作环境、防火防爆及经济性等。

8.1.2　分析液压系统工况

工况分析主要分析计算液压执行元件的负载、运动速度等。通常需求出一个工作循环内各阶段的负载和速度，画出负载循环图和速度循环图。

1）负载分析（以液压缸为例）

通常液压缸承受的负载包括工作负载、摩擦负载、惯性负载、重力负载、密封阻力和背压负载。

（1）工作负载 F_w。不同机械工作负载是不同的。对加工机床来说，切削负载是工作负载；起重机中重物是工作负载等。工作负载 F_w 与液压缸运动方向相反时是正值，方向相同时为负值。工作负载可根据有关公式计算或由主机参数给定。

（2）摩擦负载 F_f。摩擦负载是指液压缸驱动的运动部件所受的导轨摩擦阻力。它可以根据导轨形状、运动形式等查阅有关手册计算。对于机床上常见的平导轨和 V 形导轨，可按下式计算：

平导轨：

$$F_f = f(G + F_n) \tag{8-1-1}$$

V 形导轨：

$$F_f = f\frac{G + F_n}{\sin\dfrac{\alpha}{2}} \tag{8-1-2}$$

式中，G 为运动部件重力；F_n 为垂直于导轨的工作负载；α 为 V 形导轨面的夹角，一般 $\alpha = 90°$；f 为摩擦系数，其值参考表 8-1-1。

表 8-1-1　导轨摩擦系数表

导轨种类	导轨材料	工作状态	摩擦系数 f
滑动导轨	铸铁对铸铁	启动	0.16～0.2
		低速运动（$v < 10$ m/min）	0.1～0.12
		高速运动（$v > 10$ m/min）	0.05～0.08
滚动导轨	铸铁导轨对滚动体		0.005～0.02
	淬火钢导轨对滚动体		0.003～0.006
静压导轨	铸铁对铸铁		0.0005

（3）惯性负载 F_a。惯性负载时运动部件在启动加速和减速制动时的惯性力，按式（8-1-3）求出

$$F_a = ma = \frac{G \Delta v}{g \Delta t} \tag{8-1-3}$$

式中，g 为重力加速度；Δt 为加、减速时间，取 $\Delta t = 0.01 \sim 0.05$ s；Δv 为 Δt 内的速度变化值。

计算时需注意惯性力有正、负之分。

（4）重力负载 F_g。垂直或倾斜运动的部件，如果没有平衡时，自重也是负载。

（5）密封负载 F_s。密封负载的计算与密封形式、尺寸、精度及工作压力等有关。详细计算可查阅有关手册。通常将其计入液压缸的机械效率中，可取 $\eta_m = 0.90 \sim 0.97$。

（6）背压负载 F_b。在液压系统方案及液压缸结构未定时，无法计算，可暂不考虑。

根据上述各项，可以计算液压缸的各主要阶段的负载。

启动加速阶段：

$$F = \frac{F_f + F_a + F_g}{\eta_m} \tag{8-1-4}$$

快速阶段：

$$F = \frac{F_f + F_g}{\eta_m} \tag{8-1-5}$$

工进阶段：

$$F = \frac{F_f \pm F_w \pm F_g}{\eta_m} \tag{8-1-6}$$

减速制动阶段：

$$F = \frac{F_f \pm F_w - F_a \pm F_g}{\eta_m} \tag{8-1-7}$$

若执行元件为液压马达时，则可仿照液压缸的方法计算出各阶段液压马达的负载力矩。

另外，液压缸还有密封阻力、背压力等。根据各工作阶段内的负载和所经历时间，可绘制出负载循环图，如图 8-1-2(a) 所示。

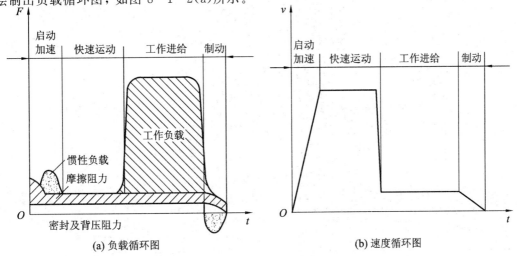

图 8-1-2　执行机构负载和速度循环图

2）运动分析

执行元件的运动分析是弄清在一个工作循环中，执行元件的运动速度的大小和变化范围、运动行程的长短、运动变化的周期等。一般设计时，常由主机给出要求的快速运动、工进速度的具体数值。据此可画出速度的循环图，如图 8-1-2(b) 所示。

8.1.3　液压系统方案设计

液压系统方案设计是根据主机的工作情况、主机对液压系统的技术要求、液压系统的工作条件和环境条件以及成本、经济性、供货情况等诸多因素，进行全面、综合的设计，从而拟定出一个各方面比较合理的、可实现的液压系统的方案。其内容包括：执行元件形式的分析与选择，油路循环方式的分析与选择，油源类型的分析与选择，调速方案的分析与选择。

1. 执行元件形式的分析与选择

液压系统采用的执行元件的形式，视主机所要实现的运动种类和性质而定，可按表 8-1-2 来选择。

表 8-1-2　液压执行元件形式的选择

运动形式		执行元件	特　点	适用场合
往复直线运动	短行程	双活塞杆液压缸	双向对称	双向工作的往复运动
		单活塞杆液压缸	有效工作面积大、双向不对称	往返不对称的直线运动，差动连接可实现快进，$A_1 = 2A_2$ 往返速度相等
	长行程	柱塞缸	结构简单	单向工作，靠重力或其他外力返回，长行程直线运动
		液压马达与齿轮齿条 液压马达与丝杆螺母	结构复杂	双向工作的往复运动，长行程直线运动
旋转运动	高速	齿轮马达	结构简单、价格便宜	高转速、低扭矩的旋转运动
		叶片马达	体积小，转动惯量小	高速低扭矩、动作灵敏的旋转运动
	低速	摆线齿轮马达	体积小，输出转矩大	低速、小功率、大扭矩的旋转运动
		轴向柱塞马达	运动平衡、转矩大、转速范围宽	大扭矩旋转运动
		径向柱塞马达	转速低，结构复杂，输出转矩大	低速大扭矩旋转运动
		高速马达与减速机构	转速低，结构复杂，输出转矩与减速比有关	低速旋转运动
往复摆动		摆动马达	单叶片式转角小于300° 双叶片式转角小于150°	小于300°的摆动运动 小于150°的摆动运动

注：A_1—无杆腔活塞面积；A_2—有杆腔活塞面积。

2. 油路循环方式的分析与选择

液压系统油路循环方式有开式和闭式两种，它们各自的特点及其相互比较见表 8-1-3。

表 8-1-3　开式系统与闭式系统的比较

内　容	开　式　系　统	闭　式　系　统
散热条件	较方便，但油箱较大	较复杂，须用辅助泵换油冷却
抗污染性	较差，但可采用压力油箱或油箱呼吸器来改善	较好，但油液过滤要求较高
系统效率	管路压力损失较大，用节流调速时效率低	管路压力损失较小，容积调速时效率较高
限速、制动形式	用平衡阀进行能耗限速，用制动阀进行能耗制动，引起油液发热	液压泵由电动机驱动时，限速及制动过程中驱动电机能向电网输电，回收部分能量，即是再生限速（可省去平衡）及再生制动
其他	对泵的自吸性能要求高	对泵的自吸性能要求低

液压系统在类型上究竟采用开式还是闭式，主要取决于它的调速方式和散热要求。一般说来，凡备有较大空间可以存放油箱且不另设置散热装置的系统、要求结构尽可能简单的系统，或采用节流调速或容积节流调速的系统，都宜采用开式；凡允许采用辅助泵进行补油并通过换油来达到冷却目的的系统、对工作稳定和效率有较高要求的系统，或采用容积调速的系统，都宜采用闭式。

3. 油源类型的分析与选择

液压系统油源类型的选择，应在分析下列因素后确定：

（1）根据系统工作压力的高低，选择液压泵的压力等级和结构形式。

（2）根据油源输出流量变化的大小和系统节能的要求，选择用定量泵还是变量泵。

（3）根据执行元件的多寡和系统工作循环中压力、流量的变化情况，选择单泵供油还是多泵供油。

（4）根据系统对油源综合性能的要求，选择泵的控制方式，是限压式、恒压式、恒流量式，还是恒功率式等。

4. 调速方案的分析与选择

调速方案对主机主要性能起决定性的作用。选择调速方案时，应依据液压执行元件的负载特性和调速范围以及经济性等因素，最后选出合适的调速方案。

8.1.4　液压系统参数设计

液压系统的主要参数设计是指确定执行元件的工作压力和最大流量。

1）初选执行元件的工作压力

工作压力可以根据负载循环图中的最大负载按表 8-1-4 或表 8-1-5 选取。工作压力的选取既影响结构尺寸又对系统的性能影响较大。选择高压力，则执行元件和系统结构紧凑，装置体积小，但对元件强度、刚度及密封性要求高，所以需高压的液压泵。

表 8 - 1 - 4　负载和工作压力之间的关系

负载 F/kN	<10	10～20	20～30	30～50	>50
工作压力 p/MPa	0.8～1.2	1.5～2.5	3～4	4～5	≥5

表 8 - 1 - 5　各类液压设备常用的工作压力

设备类型	精加工机床	半精加工机床	粗加工或重型机床	农业机械、小型工程机械、冶金机械、工程机械辅助机构	液压机、重型机械、冶金机械、大、中型挖掘机、起重运输机
工作压力/MPa	0.8～2	3～5	5～10	10～16	20～32

2）确定执行元件结构尺寸

执行元件结构尺寸，主要指液压缸的缸筒内径 D 和活塞杆直径 d，其计算公式见第 4 章所述。对于有最小运动速度要求的系统，尚需验算液压缸面积，即

$$A \geqslant \frac{Q_{\min}}{v_{\min}} \tag{8-1-8}$$

式中 $Q_{\min}$ 为节流阀或调速阀的最小稳定流量，可由元件产品样本中查；$v_{\min}$ 为液压缸可能的最小运速度；A 为液压缸节流腔的有效面积。

计算得到的 D、d 按液压缸标准值进行圆整。

3）复算执行元件的工作压力

当液压缸的主要尺寸在计算出来以后，都按各自的系列标准作了圆整，经过圆整的标准值与计算值之间一般都存在一定的差别，因此有必要根据圆整值对工作压力进行一次复算。

还须看到，在按上述方法确定工作压力的过程中，没有计算回油路的背压，因此确定的工作压力只是执行元件为了克服机械总负载所需的那部分压力。在结构参数 D、d 确定后，若选取适当的背压估算值，即可求出执行元件工作腔的压力。执行元件背压的估计值可参照表 8 - 1 - 6 选取。

表 8 - 1 - 6　执行元件背压的估计值

系　统　类　型		背压/MPa
中低压系统(0～8)(MPa)	简单的系统和一般轻载的节流调速系统	0.2～0.5
	回油路带调速阀的调速系统	0.5～0.8
	回油路带背压阀	0.5～1.5
	采用带补液压泵的闭式回路	0.8～1.5
中高压系统(8～16)(MPa)	同上	比中低压系统高 50%～100%
高压系统(16～32)(MPa)	如锻压机械等	初算时背压可忽略不计

4）做液压工况图

各执行元件的主要参数确定后，不但可以计算工作循环阶段的工作压力，还可以求出各阶段所需流量和功率。这时就可做出各执行元件工作过程中的工况图。工况图是压力、

流量、功率对时间（或位移）的变化曲线图（如图 8-1-3 为某一机床进给液压缸工况图）。从图中可以知道在整个动作循环中，系统压力、流量和功率的最大值及分布情况，为选择基本回路、液压元件等提供设计依据。

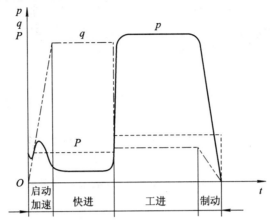

图 8-1-3　某一机床进给液压缸工况图

对于单执行元件系统或某些简单系统，其液压工况图的绘制可以省略，而仅将计算出的各阶段压力、流量和功率值列表表示即可。

8.1.5　液压系统原理图的拟定

液压系统原理图是表示液压系统的组成和工作原理的图样。拟定液压系统原理图是设计液压系统的关键一步，它对系统的性能及设计方案的合理性、经济性具有决定性的影响。一般的方法是根据设备的性能要求选择合理的液压基本回路，再将基本回路组合成完整的液压系统。

1. 拟定基本回路

在拟定基本回路时，应根据主机要求，首先拟定对主机性能影响最大的主要回路。例如在机床液压系统中，调速回路是主要回路；压力机液压系统中，调压回路是主要回路等，然后再拟定其他基本回路。

选择液压回路是根据系统的设计要求和工况图，从众多成熟的方案中（参见第 6 章和有关设计手册）经过分析、评比挑选出来的。选择液压回路一般可按如下步骤进行：

（1）选择系统一般都必须设置的基本回路。通常液压系统都必须设置调压回路、调速回路、换向回路、卸荷回路及安全回路等。

（2）根据系统负载性质选择基本回路。液压执行元件存在外负载对系统作功的工况（例如有垂直运动部件的系统）时，要设置平衡回路，以防止外负载使液压执行元件超速运动。在外负载惯性较大的系统中，为防止产生液压冲击，要设置制动回路。对有快速运动部件的系统或要求精确换向的系统，要设置减速回路或缓冲回路，等等。

（3）根据系统特殊要求选择基本回路。如有多个液压执行元件的系统，根据需要设置顺序回路、同步回路或互不干扰回路。有些系统还要设置速度换接回路、增速回路、增压回路、锁紧回路等。对液压机而言，释压回路是必不可少的。对闭式系统而言，必须有补油冷却回路。

选择一些主要液压回路时，还需注意以下几点：

（1）调压回路的选择主要取决于系统的调速方案。在节流调速系统中，一般采用调压回路；在容积调速和容积节流调速或旁路节流调速系统中，均采用限压回路。

一个油源同时提供两种不同工作压力时，可以采用减压回路。

对于工作时间相对辅助时间较短而功率又较大的系统，可以考虑增加一个卸荷回路。

（2）速度换接回路的选择主要依据换接时位置精度和平稳性的要求。同时还应结构简单、调整方便、控制灵活。

（3）多个液压缸顺序动作回路的选择主要考虑顺序动作的可变换性、行程的可调性、顺序动作的可靠性等。

（4）多个液压缸同步动作回路的选择主要考虑同步精度、系统调整、控制和维护的难易程度等。

当选择液压回路出现多种可能方案时，应平行展开，反复进行分析对比，不要轻易作出取舍决定。

2. 液压系统的合成

液压系统的合成是把选出来的各种液压回路综合在一起，进行归并整理，增添必要的元件或辅助油路，使之成为完整的系统，在合成时，应注意以下问题：

（1）该液压系统能否完成主机所要求的各项功能；

（2）是否存在多余的元件或油路；

（3）油路之间有无干扰；

所涉及的液压系统在满足主机要求的前提下，力求简单、安全可靠、动作平稳、效率高、使用和维护方便。

对可靠性要求特别高的系统来说，拟定系统草图时还要考虑"结构储备"问题，那就是在系统中设置一些必要的备用元件或备用回路，以便在工作元件或工作回路发生故障时它们立即能"上岗顶班"，确保系统持续运转，工作不受影响。

8.1.6 选择液压元件

初步拟定液压系统原理图后，便可进行液压元件的计算和选择，也就是通过计算各液压元件在工作中承受的压力和通过的流量，来确定各元件的规格和型号。

1. 液压泵的选择

先根据设计要求和系统工况确定液压泵的类型（已确定），然后根据液压泵的最高供油压力和最大供油量来选择液压泵的规格。

（1）确定液压泵的最大工作压力 P_p。液压泵所需工作压力的确定，主要根据液压缸在工作循环各阶段所需最大压力 P_{max}，再加上油泵的出油口到缸进油口处总的压力损失 $\sum \Delta P$，即

$$P_p = P_{max} + \sum \Delta P \qquad (8-1-9)$$

$\sum \Delta P$ 包括油液流经流量阀和其他元件的局部压力损失、管路沿程损失等，在系统管路未设计之前，可根据同类系统经验估计，一般管路简单的节流阀调速系统 $\sum \Delta P$ 为 $(2\sim5)\times$

10^5 Pa，用调速阀及管路复杂的系统 $\sum \Delta P$ 为 $(5 \sim 15) \times 10^5$ Pa，$\sum \Delta P$ 也可只考虑流经各控制阀的压力损失，而将管路系统的沿程损失忽略不计，各阀的额定压力损失可从液压元件手册或产品样本中查找，也可参照表 8-1-7 选取。

表 8-1-7　常用中、低压各类阀的压力损失（ΔP_n）

阀名	$\Delta P_n(\times 10^5\ \text{Pa})$	阀名	$\Delta P_n(\times 10^5\ \text{Pa})$	阀名	$\Delta P_n(\times 10^5\ \text{Pa})$	阀名	$\Delta P_n(\times 10^5\ \text{Pa})$
单向阀	$0.3 \sim 0.5$	背压阀	$3 \sim 8$	行程阀	$1.5 \sim 2$	转阀	$1.5 \sim 2$
换向阀	$1.5 \sim 3$	节流阀	$2 \sim 3$	顺序阀	$1.5 \sim 3$	调速阀	$3 \sim 5$

（2）确定液压泵的流量 Q_p。泵的流量 Q_p 根据执行元件动作循环所需最大流量 Q_{max} 和系统的泄漏确定。

① 多液压缸同时动作时，液压泵的流量要大于同时动作的几个液压缸（或马达）所需的最大流量，并应考虑系统的泄漏和液压泵磨损后容积效率的下降，即

$$Q_p \geqslant K \sum Q_{max} \quad \text{m}^3/\text{s} \tag{8-1-10}$$

式中 K 为系统泄漏系数，一般取 $1.1 \sim 1.3$，大流量取小值，小流量取大值；$\sum Q_{max}$ 为同时动作的液压缸（或马达）的最大总流量（m^3/s）。

② 采用差动液压缸回路时，液压泵所需流量为

$$Q_p \geqslant K(A_1 - A_2)V_{max} \quad \text{m}^3/\text{s} \tag{8-1-11}$$

式中 A_1、A_2 为分别为液压缸无杆腔与有杆腔的有效面积（m^2）；V_{max} 为活塞的最大移动速度（m/s）。

（3）选择液压泵的规格。根据上面所计算的最大压力 P_p 和流量 Q_p，查液压元件产品样本，选择与 P_p 和 Q_p 相当的液压泵的规格型号。

上面所计算的最大压力 P_p 是系统静态压力，系统工作过程中存在着过渡过程的动态压力，而动态压力往往比静态压力高得多，所以泵的额定压力 P_p 应比系统最高压力大 $25\% \sim 60\%$，使液压泵有一定的压力储备。若系统属于高压范围，则压力储备取小值；若系统属于中低压范围，则压力储备取大值。

（4）确定驱动液压泵的功率。

① 使用定量泵时，所需功率为

$$P_n = \frac{P_p Q_p}{\eta_p} \tag{8-1-12}$$

式中 P_p 为液压泵的最大工作压力（N/m^2）；Q_p 为液压泵的流量（m^3/s）；η_p 为液压泵的总效率，各种形式液压泵的总效率可参考表 8-1-8 估取，有不同工况时取大值作为选择电动机的依据。

表 8-1-8　液压泵的总效率

液压泵类型	齿轮泵	螺杆泵	叶片泵	柱塞泵
总效率	$0.6 \sim 0.7$	$0.65 \sim 0.80$	$0.60 \sim 0.75$	$0.80 \sim 0.85$

② 使用限压式变量泵时，可用限压式变量泵的压力—流量特性曲线的最大功率点（拐

点)估算,即

$$P_n \geqslant \frac{p_p Q_p}{\eta_p} \qquad (8-1-13)$$

式中,P_p 为限压式变量泵拐点压力(Pa);Q_p 为限压式变量泵拐点流量(m^3/s);η_p 为液压泵的总效率。

按上述功率和泵的转速,可以从产品样本中选取标准电动机,再进行验算,使电动机发出最大功率时,其超载量在允许范围内。

2. 阀类元件的选择

液压泵的规格确定后,参照液压系统原理图可以估算出各控制阀承受的最大工作压力和实际最大流量,查产品样本确定阀的型号规格。

选择阀类元件应注意的问题:

(1)应尽量选用标准定型产品,除非不得已时才自行设计专用件。

(2)阀类元件的规格主要根据流经该阀油液的最大压力和最大流量选取。选择溢流阀时,应按液压泵的最大流量选取;选择节流阀和调速阀时,应考虑其最小稳定流量满足机器低速性能的要求。

(3)一般选择控制阀的额定流量应比系统管路实际通过的流量大一些,必要时,允许通过阀的最大流量超过其额定流量的 20%。

3. 液压辅助元件的选择

液压系统中除了液压泵、液压阀、液压缸等主要元件外,还有很多辅助元件,如油管、接头、滤油器、压力表、油箱等。油管的规格尺寸常由与之连接的液压元件接口尺寸决定。必要时,验算器内径和壁厚,其他辅助元件的选择参见第五章内容。

8.1.7 液压系统性能验算

为了判断液压系统的设计质量,需要对系统的压力损失、发热温升、效率和系统的动态特性等进行验算。由于液压系统的验算较复杂,所以只能采用一些简化公式近似地验算某些性能指标,如果设计中有经过生产实践考验的同类型系统供参考或有较可靠的实验结果可以采用时,则可以不进行验算。

1. 回路压力损失验算

回路压力损失包括沿程压力损失、局部压力损失和所有控制阀的压力损失,这三项压力损失可按第二章中相应的计算公式来计算。但必须注意,不同的工作阶段要分开计算;回油路上的压力损失要折算到进油路上,在未画出管路装配图之前,有些压力损失仍只能估算。

2. 发热温升验算

系统发热来源于系统内部的能量损失,如液压泵和执行元件的功率损失、溢流阀的溢流损失、液压阀及管道的压力损失等。这些能量损失转换为热能,使油液温度升高。油液的温升使粘度下降,泄漏增加,同时,使油分子裂化或聚合,产生树脂状物质,堵塞液压元件小孔,影响系统正常工作,因此必须使系统中油温保持在允许范围内。

(1)系统发热功率 ΔP 的计算,可表示为

$$\Delta P = P_{\mathrm{p}}(1 - \eta) \tag{8-1-14}$$

或

$$\Delta P = P_{\mathrm{p}} - P_{\mathrm{e}} \tag{8-1-15}$$

式中，P_{p} 为液压泵的输入功率（W）；η 为液压系统的总效率；P_{e} 为液压执行元件的有效功率。

（2）系统的散热和温升系统的散热量。系统中产生的热量由各个散热面散发至空气中去，但绝大部分热量是经油箱散发的。油箱在单位时间内的散热功率可按式（8-1-16）计算

$$\Delta P_{\mathrm{o}} = KA\Delta t \tag{8-1-16}$$

式中 A 为油箱散热面积；Δt 为油液的温升；K 为散热系数（$\mathrm{W/m^2 \cdot ℃}$），通风条件很差时 $K=8\sim10$，通风条件良好时 $K=14\sim20$，风扇冷却时 $K=20\sim25$，用循环水冷却时 $K=110\sim175$。

当系统达到热平衡时，$\Delta P = \Delta P_{\mathrm{o}}$，则系统温升 Δt 为

$$\Delta t = \frac{\Delta P}{KA} \tag{8-1-17}$$

一般机械允许油液温升 25℃～30℃，数控机床油液温升应小于 25℃，工程机械等允许油液温升 35℃ ～40℃。若按式（8-1-17）算出油液温升超过允许值时，则系统必须采取适当的冷却措施。

3. 系统效率验算

液压系统的效率是由液压泵、执行元件和液压回路效率来确定的。

液压回路效率 η_{c} 一般可用下式计算：

$$\eta_{\mathrm{c}} = \frac{P_1 Q_1 + P_2 Q_2 + \cdots}{P_{\mathrm{p1}} Q_{\mathrm{p1}} + P_{\mathrm{p2}} Q_{\mathrm{p2}} + \cdots} \tag{8-1-18}$$

式中：P_1，Q_1；P_2，Q_2；$\cdots$为每个执行元件的工作压力和流量；P_{p1}，Q_{p1}；P_{p2}，Q_{p2}为每个液压泵的供油压力和流量。

液压系统总效率为

$$\eta = \eta_{\mathrm{p}} \eta_{\mathrm{c}} \eta_{\mathrm{m}} \tag{8-1-19}$$

式中 η_{p} 为液压泵总效率；η_{m} 为执行元件总效率；η_{c} 为回路效率。

8.1.8 绘制工作图和编写技术文件

液压系统设计的最后一项工作是绘制工作图和编写技术文件。

1. 绘制工作图

绘制工作图包括绘制液压系统原理图、液压系统装配图和各种非标准元件设计图。

1）液压系统原理图

液压系统原理图上应附有液压元件明细表，标明各液压元件的规格、型号和压力、流量的调整值，还应附有执行元件动作循环图和电磁铁的动作表。

2）液压系统装配图

液压系统装配图是液压系统的安装施工图，包括油箱装配图、液压泵装置图、集成油路装配图和管路安装图等。

3）非标准元件设计图

自行设计的非标准件，应绘出装配图和零件图。

2. 编写技术文件

编写技术文件一般包括液压系统设计计算说明书、液压系统工作原理说明书和操作使用及维护说明书、零部件明细表、专用件、通用件、标准件、外购件总表等。

8.2　液压系统设计计算举例

设计一卧式单面多轴钻孔组合机床动力滑台的液压系统，要求实现的动作顺序为：启动→加速→快进→减速→工进→快退→停止。液压系统的主要参数与性能要求如下：轴向切削力总和 $F_w = 20$ kN，运动部件的总重为 $G = 10$ kN；总行程长度为 $l_1 = 0.15$ m，其中工进长度为 $l = 0.05$ m，快进快退的速度均为 $v_快 = 5$ m/min，工进速度为 $v_工 = 0.1$ m/min，加速、减速时间 $\Delta t = 0.15$ s；静摩擦系数为 $f_s = 0.2$，动摩擦系数 $f_d = 0.1$。

1. 负载分析与速度分析

1）负载分析

在负载分析中，先不考虑回油腔的背压力。因工作部件是水平放置，重力的水平分力为零，故在运动过程中的力有：切削力、导轨摩擦力、惯性力。导轨的正压力等于动力部件的重力。

① 切削负载 $F_w = 20$ kN（已知）。

② 摩擦负载 F_f 分两类。

导轨的静摩擦力为

$$F_{fs} = f_s F_N = f_s G = 0.2 \times 10000 \text{ N} = 2000 \text{ N}$$

导轨的动摩擦力为

$$F_{fd} = f_d F_N = f_d G = 0.1 \times 10000 \text{ N} = 1000 \text{ N}$$

③ 惯性负载 F_a 可表示为

$$F_a = ma = \frac{G}{g} \cdot \frac{\Delta v}{\Delta t} = \frac{10\,000}{9.8} \times \frac{5}{60 \times 0.15} = 567 \text{ N}$$

设计中不考虑切削力引起的倾覆力矩的作用，并设液压缸的机械效率 $\eta = 0.95$，则液压缸在各工作阶段的负载值 F 如表 8-2-1 所示。

表 8-2-1　液压缸在各工作阶段的负载值 F(N)

运动阶段	计算公式	负载值	推力 $F' = F/\eta_m$(N)
起动	$F = F_{fs}$	2000	2105
加速	$F = F_{fd} + F_m$	1567	1649
快进	$F = F_{fd}$	1000	1053
工进	$F = F_d + F_t$	21000	22105
快退	$F = F_{fd}$	1000	1053

2）绘制负载图和速度图

根据计算出的各阶段的负载和已知的各阶段的速度，可绘制出负载图（$F-l$）和速度图（$v-l$），见图 8-2-1（a）和（b），横坐标以上为液压缸活塞前进时的曲线，以下为液压缸活塞退回时的曲线。

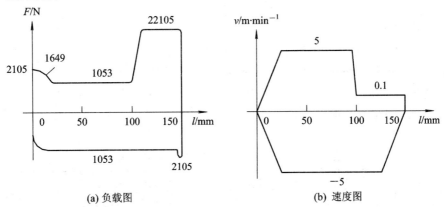

(a) 负载图　　　　　　　　　　　(b) 速度图

图 8-2-1　液压缸负载图和速度图

2. 确定液压缸主要参数

1）初定液压缸的工作压力

根据切削力计算液压缸的工作面积 A。参考同类型组合机床，查表初定液压缸的工作压力为 4 MPa。

2）确定液压缸的主要结构尺寸

本设计中动力滑台的快进、快退速度相等，可选用单出杆活塞缸，快进时采用差动连接，在这种情况下可算得液压缸无杆腔的工作面积 A_1 应为有杆腔工作面积 A_2 的两倍，即 $A_1 = 2A_2$，即活塞杆直径 d 与缸筒内径 D 成 $d = 0.707D$ 的关系。为了防止在钻孔钻通时滑台突然前冲，查表可取背压 $P_2 = 0.6$ MPa。

由表 8-2-1 可知最大负载为工进阶段 $F = 22105$ N，由工进时的负载计算液压缸面积为

$$A_2 = \frac{F}{2P_1 - P_2} = \frac{22105}{2 \times 40 \times 10^5 - 6 \times 10^5} \text{ m}^2 = 29.87 \times 10^{-4} \text{ m}^2 = 29.87 \text{ cm}^2$$

$$A_1 = 2A_2 = 59.74 \text{ cm}^2$$

缸筒内径为

$$D = \sqrt{\frac{4A_1}{\pi}} = \sqrt{\frac{4 \times 59.74}{\pi}} = 8.72 \text{ cm}, \quad d = 0.707D = 6.17 \text{ cm}$$

这些直径按 GB/T 2348—2001 圆整就近取标准值，以便采用标准的密封装置。圆整后得

$$D = 9 \text{ cm}, \quad d = 6 \text{ cm}$$

按标准直径可算出液压缸两腔的实际有效面积为

$$A_1 = \frac{\pi D^2}{4} = \frac{\pi \times 9^2}{4} \text{ cm}^2 = 63.6 \text{ cm}^2$$

$$A_2 = \frac{\pi(D^2 - d^2)}{4} = \frac{\pi \times (9^2 - 6^2)}{4} \text{ cm}^2 = 35.3 \text{ cm}^2$$

按最低工进速度验算液压缸尺寸，假如进油腔用调速阀调速，则查产品的样本，调速阀最小稳定流量 $q_{min}=50\ cm^3/min$，因工进速度 $v=0.1\ m/min$ 为最小速度，故

$$A \geqslant \frac{q_{min}}{v_{min}} = \frac{0.05 \times 10^3}{10}\ cm^2 = 5\ cm^2$$

本例中 $A_1=63.6\ cm^2 > 5\ cm^2$，满足最低速度要求。

3）绘制工况图

根据液压缸的负载图和速度图以及液压缸的有效工作面积，可以得出液压缸工作过程各阶段的压力、流量和功率，如表 8-2-2 所示，并可以画出工况图，如图 8-2-2 所示。在计算工进时背压 $P_2=0.6$ MPa，快进时液压缸工作差动连接，管路中有压力损失，有杆腔的压力应大于无杆腔，但差值较小，取 $\Delta P=0.3$ MPa 考虑，快退时回油路有背压，也可取 $\Delta P=0.6$ MPa。

表 8-2-2　液压缸在不同阶段的工况图

工况		负载	回油腔压力 P_2 MPa	进油腔压力 P_1(MPa)	输入流量 $q/\text{L·min}^{-1}$	输入功率 P/kW	计算公式
快进（差动）	启动	2015	0	0.712	—	—	$q=(A_1-A_2)v_1$ $P=p_1q$
	加速	1649	$p_2=p_1+\Delta p$ $(\Delta p=0.3\text{ MPa})$	0.957	—	—	
	匀速	1053		0.746	14.15	0.176	
工进		22105	0.6	3.8	0.636	0.04	$p_1=(F'+p_2A_2)/A_1$ $q=A_1v_2$ $P=p_1q$
快退	启动	2015	0	0.57	—	—	$p_1=(F'+p_2A_1)/A_2$ $q=A_2v_3$ $P=p_1q$
	加速	1649	0.6	1.55	—	—	
	匀速	1053		1.38	17.65	0.406	

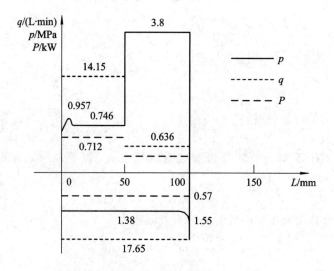

图 8-2-2　组合机床液压缸工况图

3. 液压系统方案的设计

由于系统的功率较小，运动部件速度也较低，工作负载变化不大，因此应采用调速阀的进口节流调速回路。由于液压系统采用了调速阀调速方式，所以系统的液压油循环是开式的。

从图 8-2-2 的工况图可以看出，快进、快退和工进的流量相差较大，要求交替地供应低压大流量和高压小流量的液压油，而且快进、工进的速度变化较大，所以宜采用双泵供油和差动连接两种快进运动回路来实现，即快进时，由大小泵同时供油，液压缸实现差动连接。本例采用二位二通电磁阀来控制由快进转为工进，采用外控顺序阀与单向阀来切断差动油路，所以速度换接回路是行程和压力联合控制的，换向阀须选用三位五通电磁换向阀，为提高换向的位置精度，采用死挡铁和压力继电器的行程终点返程控制。最后组成如图 8-2-3 的液压系统原理图。

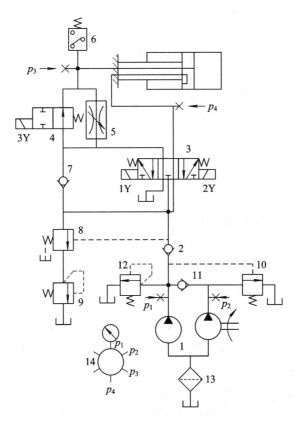

图 8-2-3　组合机床动力滑台液压系统原理图

4. 选择液压元件

1）液压泵及驱动电机的选择

由表 8-2-2 可知，工进阶段液压缸工作压力最大，取进油路总压力损失为 0.8 MPa，为了使压力继电器能可靠地工作，取其调速压力高出系统最高工作压力 0.5 MPa，则小流量液压泵的最大工作压力应为

$$p_{\mathrm{p1}} = 3.8 + 0.8 + 0.5 = 5.1 \ \mathrm{MPa}$$

大流量液压泵在快进、快退运动时才向液压缸输油，由表 8-2-2 可知，快退时液压

缸的工作压力比快进时大，如取进油路上的压力损失为 0.5 MPa，则大流量液压泵的最高工作压力为

$$p_{p2} = 1.38 + 0.5 = 1.88 \text{ MPa}$$

由表 8-2-2 可知，两个液压泵向液压缸提供的最大流量为 17.65 L/min，因系统较简单，故取泄漏系数为 1.05，则两个液压泵的实际流量为

$$Q_p = 1.05 \times 17.65 = 18.53 \text{ L/min}$$

由表 8-2-2 可知，工进时所需的流量最小是 0.636 L/min，设溢流阀的最小溢流量为 3 L/min，则小流量泵的流量规格最小应为 $Q_{p1} = (1.1 \times 0.636 + 3)$ L/min，所以大流量泵的流量为

$$Q_{p2} = Q_p - Q_{p1} = (18.53 - 3.7) = 14.83 \text{ L/min}$$

根据上面计算的压力和流量，查产品样本，选用 YYB-AA9/6B 型的双联叶片泵，该泵的额定压力 7 MPa，最低转速 800 r/min，最高转速 2000 r/min，小泵功率 1.08 kW，排量 6 ml/r，流量 4.8 l/min，大泵功率 1.35 kW，排量 9 ml/r，流量 18 L/min。

因为液压泵在快退阶段功率最大，所以取液压缸进油路上的压力损失为 0.5 MPa，则液压泵输出压力为 $P_p = (1.38 + 0.5)$ MPa $= 1.88$ MPa，取液压泵的总效率为 $\eta = 0.75$，则液压泵驱动电机所需的功率为

$$P_{电} = \frac{P_p Q_p}{\eta} = \frac{1.88 \times 46.7}{0.75} = 1.95 \text{ kW}$$

由此数值查阅电动机产品样本选取 Y90L-2 型电动机，其功率为 2.2 kW，转速为 1000 r/min。

2）油管选择

各液压阀间连接管道的规格由液压阀连接油口处的尺寸决定，液压缸进、出油管则按输入、输出的最大流量来计算。本例中系统液压缸差动连接时，油管内通油量最大，实际流量为泵的额定流量的 2 倍达 22.8×2 L/min，则液压缸进、出油管直径 d 按产品样本，选用内径为 20，外径为 25 的 10 号冷拔钢管。

3）液压阀的选择

根据液压阀在系统中的最高工作压力和通过该阀的最大流量，可选出这些元件的型号及规格。所有阀的额定压力都为 6.3 MPa，额定流量根据各阀通过的流量，确定为 10 L/min、25 L/min、63 L/min。

选出元件的型号及规格见表 8-2-3 所示。

表 8-2-3　元件的型号及规格

序号	元件名称	通过最大实际流量(L/min)	型号
1	双联叶片泵	22.8	YYB-AA9/6B
2	单向阀	22.8	I-25B
3	三位五通电磁阀	45.6	35D₁-63BY
4	二位二通电磁阀	45.6	22D₁-63BH
5	调速阀	0.04	Q-10B
6	压力继电器		DP₁-63B

续表

序号	元件名称	通过最大实际流量（L/min）	型　号
7	单向阀	45.6	I－63B
8	液控顺序阀	0.02	XY－25B
9	背压阀	0.02	B－10B
10	液控顺序阀（卸荷）	22.8	XY－25B
11	单向阀	22.8	I－25B
12	溢流阀	4.8	Y－10B
13	过滤器	22.8	XU－B32×100
14	压力表开关		K－6B

5. 验算液压系统性能

1）压力损失计算

因为系统的具体布局尚未最后确定，管路长短等无法估算，所以整个回路的压力损失还无法计算，只能对某些具体的阀类元件进行估算，这里略去压力损失的具体计算。

2）系统发热和温升计算

在本例中，把加速、减速的时间算到快进、快退时间之中去，可以得到

快进、快退时间：

$$t_1 = \frac{0.1 + 0.15}{5/60} = 3 \text{ s}$$

工进时间：

$$t_2 = \frac{0.05}{0.1/60} = 30 \text{ s}$$

工进时间占其循环周期时间的比例为 $\frac{30}{30+3} = 91\%$。

从计算可知在整个工作循环中，工进阶段所占用的时间最长，所以系统的发热主要是工进阶段造成的，以按工进工况验算系统温升。

在工进时液压泵的输入功率计算：（取工进时小泵的出口压力为 $P_{p1} = 5.1$ MPa，大泵的卸荷压力为 $P_{p2} = 0.2$ MPa，小泵的总效率 $\eta_1 = 0.6$，大泵的总效率 $\eta_2 = 0.3$。）

$$P_p = \frac{P_{p1} Q_{p1}}{\eta_1} + \frac{P_{p2} Q_{p2}}{\eta_2}$$

$$= \frac{5.1 \times 10^6 \times 4.8/60 \times 10^{-3}}{0.6} + \frac{2 \times 10^5 \times 18/60 \times 10^{-3}}{0.3} \text{ W}$$

$$= 880 \text{ W}$$

工进时液压缸的输出功率为

$$P_e = FV = \left(22105 \times \frac{0.05}{60}\right) \text{ W} = 18.4 \text{ W}$$

系统总的发热功率 ΔP 为

$$\Delta P = P_p - P_e = (880 - 18.4) \text{ W} = 861.6 \text{ W}$$

设选取油箱容积为 $V = 150$ L，则通过查有关手册得出油箱近似散热面积 A 为

$$A = 0.065 \sqrt[3]{V^2} = 0.065 \sqrt[3]{160^2} \, \mathrm{m^2} = 1.92 \, \mathrm{m^2}$$

假设通风良好,取油箱散热系数 $K = 15 \times 10^{-3} \, \mathrm{KW/(m^2 \cdot K)}$,则利用查到的公式可得油箱温升为

$$\Delta T = \frac{\Delta P}{KA} = \frac{861.6 \times 10^{-3}}{15 \times 10^{-3} \times 1.92} \approx 29.9 \, ℃$$

设环境温度 $T_2 = 25 \, ℃$,则热平衡温度为

$$T_1 = T_2 + \Delta T = 25 \, ℃ + 29.9 \, ℃ = 55.9 \leqslant [T_1] = 55 \, ℃$$

所以油箱散热基本可达到要求。

当计算温度升值超过允许数值时,系统应设置冷却装置。

6. 绘制工作图和编写技术文件

液压系统设计的最后一项工作是绘制工作图和编写技术文件。工作图的绘制必须在仔细查阅产品样本、手册和资料,选定元件的结构和配置型式的基础上,才能布局绘图。系统工作图包括液压系统图、各种装配图和各种非标准液压元件装配图及零件图等。

液压系统图由上述液压系统原理图经补充、完善而成。图中要有明细表,注明液压元件的型号、规格、数量、生产厂家等,并要注明系统的技术条件、液压执行元件的动作循环图、电磁铁、压力继电器及电气开关的动作顺序表等等。液压系统图必须采用国家标准规定的图形符号(见附录)绘制。

各种装配图是系统正式施工、安装的图样,包括非通用液压泵站装配图、阀块装配图、管路布置图及电气控制系统图等。其中管路布置图要注明各液压元件的部位和固定方式、各种管件的型号和规格等。

技术文件一般包括设计计算书、使用说明书、零部件目录表、标准件、通用件和外购件的总表及调试大纲等。

本例的工作图和技术文件作为习题由读者自行完成,这里从略。

思考题与习题

8-1 设计液压系统一般经过哪些步骤?要进行哪些方面的计算。

8-2 简述 YT4543 型动力滑台液压系统特点。

8-3 如何拟定液压系统原理图?

8-4 设计一台小型液压压力机的液压系统,要求实现"快速空程下行→慢速加压→保压快速回程→停止"的工作循环,快速往返速度为 3 m/min,加压速度为 40~250 mm/min,压制力为 200 000 N,运动部件总重量为 20 000 N。

8-5 某立式组合机床采用的液压滑台快进、快退速度为 6 m/min,工进速度为 80 mm/min,快速行程为 100 mm,工作行程为 50 mm,启动、制动时间为 0.05 s。滑台对导轨的法向力为 1500 N,摩擦系数为 0.1,运动部分质量为 500 kg,切削负载为 30 000 N。试对液压系统进行负载分析。

8-6 一台专用铣床,铣头驱动电机功率为 7.5 kW,铣刀直径为 120 mm,转速为 350 r/min。工作行程为 400 mm,快进、快退速度为 6 m/min,工进速度为 60~1000 m/min,加、减速时间为 0.05 s。工作台水平放置,导轨摩擦系数为 0.1,运动部件总重量为 4000 N。试设计该机床的液压系统。

第 9 章　液压伺服系统

液压伺服系统是一种以液压为动力的自动控制系统(又称随动系统或跟踪系统)，是根据液压原理由液压控制和执行结构所组成的系统，在这种系统中，执行元件能以一定的精度自动地按照输入信号的变化规律而运动。

液压伺服系统除了具有液压传动的各种优点外，还具有体积小、反应快、系统刚度大和控制精度高等优点，因此广泛应用于机床、重型机械、起重机械、汽车、飞机、船舶和军事装备等方面。

9.1　液压伺服系统概述

9.1.1　液压伺服系统的工作原理

图 9-1-1 是一个简单液压伺服系统的原理图。该系统的主要组成元件是滑阀 1 和液压缸 2，阀体与缸体固连。液压泵以恒定的压力 P_s 向系统供油。当阀芯处于中间位置时，阀口关闭，阀没有流量输出，液压缸不动，系统处于静止状态。若阀芯向右移动一段距离 x，则 a、b 处便有一个相应的开口 $x_v = x$，压力油经油口 b 进入液压缸右腔，推动缸体右移，液压缸左腔的油液经油口 a 流回油箱。由于缸体与阀体钢性固连，因此阀体也跟随

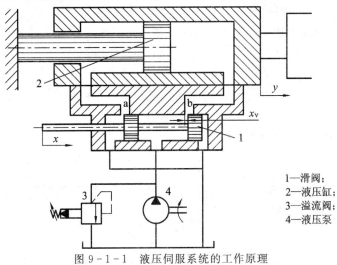

1—滑阀；
2—液压缸；
3—溢流阀；
4—液压泵

图 9-1-1　液压伺服系统的工作原理

缸体一起右移，其结果使阀的开口量 x_v 减小。当缸体位移 y 等于阀芯位移 x 时，阀的开口量 $x_v=0$，阀的输出量就等于零，液压缸便停止运动，处于一个新的平衡位置上。如果阀芯不断地向右移动，则液压缸就拖动负载不停地向右移动。如果阀芯反向运动，则液压缸也反向跟随运动。

9.1.2 液压伺服系统的特点

在伺服系统中，一般称控制元件（控制滑阀等）为控制环节或输入环节，加给控制元件的信号称输入信号，输入信号的大小称为输入量，用 x 表示。执行元件（液压缸等）称为执行环节或输出环节，执行元件的位移变化量（液压缸的位移量）称为输出量，用 y 表示。

通过对简单液压伺服系统的工作情况分析，可以看出液压伺服系统有以下几个特点：

1. 跟踪

系统的输出量能够自动地、快速而准确地复现输入量的变化规律。

2. 放大

移动阀芯所需的力很小，只需要几牛顿到几十牛顿，但液压缸输出的力却很大，可达数千到数万牛顿。功率放大所需要的能量是由液压能源供给的。

3. 反馈

把输出量的一部分或全部按一定方式回送到输入端，和输入信号进行比较，这就是反馈。回送的信号称为反馈信号。若反馈信号不断地抵消输入信号的作用，则称为负反馈。负反馈是自动控制系统具有的主要特征。图9-1-1中的负反馈是通过阀体和缸体的刚性连接来实现的，液压缸的输出位移 y 连续不断地回送到阀体上，与阀芯的输入位移 x 相比较，其结果使阀的开口减小。此例的反馈是一种机械反馈。反馈还可以是电气的、气动的、液压的或是它们的组合形式。

4. 偏差

输入信号与反馈信号的差值称为偏差。图9-1-1中的偏差就是滑阀的开口量 x_v，$x_v=x-y$。只要有 x_v 存在，液压缸就运动，直至缸体的输出位移与阀芯的输入位移一致为止。此时，$y=x$，$x_v=0$。

综上所述，液压伺服控制的基本原理是：利用反馈信号与输入信号相比较得出偏差信号，该偏差信号控制液压能源输入到系统的能量，使系统向着减小偏差的方向变化，直至偏差等于零或足够小，从而使系统的实际输出与希望值相符。

液压伺服系统的工作原理可以用方块图来表示，如图9-1-2所示。因为系统有反馈，方块图自行封闭，形成闭环，所以液压伺服系统是一种闭环控制系统，从而能够实现高精度控制。

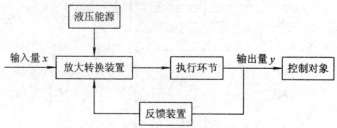

图9-1-2 液压伺服系统的工作原理方块图

9.1.3　液压伺服系统的基本类型

液压伺服系统可以从不同的角度加以分类。

（1）按输出的物理量分类，有位置伺服系统、速度伺服系统、力（或压力）伺服系统等。

（2）按控制信号分类，有机液伺服系统、电液伺服系统、气液伺服系统。

（3）按控制元件分类，有阀控系统和泵控系统两大类。在机械设备中以阀控系统应用较多，故本节重点介绍阀控系统。

伺服控制元件是液压伺服系统中最重要、最基本的组成部分，它起着信号转换、功率放大及反馈等控制作用。常见的液压伺服控制元件有滑阀、喷嘴挡板阀和射流管阀等，下面简要介绍它们的结构原理及特点。

1）滑阀

根据滑阀控制边数（起控制作用的阀口数）的不同，有单边控制式、双边控制式和四边控制式三种类型的滑阀。

如图 9-1-3 所示为单边滑阀的工作原理。滑阀控制边的开口量 X_s 控制着液压缸右腔的压力和流量，从而控制液压缸运动的速度和方向。来自泵的压力油进入单杆液压缸的有杆腔，通过活塞上小孔 a 进入无杆腔，压力由 p_s 降为 p_1，再通过滑阀唯一的节流边流回油箱。在液压缸不受外负载作用的条件下，$p_1 A_1 = p_s A_2$。当阀芯根据输入信号往左移动时，开口量 X_s 增大，无杆腔压力 p_1 减小，于是 $p_1 A_1 < p_s A_2$，缸体向左移动。因为缸体和阀体刚性连接成一个整体，故阀体左移又使 X_s 减小（负反馈），直至平衡。

如图 9-1-4 所示为双边滑阀的工作原理。压力油一路直接进入液压缸有杆腔，另一路经滑阀左控制边的开口 X_{s1} 和液压缸无杆腔相通，并经滑阀右控制边 X_{s2} 流回油箱。当滑阀向左移动时，X_{s1} 减小，X_{s2} 增大，液压缸无杆腔压力 p_1 减小，两腔受力不平衡，缸体向左移动。反之缸体向右移动。双边滑阀比单边滑阀的调节灵敏度高，工作精度高。

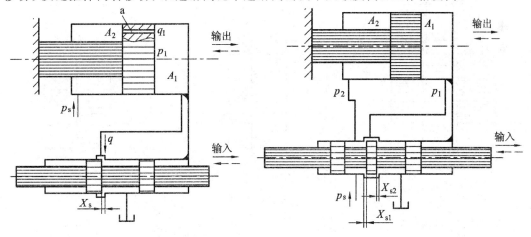

图 9-1-3　单边滑阀的工作原理　　　　　图 9-1-4　双边滑阀的工作原理

如图 9-1-5 所示为四边滑阀的工作原理。滑阀有四个控制边，开口 X_{s1}、X_{s2} 分别控制进入液压缸两腔的压力油，开口 X_{s3}、X_{s4} 分别控制液压缸两腔的回油。当滑阀向左移动时，液压缸左腔的进油口 X_{s1} 减小，回油口 X_{s3} 增大，使 p_1 迅速减小；与此同时，液压缸右腔的进油口 X_{s2} 增大，回油口 X_{s4} 减小，使 p_2 迅速增大，这样就使活塞迅速左移。与双边滑阀相比，四边滑阀能同时控制液压缸两腔的压力和流量，故调节灵敏度更高，工作精度也更高。

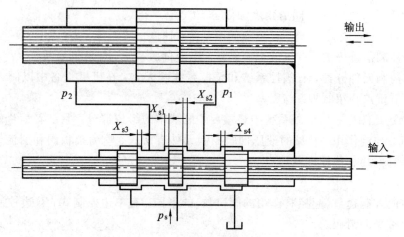

图 9-1-5　四边滑阀的工作原理

　　由上可知，单边、双边和四边滑阀的控制作用是相同的，均能起到换向和节流作用。控制边数越多，控制质量越好，但其结构工艺性也越差。在通常情况下，四边滑阀多用于精度要求较高的系统；单边、双边滑阀用于一般精度系统。滑阀式伺服阀装配精度要求较高，价格较贵，对液压油的污染也较敏感。

　　滑阀在初始平衡的状态下，阀的开口有负开口（$X_s < 0$）、零开口（$X_s = 0$）和正开口（$X_s > 0$）三种形式，如图 9-1-6 所示。具有零开口的滑阀，其工作精度最高；负开口有较大的不灵敏区，较少采用；具有正开口的滑阀，工作精度较负开口高，但功率损耗大，稳定性也较差。

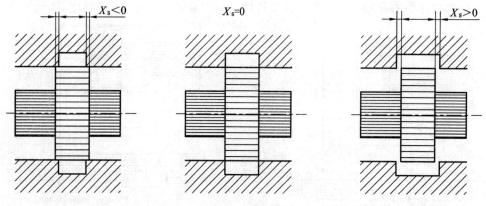

图 9-1-6　滑阀阀口的几种类型

　　2）喷嘴挡板阀

　　喷嘴挡板阀有单喷嘴式和双喷嘴式两种，两者的工作原理基本相同。如图 9-1-7 所示为双喷嘴挡板阀的工作原理，它主要由挡板 1、喷嘴 2 和 3、固定节流小孔 4 和 5 等元件组成。挡板和两个喷嘴之间形成两个可变截面的节流缝隙 δ_1 和 δ_2。当挡板处于中间位置时，两缝隙所形成的节流阻力相等，两喷嘴腔内的油液压力则相等，即 $p_1 = p_2$，液压缸不动。压力油经孔道 4 和 5、缝隙 δ_1 和 δ_2 流回油箱。当输入信号使挡板向左偏摆时，可变缝隙

δ_1关小，δ_2开大，p_1上升，p_2下降，液压缸缸体向左移动。因负反馈作用，当喷嘴跟随缸体移动到挡板两边对称位置时，液压缸停止运动。

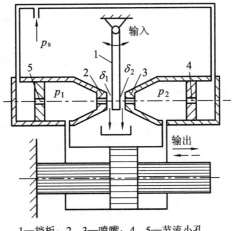

1—挡板；2，3—喷嘴；4，5—节流小孔

图 9-1-7　喷嘴挡板阀的工作原理

　　喷嘴挡板阀的优点是结构简单、加工方便、运动部件惯性小、反应快、精度和灵敏度高；缺点是无功损耗大，抗污染能力较差。喷嘴挡板阀常用作多级放大伺服控制元件中的前置级。

　　3）射流管阀

　　如图 9-1-8 所示为射流管阀的工作原理。射流管阀由射流管 1 和接收板 2 组成。射流管可绕 O 轴左右摆动一个较小的角度，接收板上有两个并列的油孔 a、b，分别与液压缸两腔相通。压力油从管道进入射流管后从锥形喷嘴射出，经油孔 a、b 进入液压缸两腔。当喷嘴处于两油孔的中间位置时，液压缸左右两腔内油液的压力相等，这时缸不动。当输入信号使射流管绕 O 轴向左摆动一小角度时，进入孔 b 的油液压力就比进入孔 a 的油液压力大，这时液压缸向左移动。由于接收板和缸体连接在一起，接收板也向左移动，形成负反馈，喷嘴恢复到中间位置，液压缸停止运动。同理，当输入信号使射流管绕 O 轴向右摆动一小角度时，进入孔 a 的油液压力大于孔 b 的油液压力，液压缸向右移动，在反馈信号的作用下，喷嘴逐渐恢复到中间位置，缸停止。

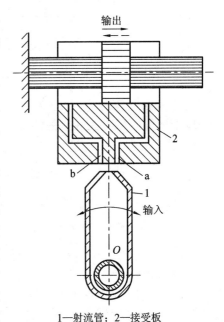

1—射流管；2—接受板

图 9-1-8　射流管阀的工作原理

　　射流管阀的优点是结构简单、动作灵敏、工作可靠。它的缺点是射流管运动部件惯性较大，工作性能较差；射流能量损耗大，效率较低；供油压力过高时易引起振动，因此，这种控制阀多用于低压小功率场合。

9.2　液压伺服系统的应用

本节介绍机械手伸缩运动伺服系统和液压仿形刀架两个实例。前者属于电液伺服系统，后者属于机液伺服系统。

9.2.1　机械手伸缩运动伺服系统

一般机械手应包括四个伺服系统，它们分别控制机械手的伸缩、回转、升降和手腕的动作。由于每一个液压伺服系统的原理均相同，所以现仅以伸缩伺服系统为例，介绍它的工作原理。

如图 9-2-1 所示是机械手手臂伸缩电液伺服系统原理图。它主要由电液伺服阀 1、液压缸 2、活塞杆带动的机械手手臂 3、齿轮齿条机构 4、电位器 5、步进电机 6 和放大器 7 等元件组成。当电位器的触头处在中位时，触头上没有电压输出。当它偏离这个位置时，就会输出相应的电压。电位器触头产生的微弱电压，需经放大器放大后才能对电液伺服阀进行控制。电位器触头由步进电机带动旋转，步进电机的角位移和角速度由数控装置发出的脉冲数和脉冲频率控制。齿条固定在机械手手臂上，电位器固定在齿轮上，所以当手臂带动齿轮转动时，电位器同齿轮一起转动，形成负反馈。

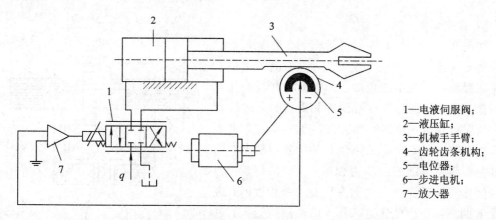

1—电液伺服阀；
2—液压缸；
3—机械手手臂；
4—齿轮齿条机构；
5—电位器；
6—步进电机；
7—放大器

图 9-2-1　机械手手臂伸缩电液伺服系统原理图

机械手伸缩系统的工作原理如下：由数控装置发出的一定数量的脉冲，使步进电动机带动电位器 5 的动触头转过一定的角度 θ_i（假定为顺时针转动），这时动触头偏离电位器中位，产生微弱电压 u_1，经放大器 7 放大成 u_2 后输入电液伺服阀 1 的控制线圈，使伺服阀产生一定的开口量。这时压力油以流量 q 流经阀的开口进入液压缸的左腔，推动活塞连同机械手手臂一起向右移动，行程为 x_v；液压缸右腔的回油经伺服阀流回油箱。由于电位器的齿轮和机械手手臂上齿条相啮合，手臂向右移动时，电位器跟着作顺时针方向转动。当电位器的中位和触头重合时，动触头输出电压为零，电液伺服阀失去信号，阀口关闭，手臂停止移动。手臂移动的行程取决于脉冲数量，速度取决于脉冲频率。当数控装置发出反向脉冲时，步进电机逆时针方向转动，手臂缩回。

如图 9-2-2 所示为机械手手臂伸缩运动电液伺服系统方块图。

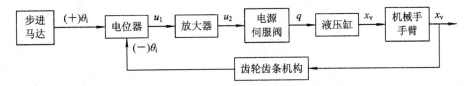

图 9-2-2　机械手手臂伸缩运动电液伺服系统方块图

9.2.2　车床的液压仿形刀架

图 9-2-3 所示为卧式车床液压仿形刀架工作原理图。仿形刀架是由位置控制机构（液压伺服系统）驱动，按照样件（靠模）的轮廓形状，对工件进行仿形车削加工的装置。用这种方法对工件进行加工时，可先用普通方法加工出一个样件来，然后用这个样件就可以复制出一批零件。

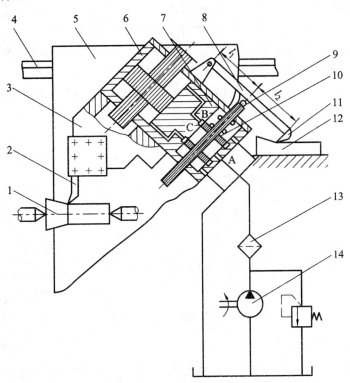

1—工件；2—车刀；3—刀架；4—导轨；5—溜板；6—缸体；7—阀体；8—杠杆；
9—阀杆；10—阀芯；11—触销；12—样件；13—滤油器；14—液压泵

图 9-2-3　卧式车床液压仿形刀架的工作原理

仿形刀架装在车床溜板后部，可以保留车床原来的方刀架，不影响原有的性能；样件安装在床身侧面的支架上固定不动。仿形刀架随溜板一起做纵向移动，并按照样件的轮廓形状车削工件；液压泵站则放在车床附近的地面上，与仿形刀架以软管相连。

液压缸的活塞杆固定在仿形刀架的底座上，缸体 6、杠杆 8、阀体 7 是和刀架 3 连在一起的，在导轨上沿液压缸轴向移动。伺服阀芯 10 在弹簧的作用下通过阀杆 9 将杠杆 8 上的触销 11 压在样件 12 上。由液压泵 14 来的油经滤油器 13 通入伺服阀的 A 口，并根据阀芯所在位置经 B 或 C 通入液压缸的上腔或下腔，使刀架 3 和车刀 2 退离或切入工件 1。

工作时，当杠杆上的触销还没有碰到样件时，伺服阀阀芯在弹簧作用下处于最下端的位置处，液压泵 14 输入的油液通过伺服阀上的 C 口进入液压缸的下腔，液压缸上腔的油液则经伺服阀上的 B 口流回油箱，仿形刀架快速向左下方移动，接近工件。当杠杆的触销与样件接触时，触销不再移动，刀架继续向前运动，使杠杆绕触销尖摆动，阀杆和阀芯便在阀体中相对地后退，直到 A 和 C 间的通路被切断、液压缸下腔不再进入压力油、刀架不再前进时为止。这样就完成了刀架的快速趋近运动。

车削圆柱面时，溜板沿床身导轨 4 纵向移动。杠杆触销在样件上方水平段内滑动，滑阀阀口不打开，刀架只能跟随溜板一起纵向移动，车刀在工件 1 上车出圆柱面。

车削圆锥面时，触销沿样件斜线滑动，使杠杆向上方偏摆，从而带动阀芯上移，打开阀口，压力油进入液压缸上腔，推动缸体连同阀体和刀架沿轴向后退。阀体后退又逐渐使阀口关小，直至关闭为止。在溜板不断地做纵向运动的同时，触销在样件上不断抬起，刀也就不断地后退运动，此二运动的合成就使刀具在工件上车出圆锥面。

其他曲面形状或凸肩也都是这样合成切削的结果，为了适应车削直角台肩，仿形刀架液压缸轴线一般与主轴中心线安装成 $45°\sim60°$ 的斜角，如图 9-2-4 所示。图中，v_1、v_2 和 v 分别表示溜板带动刀架的纵向运动速度、刀具沿液压缸轴向的运动速度和刀具的实际合成速度。

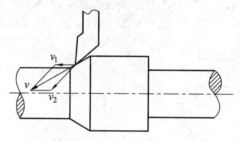

图 9-2-4　进给运动合成示意图

9.3　电液伺服阀

电液伺服阀既是电液转换元件，也是功率放大元件，它能将小功率的电信号转换为大功率的液压信号。电液伺服阀具有体积小、结构紧凑、放大倍数大、控制精度高等优点，在电液伺服系统中的得到广泛应用。

如图 9-3-1 所示是一种典型的电液伺服阀结构原理图。它由电磁和液压两部分组成。电磁部分是一个力矩马达，液压部分是一个两级液压放大器。液压放大器的第一级是双喷嘴挡板阀，称前置放大级；第二级是零开口四边滑阀，称功率放大级。

1. 力矩马达

力矩马达主要由一对永久磁铁 1、导磁体 2 和 4、衔铁 3、线圈 5 和内部悬置挡板 7 和弹簧管 6 等组成，如图 9-3-1 所示。永久磁铁把上下两块导磁体磁化成 N 极和 S 极，形成一个固定磁场。衔铁和挡板连在一起，由固定在阀坐上的弹簧管支撑，使之位于上下导磁铁中间。挡板下端为一球头，嵌放在滑阀的中间凹槽内。

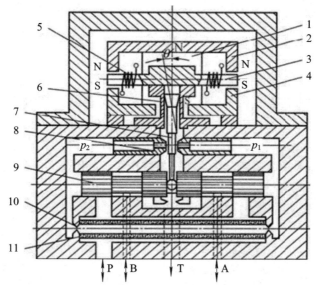

1—永久磁铁；2，4—导磁体；3—衔铁；5—线圈；6—弹簧管；
7—内部悬置挡板；8—喷嘴；9—滑阀；10—固定节流孔；11—滤油器

图 9-3-1　电液伺服阀的结构原理图

当线圈无电流通过时，力矩马达无力矩输出，挡板处于两喷嘴中间位置。当输入信号电流通过线圈时，衔铁 3 被磁化，如果通入的电流使衔铁左端为 N 极，右端为 S 极，则根据同性相斥、异性相吸的原理，衔铁向逆时针方向偏转。于是弹簧管弯曲变形，产生相应的反力矩，致使衔铁转过 θ 角便停止下来。电流越大，θ 角就越大，两者成正比关系，这样力矩马达就把输入的电信号转换为力矩输出。

2. 液压放大器

力矩马达产生的力矩很小，无法操纵滑阀的启闭以产生足够的液压功率，所以要在液压放大器中进行两级放大，即前置放大和功率放大。

前置放大级是一个双喷嘴挡板阀，它主要由挡板 7、喷嘴 8、固定节流孔 10 和滤油器 11 组成。压力油经滤油器和两个固定节流孔流到滑阀左、右两端油腔及两个喷嘴腔，由喷嘴喷出，经滑阀 9 的中部油腔流回油箱。当力矩马达无输出信号时，挡板不动，左右两腔压力相等，滑阀 9 也不动。若力矩马达有信号输出，即挡板偏转，使两喷嘴与挡板之间的间隙不等，造成滑阀两端的压力不等，便推动阀芯移动。

功率放大级主要由滑阀 9 和挡板下部的反馈弹簧片组成。当前置放大级有压差信号输出时，滑阀阀芯移动，传递动力的液压主油路即被接通（见图 9-3-1 下方油口的通油情况）。因为滑阀位移后的开度是正比于力矩马达输入电流的，所以阀的输出流量也和输入电流成正比。输入电流反向时，输出流量也反向。滑阀移动的同时，挡板下端的小球亦随之移动，使挡板弹簧片产生弹性反力，阻止滑阀继续移动；另一方面，挡板变形又使它在两喷嘴间的位移量减小，从而实现了反馈。当滑阀上的液压作用力和挡板弹性反力平衡时，滑阀便保持在这一开度上不再移动。因为这一最终位置是由挡板弹性反力的反馈作用而达到平衡的，所以它属于力反馈式电液伺服阀。

📖 思考题与习题

9-1 何谓液压伺服系统？

9-2 为什么液压仿形刀架在安装时要与车床轴心倾斜一个角度？

9-3 液压伺服系统有哪些基本类型？

9-4 滑阀式伺服阀在初始平衡状态下有几种开口形式？各有何特点？

9-5 试分析比较单边、双边和四边三种滑阀各有什么特点？它们应用在什么场合较合适？

9-6 电液伺服阀是由几部分组成的？其结构原理是什么？什么叫力反馈？力反馈是通过什么元件如何实现的？

第 10 章　气压传动基础

10.1　气压传动概述

气压传动，是以压缩空气为工作介质进行能量传递和信号传递的一门技术，包括传动技术和控制技术两方面的内容。本章主要介绍传动技术。由于气压传动具有防火、防爆、节能、高效、无污染等优点，因此在生产应用中应用较普遍。

气压传动像液压传动一样，都是利用流体作为工作介质而传动的，在工作原理、系统组成、元件结构及图形符号等方面，二者之间存在着不少相似之处，所以在学习本章时，前面的液压传动的基本知识，在此有很大的参考价值和借鉴作用。

10.1.1　气压传动的组成及工作原理

气压传动的工作原理是利用空气压缩机把电动机或其他原动机输出的机械能转换为空气的压力能，然后在控制元件的作用下，通过执行元件把压力能转换为直线运动或回转运动形式的机械能，从而完成各种动作，并对外做功。由此可知，气压传动系统和液压传动系统类似。

气压传动及控制系统的组成如图 10 - 1 - 1 所示。

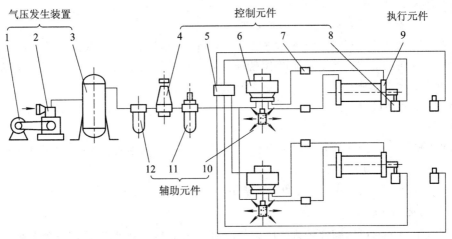

1—电动机；2—空气压缩机；3—气罐；4—压力控制阀；5—逻辑控制元件；6—方向控制阀；
7—流量控制阀；8—行程阀；9—气缸；10—消声器；11—油雾器；12—分水滤气器

图 10 - 1 - 1　气压传动及控制系统的组成

（1）气源装置。它是获得压缩空气的装置。其主体部分是空气压缩机，它将原动机供给的机械能转变为气体的压力能；

（2）控制元件。它是用来控制压缩空气的压力、流量和流动方向的器件，以便使执行机构完成预定的工作循环，它包括各种压力控制阀、流量控制阀和方向控制阀等；

（3）执行元件。它是将气体的压力能转换成机械能的一种能量转换装置。它包括实现直线往复运动的气缸和实现连续回转运动或摆动的气马达或摆动缸等；

（4）辅助元件。它是保证压缩空气的净化、元件的润滑、元件间的连接及消声等所必须的器件，它包括过滤器、油雾器、管接头及消声器等。

（5）工作介质。工作介质是压缩空气。

10.1.2 气压传动的优缺点

气动传动技术在国内被广泛应用于机械、电子、轻工、冶金、石化、航空、交通运输等各个工业部门。气动机械手、组合机床、加工中心、生产自动线、自动检测和实验装置等已大量涌现，它们在提高生产效率、自动化程度、产品质量、工作可靠性和实现特殊工艺等方面显示出极大的优越性。这主要是因为气压传动与机械、电气、液压传动相比有以下特点：

1. 气压传动的优点

（1）工作介质是空气，其取之不尽、用之不竭，与液压油相比可节省资源。气体不易堵塞流动通道，而且不存在变质，用之后可将其随时排入大气中，一般不污染环境。

（2）空气的特性受温度影响小。温度变化时，对空气的粘度影响极小，故不会影响传动性能，且在高温下能可靠地工作，不会发生燃烧或爆炸。

（3）空气的粘度很小（约为液压油的万分之一），所以流动阻力小，在管道中流动的压力损失较小，便于集中供气和远距离输送；

（4）相对液压传动而言，气动动作迅速、反应快，一般只需 0.02～0.3 s 就可达到工作压力和速度。液压油在管路中流动速度一般为 1～5 m/s，而气体的流速最小也大于 10 m/s，有时甚至达到音速，排气时还达到超音速；

（5）气体压力具有较强的自保持能力，即使压缩机停机，关闭气阀，但装置中仍然可以维持一个稳定的压力。液压系统要保持压力，一般需要能源泵继续工作或另加蓄能器，而气体通过自身的膨胀性来维持承载缸的压力不变；

（6）气动元件可靠性高、寿命长。电气元件可运行百万次，而气动元件可运行 2000～4000 万次；

（7）工作环境适应性好，特别是在易燃、易爆、多尘埃、强磁、辐射、振动等恶劣环境中，比液压、电气传动和控制优越；

（8）气动装置结构简单，成本低，维护方便，过载能自动保护。

2. 气压传动的缺点

（1）由于空气的可压缩性较大，所以气动装置的动作稳定性较差，负载变化时，对工作速度的影响较大；

（2）为了使用安全，气动系统工作压力不能太高，气动装置的输出力或力矩受到限制。在结构尺寸相同的情况下，气压传动装置比液压传动装置输出的力要小得多。气压传动装

置的输出力不宜大于 10~40 kN;

（3）气动装置中的信号传动速度比光、电控制速度慢，同时实现生产过程的遥控也比较困难，所以不宜用于信号传递速度要求高的复杂控制系统中。但对普通的机械设备，气动信号的传递速度是能满足工作要求的;

（4）噪声较大，尤其是在超音速排气时要加消声器。

3. 气压传动与其他传动的比较

气压传动与其他传动作个比较能够看出它们各自的特点，如表 10 - 1 - 1 所示。

表 10 - 1 - 1　气压传动与其他传动的性能比较

类　型		操作力	动作	环境要求	构造	负载影响	操作距离	无级调速	工作寿命	维护	价格
气压传动		中等	较快	适应性好	简单	较 大	中距离	较好	长	一般	便宜
液压传动		最大	较慢	不怕振动	复杂	有一些	短距离	良好	一般	要求高	稍贵
电传动	电气	中等	快	要求高	稍复杂	几乎没有	远距离	良好	较短	要求较高	稍贵
	电子	最小	最快	要求特高	最复杂	没有	远距离	良好	短	要求更高	最贵
机械传动		较大	一般	一般	一般	没有	短距离	较困难	一般	简单	一般

10. 2　空气的物理性质

要了解和正确设计气压传动系统，首先必须了解工作介质空气的性质，掌握气压传动的基本概念及计算。

10. 2. 1　空气的性质

1. 空气的组成

自然界的空气其主要成分是氮（N_2）和氧（O_2），其他气体占的比例极小。此外，空气中常含有一定量的水蒸气，对于含有水蒸气的空气称之为湿空气，不含有水蒸气的空气称之为干空气。

混合气体的压力为全压，为各组成气体的压力总和。各组成气体的压力称为分压，它表示这种气体在与混合气体同样温度下，单独占据混合气体的总容积时所具有的压力。

2. 气体的基本状态参数

气体的状态参数有六个：温度 T、体积 V、压力 p、热力学能、焓、熵。其中前三个参数可以测量，称为基本状态参数。由三个基本状态参数可以算出另外的三个状态参数。根据三个基本状态参数规定了空气的两种状态：基准状态和标准状态，而这两种状态是计算空气其他状态的出发点。

基准状态：温度为 0℃，压力为 1.013×10^5 Pa 的干空气的状态。基准状态下空气的密度 $\rho_0 = 1.293$ kg/m²。

标准状态：温度为 20℃，相对湿度为 65%，压力为 0.1 MPa 的空气的状态。标准状态

下空气的密度 $\rho_0 = 1.185 \ \text{kg/m}^2$。

3. 空气的密度和粘度

(1) 密度：空气的密度是表示单位体积 V 内的空气的质量 m，用 ρ 表示。

$$\rho = \frac{m}{V} \qquad (10-2-1)$$

式中，m 为气体质量（kg）；V 为气体体积（m³）。ρ 的单位是 kg/m³。

① 对干空气。对于干空气，空气密度可表示为

$$\rho = \rho_0 \frac{273}{273+t} \cdot \frac{p}{0.1013} \qquad (10-2-2)$$

式中，p 为绝对压力（MPa）；ρ_0 为温度在 0℃、压力在 0.1013 MPa 时干空气的密度，$\rho_0 = 1.293 \ \text{kg/m}^3$；$273+t = T$ 为绝对温度（K）。

② 对湿空气。对于湿空气，空气密度可表示为

$$\rho' = \rho_0 \frac{273}{273+t} \cdot \frac{p-3.78\phi \times p_\text{b}}{0.1013} \qquad (10-2-3)$$

式中，p 为湿空气的全压力（MPa）；p_b 为温度在 t℃时饱和空气中水蒸汽的分压力（MPa）；ϕ 为空气的相对湿度（%）。

(2) 粘度：空气粘性受压力变化的影响极小，通常可忽略。空气粘性随温度变化而变化，温度升高，粘性增加；反之亦然。粘度随温度的变化如表 10-2-1 所示。

表 10-2-1　空气的运动粘度与温度的关系（一个大气压时）

$t/℃$	0	5	10	20	30	40	60	80	100
$\nu/\times 10^{-4}(\text{m}^2 \cdot \text{s}^{-1})$	0.133	0.142	0.147	0.157	0.166	0.176	0.196	0.21	0.238

4. 气体的易变特性

气体的体积受压力和温度变化的影响极大，与液体和固体相比较，气体的体积是易变的，称为气体的易变特性。例如，液压油在一定温度下，工作压力为 0.2 MPa，若压力增加 0.1 MPa 时，则体积将减少 1/20 000；而空气压力增加 0.1 MPa 时，体积减少 1/2，空气和液压油体积变化相差 10 000 倍。又如，水温度每升高 1℃时，体积只改变 1/20 000；而气体温度每升高 1℃时，体积改变 1/273，两者的体积变化相差 20 000/273 倍。气体与液体体积变化相差悬殊，主要原因在于气体分子间的距离大而内聚力小，分子运动的平均自由路径大。

气体体积随温度和压力的变化规律遵循气体状态方程。详见 10.3 节中讲述的气体状态方程及流动规律。

10.2.2　湿度和含湿量

用湿度和含湿量两个物理量来表示湿空气中所含水蒸气的量，以确定空气的干湿程度。

1. 湿度

湿度的表示方法有两种：绝对湿度和相对湿度。

1) 绝对湿度

单位体积的湿空气中所含水蒸气的质量，称为湿空气的绝对湿度，用 χ 表示，即

$$\chi = \frac{m_s}{V} \tag{10-2-4}$$

其单位是 kg/m^3。由气体状态方程导出

$$\chi = \frac{p_s}{R_s T} = \rho_s \tag{10-2-5}$$

式(10-2-4)中，m_s 为湿空气中水蒸气的质量(kg)；V 为湿空气的体积(m^3)；式(10-2-5)中，p_s 为水蒸气的分压力(Pa)；T 为绝对温度(K)；ρ_s 为水蒸气的密度(kg/m^3)；R_s 为水蒸气的气体常数，$R_s = 462.05\ J/(kg \cdot K)$。

2) 饱和绝对湿度

湿空气中水蒸气的分压力达到该温度下水蒸气的饱和压力，则此时的绝对湿度称为饱和绝对湿度，用 χ_b 表示，即

$$\chi_b = p_b(R_s T) = \rho_b \tag{10-2-6}$$

式中，p_b 为饱和湿空气中水蒸气的分压力(Pa)；ρ_b 为饱和湿空气中水蒸气的密度(kg/m^3)。

3) 相对湿度

在一定温度和压力下，绝对湿度和饱和绝对湿度之比称为该温度下的相对湿度，用 ϕ 表示，即

$$\phi = \frac{\chi}{\chi_b} \times 100\% = \frac{p_s}{p_b} \times 100\% \tag{10-2-7}$$

式中，χ 为绝对湿度(kg/m^3)；χ_b 为饱和绝对湿度(kg/m^3)；p_s 为水蒸气的分压力(Pa)；p_b 为饱和水蒸气的分压力(Pa)。

空气绝对干燥时，$p_s = 0$，$\phi = 0$；

空气达到饱和时，$p_s = p_b$，$\phi = 100\%$。

湿空气的 ϕ 值在 $0 \sim 100\%$ 之间变化，通常空气的 ϕ 值在 $60\% \sim 70\%$ 范围内人体感到舒适。气动技术规定各种阀的相对湿度不得超过 $90\% \sim 95\%$。

2. 含湿量

含湿量分为质量含湿量和容积含湿量两种。

1) 质量含湿量

单位质量的干空气中所混合的水蒸气的质量，称为质量含湿量，用 d 表示，即

$$d = \frac{m_s}{m_g} \tag{10-2-8}$$

式中，m_s 为水蒸气质量(kg)；m_g 为干空气质量(kg)。

2) 容积含湿量

单位体积的干空气中所混合的水蒸气的质量，称为容积含湿量，用 d' 表示，即

$$d' = \frac{m_s}{V_g} = \frac{dm_g}{V_g} = d\rho \tag{10-2-9}$$

式中，ρ 为干空气的密度(kg/m^3)。

空气中水蒸气的含量是随温度而变的。当气温下降时：水蒸气的含量下降；当气温升高时，其含量增加。若要减少进入气动设备中空气的水分，则必须降低空气的温度。

10.3　气体状态方程及流动规律

10.3.1　气体状态方程

1. 理想气体状态方程

一定质量的理想气体，在状态变化的某一稳定瞬时，其状态应满足下述关系：

$$p = \rho R T \qquad\qquad (10-3-1)$$

或

$$p\bar{v} = RT \qquad\qquad (10-3-2)$$

式中，p 为绝对压力(Pa)；ρ 为气体密度(kg/m^3)；T 为绝对温度(K)；$\bar{v}$ 为气体比容(m^3/kg)，$\bar{v}=1/\rho$；R 为气体常数，干空气的 $R=287.1$ J/(kg·K)，水蒸气的 $R=462.05$ J/(kg·K)。

式(10-3-1)和式(10-3-2)为理想气体状态方程。只要压力不超过 20 MPa，绝对温度不低于 273 K，那么对空气、氧、氮、二氧化碳等气体，两方程均适用。

2. 理想气体状态变化过程

气体的绝对压力、比容及绝对温度的变化，决定着气体的不同状态和不同的状态变化过程。通常有如下几种情况：

（1）等压过程。一定质量的气体，在压力保持不变时，从某一状态变化到另一状态的过程，称等压过程。此时气体状态方程为

$$\frac{\bar{v}_1}{T_1} = \frac{\bar{v}_2}{T_2} = \frac{R}{p} = c \text{（常数）} \qquad (10-3-3)$$

式(10-3-3)说明：压力不变时，比容与绝对温度成正比关系，气体吸收或释放热量而发生状态变化。

（2）等容过程。一定质量的气体，在容积保持不变时，从某一状态变化到另一状态的过程，称为等容过程。此时气体状态方程为

$$\frac{p_1}{T_1} = \frac{p_2}{T_2} = \frac{R}{v} = c \text{（常数）} \qquad (10-3-4)$$

即容积不变时，压力与绝对温度成正比关系。例如，在加热或冷却密闭气罐中的气体时，气体的状态变化过程，就可以看成是等容过程。

（3）等温过程。一定质量的气体在温度保持不变时，从某一状态变化到另一状态的过程，称为等温过程。此时气体状态方程为

$$p_1\bar{v}_1 = p_2\bar{v}_2 = RT = c \text{（常数）} \qquad (10-3-5)$$

即温度不变时，气体压力与比容成反比关系。例如，打气筒中气体的状态变化过程可以认为是等温过程。

（4）绝热过程。气体在状态变化过程中，系统与外界无热量交换的状态变化过程，称

为绝热过程。此时气体状态方程为

$$p_1 V_1^k = p_2 V_2^k = c \text{（常数）} \tag{10-3-6}$$

式中 k 为绝热指数，对空气来说 $k=1.4$。对饱和蒸气则 $k=1.3$。气动系统中快速充、排气过程可视为绝热过程。

（5）多变过程。不加任何限制条件的气体状态变化过程，称为多变过程。实际上大多数变化过程为多变过程。此时气体状态方程为

$$p_1 \overline{V_1^n} = p_2 \overline{V_2^n} \tag{10-3-7}$$

式中，n 为多变指数。在一定的多变变化过程中，多变指数 n 保持不变；对于不同的多变过程，n 有不同的值，前述四种典型的状态变化过程均为多变过程的特例：当 $n=0$ 时为等压变化过程；$n=1$ 为等温变化过程；$n=\infty$ 时为等容变化过程；$n=k=1.4$ 时为绝热变化过程。

10.3.2　气体流动规律

反映气体流动规律的基本方程有连续性方程和能量方程等。在以下讨论过程中不计气体的质量力，并认为是理想气体的绝热流动。

1. 连续性方程

连续性方程，实质上是质量守恒定律在流体力学中的一种表现形式。气体在管道中作定常流动时，流过管道每一过流断面的质量流量为一定值，即

$$A \overline{v} \rho = c \text{（常数）} \tag{10-3-8}$$

式中，$\overline{v}$ 为气体运动的平均速度（m/s）；ρ 为气体的密度（kg/m³）；A 为过流断面面积（m²）。

2. 能量方程

$$\frac{\rho}{\rho^k} = c \text{（常数）} \tag{10-3-9}$$

$$\frac{v_1^2}{2} + \frac{p_1}{\rho_1} \cdot \frac{k}{k-1} = \frac{v_2^2}{2} + \frac{p_2}{\rho_2} \cdot \frac{k}{k-1} \tag{10-3-10}$$

式（10-3-10）为能量方程，即可压缩流体的伯努利方程。

3. 有机械功的可压缩气体能量方程

在所研究的管道两过流断面之间有流体机械（如压气机、鼓风机等）对气体供以能量 E 时，绝热过程能量方程变为

$$\frac{v_1^2}{2} + \frac{p_1}{\rho_1} \cdot \frac{k}{k-1} + E = \frac{v_2^2}{2} + \frac{p_2}{\rho_2} \cdot \frac{k}{k-1} \tag{10-3-11}$$

对绝热过程，有

$$E_k = \frac{k}{k-1} \cdot \frac{p_1}{\rho_1} \left[\left(\frac{p_2}{p_1} \right)^{(k-1)/k} - 1 \right] + \frac{v_2^2 - v_1^2}{2} \tag{10-3-12}$$

式（10-3-11）和式（10-3-12）中，p_1、p_2 分别为两过流断面 1、2 上的压力（Pa）；v_1、v_2 分别为两过流断面 1、2 上的平均速度（m/s）；ρ_1 为过流断面 1 的气体密度（kg/m³）；k 为绝热指数。

思考题与习题

10-1 什么叫气压传动？简述其工作原理。

10-2 一个典型的气动系统由哪几个部分组成？

10-3 气压传动与液压传动相比有哪些主要优缺点？

10-4 简述相对湿度、含湿量定义及关系式。

第11章　气源装置及气动辅助元件

气压传动系统中的气源装置是为气动系统提供满足一定质量要求的压缩空气，它是气压传动系统的重要组成部分。由空气压缩机产生的压缩空气，必须经过降温、净化、减压、稳压等一系列处理后，才能供给控制元件和执行元件使用。而用过的压缩空气排向大气时，会产生噪声，应采取措施，降低噪声，改善劳动条件和环境质量。

11.1　气源装置

1. 对压缩空气的要求

1) 要求压缩空气具有一定的压力和足够的流量

因为压缩空气是气动装置的动力源，所以没有一定的压力不但不能保证执行机构产生足够的推力，甚至连控制机构都难以正确地动作；没有足够的流量，就不能满足对执行机构运动速度和程序的要求等。总之，压缩空气没有一定的压力和流量，气动装置的一切功能均无法实现。

2) 要求压缩空气有一定的清洁度和干燥度

清洁度是指气源中含油量、含灰尘杂质的质量及颗粒大小都要控制在很低的范围内。干燥度是指压缩空气中含水量的多少，气动装置要求压缩空气的含水量越低越好。由空气压缩机排出的压缩空气，虽然能满足一定的压力和流量的要求，但不能为气动装置所使用，因为一般气动设备所使用的空气压缩机都是属于工作压力较低(小于 1 MPa)的，用油润滑的活塞式空气压缩机。它从大气中吸入含有水分和灰尘的空气，经压缩后，空气温度均提高到 $140℃ \sim 180℃$，这时空气压缩机气缸中的润滑油也部分成为气态，这样油分、水分以及灰尘便形成混合的胶体微尘与杂质混在压缩空气中一同排出。如果将此压缩空气直接输送给气动装置使用，则将会产生下列影响：

(1) 混在压缩空气中的油蒸气可能聚集在贮气罐、管道、气动系统的容器中形成易燃物，有引起爆炸的危险；另一方面，润滑油被气化后，会形成一种有机酸，对金属设备、气动装置有腐蚀作用，影响设备的寿命。

(2) 混在压缩空气中的杂质能沉积在管道和气动元件的通道内，减少了通道面积，增加了管道阻力。特别是对内径只有 $0.2 \sim 0.5$ mm 的某些气动元件会造成阻塞，使压力信号不能正确传递，整个气动系统不能稳定工作甚至失灵。

（3）压缩空气中含有的饱和水分，在一定的条件下会凝结成水，并聚集在个别管道中。在寒冷的冬季，凝结的水会使管道及附件结冰而损坏，影响气动装置的正常工作。

（4）压缩空气中的灰尘等杂质，对气动系统中作往复运动或转动的气动元件（如气缸、气马达、气动换向阀等）的运动会产生研磨作用，使这些元件因漏气而降低效率，影响它的使用寿命。

因此气源装置必须设置一些除油、除水、除尘，并使压缩空气干燥，提高压缩空气质量，进行气源净化处理的辅助设备。

2. 压缩空气站的设备组成及布置

压缩空气站的设备一般包括产生压缩空气的空气压缩机和使气源净化的辅助设备。图 11-1-1 是压缩空气站设备组成及布置示意图。

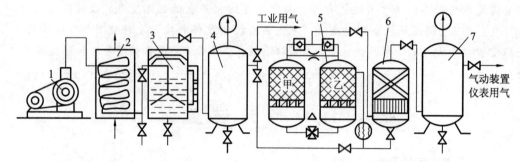

1—空气压缩机；2—后冷却器；3—油水分离器；4，7—贮气罐；5—干燥器；6—过滤器

图 11-1-1　压缩空气站设备组成及布置示意图

在图 11-1-1 中，1 为空气压缩机，用以产生压缩空气，一般由电动机带动。其吸气口装有空气过滤器以减少进入空气压缩机的杂质量。2 为后冷却器，用以降温冷却压缩空气，使净化的水凝结出来。3 为油水分离器，用以分离并排出降温冷却的水滴、油滴、杂质等。4 为贮气罐，用以贮存压缩空气，稳定压缩空气的压力并除去部分油分和水分。5 为干燥器，用以进一步吸收或排除压缩空气中的水分和油分，使之成为干燥空气。6 为过滤器，用以进一步过滤压缩空气中的灰尘、杂质颗粒。7 为贮气罐，贮气罐 4 输出的压缩空气可用于一般要求的气压传动系统，贮气罐 7 输出的压缩空气可用于要求较高的气动系统（如气动仪表及射流元件组成的控制回路等）。气动三大件的组成及布置由用气设备确定，图中未画出。

1）空气压缩机的分类及选用原则

（1）分类。空气压缩机是一种气压发生装置，它是将机械能转化成气体压力能的能量转换装置，其种类很多，分类形式也有数种。如按其工作原理可分为容积型压缩机和速度型压缩机，容积型压缩机的工作原理是压缩气体的体积，使单位体积内气体分子的密度增大以提高压缩空气的压力。速度型压缩机的工作原理是提高气体分子的运动速度，然后使气体的动能转化为压力能以提高压缩空气的压力。

（2）空气压缩机的选用原则。选用空气压缩机的根据是气压传动系统所需要的工作压力和流量两个参数。一般空气压缩机为中压空气压缩机，额定排气压力为 1 MPa，另外还有低压空气压缩机，排气压力为 0.2 MPa；高压空气压缩机，排气压力为 10 MPa；超高压空气压缩机，排气压力为 100 MPa。

　　输出流量的选择，要根据整个气动系统对压缩空气的需要再加一定的备用余量，作为选择空气压缩机的流量依据。空气压缩机铭牌上的流量是自由空气流量。

　　2）空气压缩机的工作原理

　　气压传动系统中最常用的空气压缩机是往复活塞式，其工作原理如图 11-1-2 所示。当活塞 3 向右运动时，气缸 2 内活塞左腔的压力低于大气压力，吸气阀 9 被打开，空气在大气压力作用下进入气缸 2 内，这个过程称为"吸气过程"。当活塞向左移动时，吸气阀 9 在缸内压缩气体的作用下而关闭，缸内气体被压缩，这个过程称为压缩过程。当气缸内空气压力增高到略高于输气管内压力后，排气阀 1 被打开，压缩空气进入输气管道，这个过程称为"排气过程"。活塞 3 的往复运动是由电动机带动曲柄转动，通过连杆、滑块、活塞杆转化为直线往复运动而产生的。图中只表示了一个活塞一个缸的空气压缩机，大多数空气压缩机是多缸多活塞的组合。

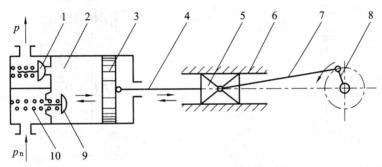

1—排气阀；2—气缸；3—活塞；4—活塞杆；5，6—十字头与滑道；7—连杆；8—曲柄；9—吸气阀；10—弹簧

图 11-1-2　往复活塞式空气压缩机工作原理图

11.2　气源净化装置

　　压缩空气净化装置一般包括后冷却器、油水分离器、贮气罐、干燥器、过滤器等。

1. 后冷却器

　　后冷却器安装在空气压缩机出口处的管道上。它的作用是将空气压缩机排出的压缩空气温度由 140～170℃降至 40～50℃，这样就可使压缩空气中的油雾和水汽迅速达到饱和，使其大部分析出并凝结成油滴和水滴，以便经油水分离器排出。后冷却器的结构形式有蛇形管式、列管式、散热片式、管套式。冷却方式有水冷和气冷两种方式，蛇形管和列管式后冷却器的结构见图 11-2-1。

2. 油水分离器

　　油水分离器安装在后冷却器出口管道上，它的作用是分离并排出压缩空气中凝聚的油分、水分和灰尘杂质等，使压缩空气得到初步净化。油水分离器的结构形式有环形回转式、撞击折回式、离心旋转式、水浴式以及以上形式的组合使用等。图 11-2-2 所示是撞击折回并回转式油水分离器的结构图，它的工作原理是当压缩空气由入口进入分离器壳体后，气流先受到隔板阻挡而被撞击折回向下（见图中箭头所示流向）；之后又上升产生环形回转，这样凝聚在压缩空气中的油滴、水滴等杂质受惯性力作用而分离析出，沉降于壳体底部，由放水阀定期排出。

为提高油水分离效果，应控制气流在回转后上升的速度不超过 0.3~0.5 m/s。

3. 贮气罐

贮气罐的主要作用如下：

（1）储存一定数量的压缩空气，以备发生故障或临时需要应急使用；

（2）消除由于空气压缩机断续排气而对系统引起的压力脉动，保证输出气流的连续性和平稳性；

（3）进一步分离压缩空气中的油、水等杂质。

贮气罐一般采用焊接结构，以立式居多，其结构如图 11-2-3 所示。

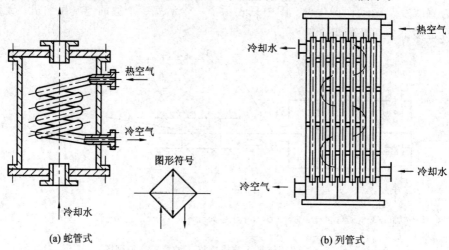

(a) 蛇管式　　　　　　　　　　(b) 列管式

图 11-2-1　后冷却器的结构

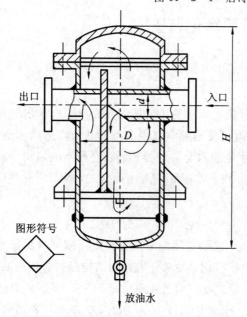

图 11-2-2　撞击折回并回转式油水分离器的结构图

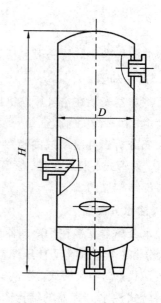

图 11-2-3　贮气罐结构图

4. 干燥器

经过后冷却器、油水分离器和贮气罐后得到初步净化的压缩空气，已满足一般气压传动的需要。但压缩空气中仍含一定量的油、水以及少量的粉尘。如果用于精密的气动装置、气动仪表等，上述压缩空气还必须进行干燥处理。

压缩空气干燥方法主要采用吸附法和冷却法。

吸附法是利用具有吸附性能的吸附剂（如硅胶、铝胶或分午筛等）来吸附压缩空气中含有的水分，而使其干燥；冷却法是利用制冷设备使空气冷却到一定的露点温度，析出空气中超过饱和水蒸气部分的多余水分，从而达到所需的干燥度。吸附法是干燥处理方法中应用最为普遍的一种方法。吸附式干燥器的结构如图 11 - 2 - 4 所示。它的外壳呈筒形，其中分层设置栅板、吸附剂、滤网等。湿空气从管 1 进入干燥器，通过吸附剂层 21、钢丝过滤网 20、上栅板 19 和下部吸附剂层 16 后，因其中的水分被吸附剂吸收而变得很干燥。然后，再经过钢丝过滤网 15、下栅板 14 和钢丝过滤网 12，干燥、洁净的压缩空气便从输出管 8 排出。

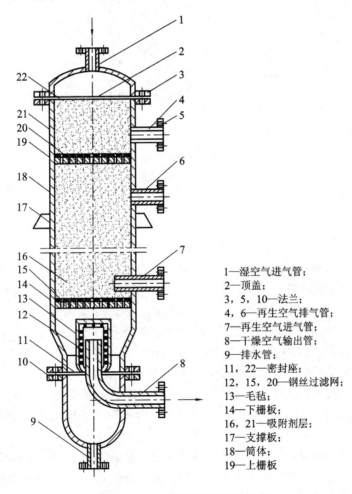

1—湿空气进气管；
2—顶盖；
3，5，10—法兰；
4，6—再生空气排气管；
7—再生空气进气管；
8—干燥空气输出管；
9—排水管；
11，22—密封座；
12，15，20—钢丝过滤网；
13—毛毡；
14—下栅板；
16，21—吸附剂层；
17—支撑板；
18—筒体；
19—上栅板

图 11 - 2 - 4　吸附式干燥器结构图

5. 过滤器

空气的过滤是气压传动系统中的重要环节。不同的场合，对压缩空气的要求也不同。

过滤器的作用是进一步滤除压缩空气中的杂质。常用的过滤器有一次性过滤器（也称简易过滤器，滤灰效率为 50%～70%）；二次过滤器（滤灰效率为 70%～99%）。在要求高的特殊场合，还可使用高效率的过滤器（滤灰效率大于 99%）。

1）一次过滤器

图 11-2-5 所示为一种一次过滤器，气流由切线方向进入筒内，在离心力的作用下分离出液滴，然后气体由下而上通过多片钢板、毛毡、硅胶、焦炭、滤网等过滤吸附材料，干燥清洁的空气从筒顶输出。

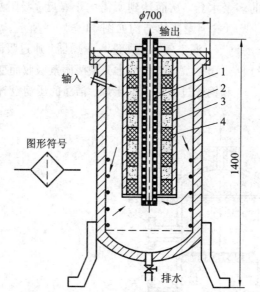

1—ϕ10密孔网；2—280目细钢丝网；3—焦炭；4—硅胶等

图 11-2-5　一次过滤器结构图

2）分水滤气器

分水滤气器滤灰能力较强，属于二次过滤器。它和减压阀、油雾器一起被称为气动三联件，是气动系统不可缺少的辅助元件。普通分水滤气器的结构如图 11-2-6 所示。其工作原理如下：压缩空气从输入口进入后，被引入旋风叶子 1，旋风叶子上有很多小缺口，使空气沿切线反向产生强烈的旋转，这样夹杂在气体中的较大水滴、油滴、灰尘（主要是水滴）便获得较大的离心力，并高速与存水杯 3 内壁碰撞，而从气体中分离出来，沉淀于存水杯 3 中，然后气体通过中间的滤芯 2，部分灰尘、雾状水被滤芯 2 挡截而滤去，洁净的空气便从输出口输出。挡水板 4 是防止气体漩涡将杯中积存的污水卷起而破坏过滤作用。为保证分水滤气器正常工作，必须及时将存水杯中的污水通过手动排水阀 5 放掉。在某些人工排水不方便的场合，可采用自动排水式分水滤气器。

存水杯由透明材料制成，便于观察工作情况、污水情况和滤芯污染情况。滤芯目前采用铜粒烧结而成。发现油泥过多，可采用酒精清洗，干燥后再装上，可继续使用。但是这种过滤器只能滤除固体和液体杂质，因此，使用时应尽可能装在能使空气中的水分变成液态的部位或防止液体进入的部位，如气动设备的气源入口处。

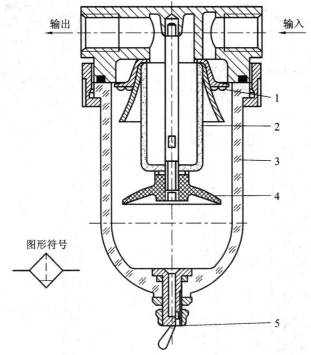

1—旋风叶子；2—滤芯；3—存水杯；4—挡水板；5—手动排水阀

图 11-2-6　普通分水滤气器结构图

11.3　其他辅助元件

1. 油雾器

油雾器是一种特殊的注油装置。它以空气为动力，使润滑油雾化后，注入空气流中，并随空气进入需要润滑的部件，达到润滑的目的。油雾器在安装使用中常与空气过滤器和减压阀一起构成气动三联件。

图 11-3-1 是普通油雾器（也称一次油雾器）的结构简图。当压缩空气由输入口进入后，通过喷嘴 1 下端的小孔进入阀座 4 的腔室内，在截止阀的钢球 2 上下表面形成压差，由于泄漏和弹簧 3 的作用，而使钢球处于中间位置，压缩空气进入存油杯 5 的上腔使油面受压，压力油经吸油管 6 将单向阀 7 的钢球顶起，钢球上部管道有一个方形小孔，钢球不能将上部管道封死，压力油不断流入视油器 9 内，再滴入喷嘴 1 中，被主管气流从上面小孔引射出来，雾化后从输出口输出。节流阀 8 可以调节流量，使滴油量在每分钟 0~120 滴内变化。

二次油雾器能使油滴在雾化器内进行两次雾化，使油雾粒度更小、更均匀，输送距离更远。二次雾化粒径可达 5 μm。

油雾器的选择主要是根据气压传动系统所需额定流量及油雾粒径大小来进行。所需油雾粒径在 50 μm 左右选用一次油雾器。若需油雾粒径很小可选用二次油雾器。油雾器一般应配置在滤气器和减压阀之后，用气设备之前较近处。

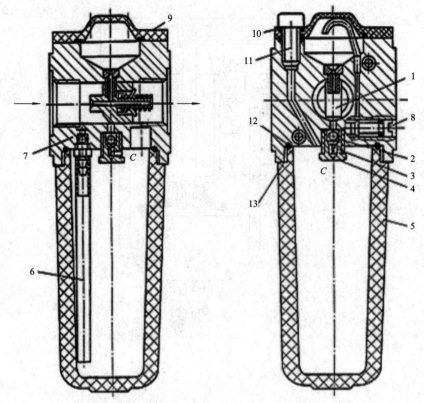

1—喷嘴；2—钢球；3—弹簧；4—阀座；5—存油杯；6—吸油管；7—单向阀；
8—节流阀；9—视油器；10，12—密封垫；11—油塞；13—螺母、螺钉

图 11-3-1　普通油雾器(一次油雾器)结构简图

2. 消声器

在气压传动系统之中，气缸、气阀等元件工作时，排气速度较高，气体体积急剧膨胀，会产生刺耳的噪声。噪声的强弱随排气的速度、排量和空气通道的形状而变化。排气的速度和功率越大，噪声也越大，一般可达 100～120 dB，为了降低噪声可以在排气口装消声器。

消声器就是通过阻尼或增加排气面积来降低排气速度和功率，从而降低噪声的。

气动元件使用的消声器一般有三种类型：吸收型消声器、膨胀干涉型消声器和膨胀干涉吸收型消声器。常用的是吸收型消声器。图 11-3-2 是吸收型消声器的结构简图。这种消声器主要依靠吸音材料消声。消声罩 2 为多孔的吸音材料，一般用聚苯乙烯或铜珠烧结而成。当消声器的通

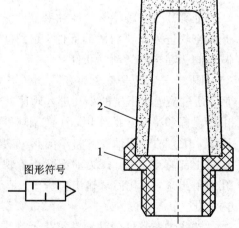

图形符号

1—连接螺丝；2—消声罩

图 11-3-2　吸收型消声器结构简图

径小于 20 mm 时，多用聚苯乙烯作消音材料制成消声罩；当消声器的通径大于 20 mm 时，消声罩多用铜珠烧结，以增加强度。其消声原理是当有压气体通过消声罩时，气流受到阻

力，声能量被部分吸收而转化为热能，从而降低了噪声强度。

吸收型消声器结构简单，具有良好的消除中、高频噪声的性能。消声效果大于 20 dB。在气压传动系统中，排气噪声主要是中、高频噪声，尤其是高频噪声，所以采用这种消声器是合适的。在主要是中、低频噪声的场合，应使用膨胀干涉型消声器。

3. 管道连接件

管道连接件包括管子和各种管接头。有了管子和各种管接头，才能把气动控制元件、气动执行元件以及辅助元件等连接成一个完整的气动控制系统，因此，在实际应用中，管道连接件是不可缺少的。

管子可分为硬管和软管两种。如总气管和支气管等一些固定不动的、不需要经常装拆的地方，使用硬管。连接运动部件和临时使用、希望装拆方便的管路应使用软管。硬管有铁管、铜管、黄铜管、紫铜管和硬塑料管等；软管有塑料管、尼龙管、橡胶管、金属编织塑料管以及挠性金属导管等。常用的是紫铜管和尼龙管。

气动系统中使用的管接头的结构及工作原理与液压管接头基本相似，分为卡套式、扩口螺纹式、卡箍式、插入快换式等。

思考题与习题

11-1　气动系统对压缩空气有哪些质量要求？

11-2　气源装置一般由哪几部分组成？

11-3　空气压缩机有哪些类型？如何选用空压机？

11-4　空压机压力分级与液压系统压力分级是否相同？

11-5　什么是气动三大件？气动三大件的连接次序如何？

11-6　油雾器用于什么场合，在安装油雾器时应注意那些事项？

11-7　气源装置中储气罐的作用是什么？

第12章 气动执行元件

12.1 概　述

在气动系统中，将压缩空气的能量转变为机械能，实现直线、转动或摆动运动的传动装置称为气动执行元件。气动执行元件有产生直线往复运动的气缸、在一定角度范围内摆动的摆动马达以及产生连续转动的气动马达三大类。气动执行元件的分类如图 12 - 1 - 1 所示。

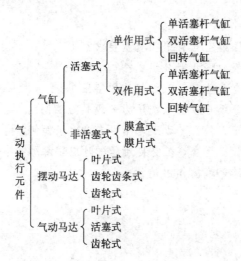

图 12 - 1 - 1　气动执行元件的分类

气动执行元件特点如下：

（1）与液压执行元件相比，气动执行元件的运动速度快，工作压力低，适用于低输出力的场合。能正常工作的环境温度范围宽，一般可在 $-35 \sim +80℃$（有的甚至可达 $+200℃$）的环境下正常工作。

（2）相对机械传动来说，气动执行元件的结构简单，制造成本低，维修方便，便于调节其输出力和速度的大小。另外，其安装方式、运动方向和执行元件的数目，又可根据机械装置的要求由设计者自由地选择，特别是制造技术的发展，气动执行元件已向模块化、标准化发展。借助于计算机数据传输技术发展起来的气动阀岛，使气动系统的接线大大简化。这就为简化整个机械的结构设计和控制提供了有利条件。目前已有精密气动滑台、气动手指等功能部件构成的标准气动机械手产品出售。

（3）由于气体的可压缩性，使气动执行元件在速度控制、抗负载影响等方面的性能劣于液压执行元件。当需要较精确地控制运动速度，减少负载变化对运动的影响时，常需要借助气动—液压联合装置等来实现。

12.2　气　缸

气缸是气动系统的执行元件之一。除几种特殊气缸外，普通气缸种类及结构形式与液压缸基本相同。现将气缸的类型和安装方式分别列于表 12-2-1 和表 12-2-2 中。

表 12-2-1　气缸的分类、原理与特点

类别	名称	简图	原理和特点	名称	简图	原理和特点
单作用气缸	柱塞式气缸		压缩空气驱动柱塞向一个方向运动；借助外力复位；对负载的稳定性较好，输出力小，主要用于小直径气缸	活塞式气缸		压缩空气驱动活塞向一个方向运动；借助外力或重力复位；较双向作用气缸耗气量小
	薄膜式气缸		以膜片代替活塞的气缸。单向作用，借助弹簧力复位。行程短、结构简单、密封性好，缸体不需加工。仅适用于短行程			压缩空气驱动活塞向一个方向运动；借助弹簧力复位；结构简单耗气量小，弹簧起背压作用，输出力随行程变化而变化。适用于小行程
双作用气缸	普通气缸		压缩空气驱动活塞向两个方向运动，活塞行程可根据实际需要选定。双向作用的力和速度不同	双杆气缸		压缩空气驱动活塞向两个方向运动，且其速度和行程分别相等。适用于长行程
	不可调缓冲气缸	(a) (b)	设有缓冲装置以使活塞临近行程终点时减速，防止活塞撞击缸端盖，减速值不可调整。(a)为一侧缓冲；(b)为两侧缓冲	可调缓冲气缸	(a) (b)	设有缓冲装置，使活塞接近行程终点时减速，且减速值可根据需要调整。(a)为一侧可调缓冲；(b)为两侧可调缓冲

续表

类别	名称	简　图	原理和特点	名称	简　图	原理和特点
特殊气缸	差动气缸		气缸活塞两侧有效面积差较大，利用压力差原理使活塞往复运动，工作时活塞杆侧始终通以压缩空气，其推力和速度均较小	双活塞气缸		两个活塞同时向相反方向运动
	多位气缸		活塞沿行程长度方向可占有四个位置，当气缸的任一空腔接通气源，活塞杆就可占有四个位置中的一个	串联气缸		在一根活塞杆上串联多个活塞，因各活塞有效面积总和大，所以增加了输出推力

表 12 - 2 - 2　气缸的安装方式

类型	安装方式	说　明
基本型		不带安装附件，安装时需根据所选用的安装方式选配固定螺栓
脚架型		带脚架安装附件，用于负荷作水平方向直线运动的场合
法兰型		带法兰，可垂直安装
		用于负荷作垂直方向直线运动的场合
耳环型		带有单耳环型（Ⅱ型）或双耳环型（U型）安装附件
		用于负荷作摆动运动场合
轴销型	 中间轴销型	带有头部、尾部或中间轴销型安装附件，用于负荷作摆动运动场合

目前最常选用的是标准气缸，其结构和参数都已系列化、标准化、通用化。QGA 系列为无缓冲普通气缸，其结构如图 12-2-1 所示；QGB 系列为有缓冲普通气缸，其结构如图 12-2-2 所示。

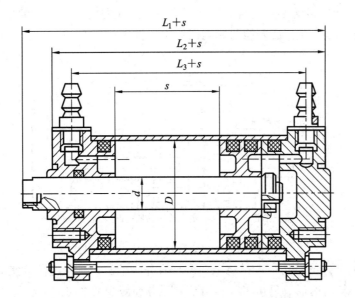

图 12-2-1　QGA 系列无缓冲普通气缸结构图

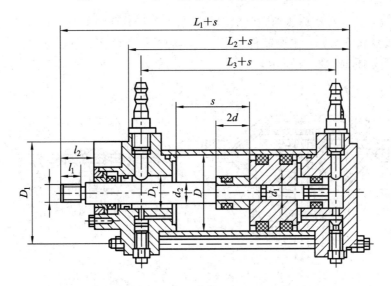

图 12-2-2　QGB 系列有缓冲普通气缸结构图

其他几种较为典型的特殊气缸有气液阻尼缸、薄膜式气缸和冲击式气缸等。

1. 气液阻尼缸

普通气缸工作时，由于气体的压缩性，当外部载荷变化较大时，会产生"爬行"或"自走"现象，使气缸的工作不稳定。为了使气缸运动平稳，普遍采用气液阻尼缸。

气液阻尼缸是由气缸和油缸组合而成，它的工作原理见图 12-2-3。它是以压缩空气为能源，并利用油液的不可压缩性和控制油液排量来获得活塞的平稳运动和调节活塞的运动速度的。它将油缸和气缸串联成一个整体，两个活塞固定在一根活塞杆上。当气缸右端供气时，气缸克服外负载并带动油缸同时向左运动，此时油缸左腔排油、单向阀关闭。油液只能经节流阀缓慢流入油缸右腔，对整个活塞的运动起阻尼作用。调节节流阀的阀口大小就能达到调节活塞运动速度的目的。当压缩空气经换向阀从气缸左腔进入时，油缸右腔排抽，此时因单向阀开启，活塞能快速返回原来位置。

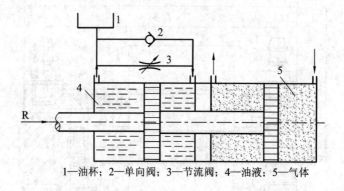

1—油杯；2—单向阀；3—节流阀；4—油液；5—气体

图 12-2-3　气液阻尼缸的工作原理图

这种气液阻尼缸的结构一般是将双活塞杆缸作为油缸。因为这样可使油缸两腔的排油量相等，此时油箱内的油液只用来补充因油缸泄漏而减少的油量，一般用油杯就行了。

2. 薄膜式气缸

薄膜式气缸是一种利用压缩空气通过膜片推动活塞杆作往复直线运动的气缸。它由缸体、膜片、膜盘和活塞杆等主要零件组成。其功能类似于活塞式气缸，它分单作用式和双作用式两种，如图 12-2-4 所示。

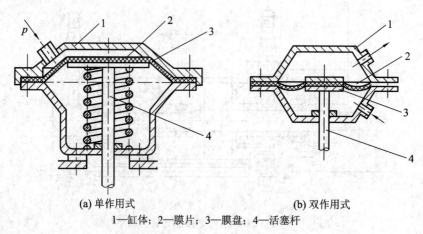

(a) 单作用式　　　　　　　(b) 双作用式

1—缸体；2—膜片；3—膜盘；4—活塞杆

图 12-2-4　薄膜式气缸结构简图

薄膜式气缸的膜片可以做成盘形膜片和平膜片两种形式。膜片材料为夹织物橡胶、钢片或磷青铜片。常用的是夹织物橡胶，橡胶的厚度为 5～6 mm，有时也可用 1～3 mm。金属式膜片只用于行程较小的薄膜式气缸中。

薄膜式气缸和活塞式气缸相比较，具有结构简单、紧凑、制造容易、成本低、维修方便、寿命长、泄漏小、效率高等优点，但是膜片的变形量有限，故其行程短（一般不超过

40～50 mm)，且气缸活塞杆上的输出力随着行程的加大而减小。

3. 冲击气缸

冲击气缸是一种体积小、结构简单、易于制造、耗气功率小但能产生相当大的冲击力的一种特殊气缸。与普通气缸相比，冲击气缸的结构特点是增加了一个具有一定容积的蓄能腔和喷嘴。它的工作原理如图 12-2-5。

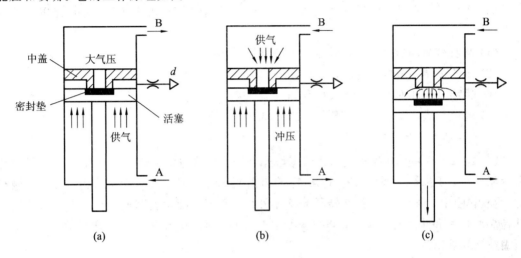

图 12-2-5　冲击气缸工作原理图

冲击气缸的整个工作过程可简单地分为三个阶段。第一个阶段(图 12-2-5(a))，压缩空气由孔 A 输入冲击缸的下腔，蓄气缸经孔召排气，活塞上升并用密封垫封住喷嘴，中盖和活塞间的环形空间经排气孔与大气相通。第二阶段(图 12-2-5(b))，压缩空气改由孔召进气，输入蓄气缸中，冲击缸下腔经孔 A 排气。由于活塞上端气压作用在面积较小的喷嘴上，而活塞下端受力面积较大，一般设计成喷嘴面积的 9 倍，缸下腔的压力虽因排气而下降，但此时活塞下端向上的作用力仍然大于活塞上端向下的作用力。第三阶段(图 12-2-5(c))，蓄气缸的压力继续增大，冲击缸下腔的压力继续降低，当蓄气缸内压力高于活塞下腔压力 9 倍时，活塞开始向下移动，活塞一旦离开喷嘴，蓄气缸内的高压气体迅速充入到活塞与中间盖间的空间，使活塞上端受力面积突然增加 9 倍，于是活塞将以极大的加速度向下运动，气体的压力能转换成活塞的动能。在冲程达到一定时，获得最大冲击速度和能量，利用这个能量对工件进行冲击做功，产生很大的冲击力。

12.3　气　马　达

气马达也是气动执行元件的一种。它的作用相当于电动机或液压马达，即输出力矩，拖动机构作旋转运动。

1. 气马达的分类及特点

气马达按结构形式可分为：叶片式气马达、活塞式气马达和齿轮式气马达等。最为常见的是活塞式气马达和叶片式气马达。叶片式气马达制造简单，结构紧凑，但低速运动转矩小，低速性能不好，适用于中、低功率的机械，目前在矿山及风动工具中应用普遍。活塞式气马达在低速情况下有较大的输出功率，它的低速性能好，适宜于载荷较大和要求低速转矩的机械，如起重机、绞车、绞盘、拉管机等。

与液压马达相比，气马达具有以下特点：

（1）工作安全。可以在易燃易爆场所工作，同时不受高温和振动的影响；

（2）可以长时间满载工作而温升较小；

（3）可以无级调速。控制进气流量，就能调节马达的转速和功率。额定转速以每分钟几十转到几十万转；

（4）具有较高的启动力矩，可以直接带负载运动；

（5）结构简单，操纵方便，维护容易，成本低；

（6）输出功率相对较小，最大只有 20 kW 左右；

（7）耗气量大，效率低，噪声大。

2. 气马达的工作原理

图 12-3-1(a)是叶片式气马达的工作原理图。它的主要结构和工作原理与液压叶片马达相似，主要包括一个径向装有 3～10 个叶片的转子，偏心安装在定子内，转子两侧有前后盖板（图中未画出），叶片在转子的槽内可径向滑动，叶片底部通有压缩空气，转子转动是靠离心力和叶片底部气压将叶片紧压在定子内表面上。定子内有半圆形的切沟，提供压缩空气及排出废气。

当压缩空气从 A 口进入定子内，会使叶片带动转子作逆时针旋转，产生转矩。废气从排气口 C 排出；而定子腔内残留气体则从 B 口排出。如需改变气马达旋转方向，则只需改变进、排气口即可。

图 12-2-1(b)是径向活塞式气马达的工作原理图。压缩空气经进气口进入分配阀（又称配气阀）后再进入气缸，推动活塞及连杆组件运动，再使曲柄旋转。曲柄旋转的同时，带动固定在曲轴上的分配阀同步转动，使压缩空气随着分配阀角度位置的改变而进入不同的缸内，依次推动各个活塞运动，由各活塞及连杆带动曲轴连续运转。与此同时，与进气缸相对应的气缸则处于排气状态。

图 12-3-1(c)是薄膜式气马达的工作原理图。它实际上是一个薄膜式气缸，当它做往复运动时，通过推杆端部的棘爪使棘轮转动。

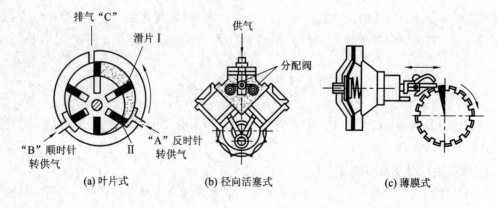

(a) 叶片式　　　　　(b) 径向活塞式　　　　　(c) 薄膜式

图 12-3-1　气马达工作原理图

思考题与习题

12-1　气缸有哪些类型？与液压缸相比，气缸有哪些特点？

12-2　什么叫气—液阻尼缸，这种阻尼缸主要解决什么问题？

12-3　什么是冲击气缸？简述其工作原理。

12-4　标准化气缸有几种系列？其主要参数是什么？具体的标记方法是怎样的？

12-5　气马达主要有哪几种结构形式？其工作原理是什么？各适用于何种场合？

第13章 气动控制元件及其基本回路

在气压传动系统中的控制元件是控制和调节压缩空气的压力、流量、流动方向和发送信号的重要元件，利用它们可以组成各种气动控制回路，使气动执行元件按设计的程序正常地进行工作。控制元件按功能和用途可分为方向控制阀、压力控制阀和流量控制阀三大类。此外，尚有通过改变气流方向和通断实现各种逻辑功能的气动逻辑元件和射流元件等。

13.1 气动控制元件

13.1.1 方向控制阀

方向控制阀是用来控制管道内压缩空气的流动方向和气流通断的元件，它是气动系统中应用最广泛的一类阀。

按气流在阀内的作用方向，方向控制阀可分为单向型方向控制阀和换向型方向控制阀两类。只允许气流沿一个方向流动的方向控制阀称为单向型方向控制阀，如单向阀、梭阀、双压阀等。可以改变气流流动方向的方向控制阀称为换向型方向控制阀，简称换向阀。

1. 换向型方向控制阀

换向型控制阀是用来改变压缩空气的流动方向，从而改变执行元件的运动方向的。根据其控制方式分为气压控制阀、电磁控制阀、机械控制阀、手动控制阀、时间控制阀。

换向型方向控制阀的结构和工作原理与液压阀中相对应的方向控制阀基本相似，切换位置和接口数也分为几位几通，职能符号也基本相同，在这里就不再赘述。

2. 单向型方向控制阀

单向型控制阀中包括单向阀、或门型梭阀、与门型梭阀和快速排气阀。其中单向阀与液压单向阀类似，这里不再重复。

1）或门型梭阀

或门型梭阀相当于两个单向阀组合的阀，其作用相当于"或"门逻辑功能。工作原理如图 13-1-1 所示，它有两个进气口 P_1 和 P_2，一个出口 A，其中 P_1 和 P_2 都可与 A 相通，但 P_1 和 P_2 不相通。无论 P_1 或 P_2 哪个有信号，A 口都有输出。当 P_1 和 P_2 都有信号输入时，A 口将和较大的压力信号接通；若两边压力相等，A 口一般将和先加入的信号输入口较大的压力信号接通，能否接通有时取决于阀芯的原始状态。图 13-1-2 是或门型梭阀应用回路，该回路应用或门型梭阀，实现手动和电动操作方式的转换。

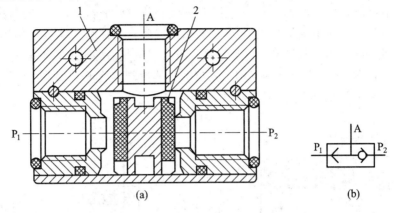

图 13-1-1　或门型梭阀结构图

梭阀与单向阀不同，没有复位弹簧，全靠气压密封。所以，密封表面的质量要求较高。把阀芯推向一边并保证密封的气压尽量要低，防止阀芯停止在中间位置造成气体浪费或发生误动作。一般梭阀的最低工作压力要求在 0.05 MPa 左右。

2）与门型梭阀（双压阀）

双压阀的作用相当于"与"门逻辑功能。图 13-1-4(a)所示为双压阀，有两个输入口 P_1、P_2，一个输出口 A。只有当两个输入口都进气时，A 口才有输出，当 P_1 与 P_2 输入口的气压不等时，气压低的通过 A 口输出。双压阀常应用在安全互锁回路中，图 13-1-3 是与门型梭阀应用回路。

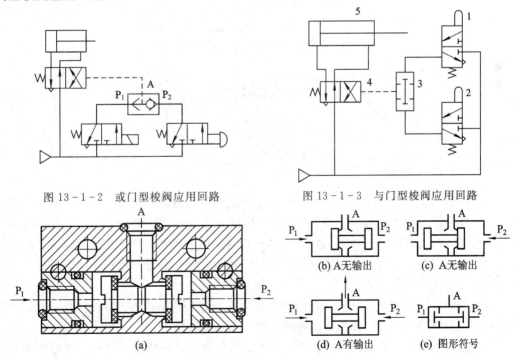

图 13-1-2　或门型梭阀应用回路　　　　图 13-1-3　与门型梭阀应用回路

图 13-1-4　双压阀结构图和工作原理图

3）快速排气阀

当气缸或压力容器需短时间排气时，在换向阀和气缸之间加上快速排气阀，这样气缸中的气体就不再通过换向阀而直接通过快速排气阀排气，加快气缸运动速度。尤其当换向阀距离气缸较远，在距气缸较近处设置快速排气阀，气缸内气体可迅速排入大气。图13-1-5为快速排气阀结构图和工作原理图。当 P 口进气后，阀芯关闭排气口 T，P 与 A 相通，A 有输出；当 P 口无气体输入时，A 口的气体使阀芯将 P 口封住，A 与 T 接通，气体快速排出，通口流通面积大、排气阻力小。

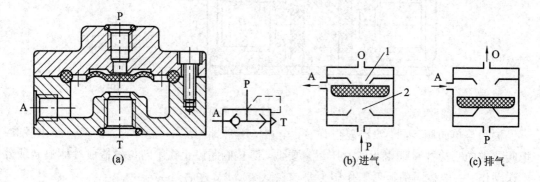

(a)　　　　　　　　　　(b) 进气　　　　(c) 排气

图 13-1-5　快速排气阀结构图和工作原理图

快速排气阀常安装在换向阀和气缸之间。图13-1-6表示了快速排气阀应用回路。它使气缸的排气不用通过换向阀而快速排出，从而加速了气缸往复运动的速度，缩短了工作周期。

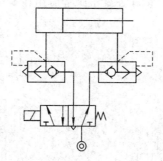

图 13-1-6　快速排气阀应用回路

13.1.2　压力控制阀

气动系统不同于液压系统，一般每一个液压系统都自带液压源（液压泵），而在气动系统中，一般来说由空气压缩机先将空气压缩，储存在贮气罐内，然后经管路输送给各个气动装置使用。而贮气罐的空气压力往往比各台设备实际所需要的压力高些，同时其压力波动值也较大，因此需要用减压阀（调压阀）将其压力减到每台装置所需的压力，并使减压后的压力稳定在所需压力值上。

有些气动回路需要依靠回路中压力的变化来实现控制两个执行元件的顺序动作，所用的这种阀就是顺序阀。顺序阀与单向阀的组合称为单向顺序阀。

为了安全起见，所有的气动回路或贮气罐，当压力超过允许压力值时，需要实现自动向外排气，这种压力控制阀叫安全阀（溢流阀）。

1. 减压阀（调压阀）

图 13-1-7 是 QTY 型直动式减压阀结构图。其工作原理是当阀处于工作状态时，调节手柄 1、压缩调压弹簧 2、3 及膜片 5，通过阀杆 6 使阀芯 8 下移，进气阀口被打开，有压气流从左端输入，经阀口节流减压后从右端输出。输出气流的一部分由阻尼管 7 进入膜片气室，在膜片 5 的下方产生一个向上的推力，这个推力总是企图把阀口开度关小，使其输出压力下降。当作用于膜片上的推力与弹簧力相平衡后，减压阀的输出压力便保持一定。

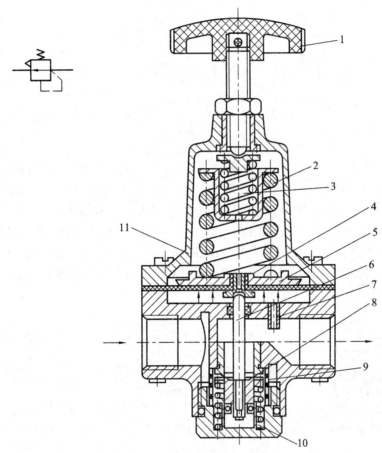

1—手柄；2，3—调压弹簧；4—溢流口；5—膜片；6—阀杆；
7—阻尼管；8—阀芯；9—阀座；10—复位弹簧；11—排气孔

图 13-1-7　QTY 型减压阀结构图

当输入压力发生波动时，如输入压力瞬时升高，输出压力也随之升高，作用于膜片 5 上的气体推力也随之增大，破坏了原来的力的平衡，使膜片 5 向上移动，有少量气体经溢流口 4、排气孔 11 排出。在膜片上移的同时，因复位弹簧 10 的作用，使输出压力下降，直到新的平衡为止。重新平衡后的输出压力又基本上恢复至原值。反之，输出压力瞬时下降，膜片下移，进气口开度增大，节流作用减小，输出压力又基本上回升至原值。

调节手柄 1 使调压弹簧 2、3 恢复自由状态，输出压力降至零，阀芯 8 在复位弹簧 10 的作用下，关闭进气阀口，这样，减压阀便处于截止状态，无气流输出。

安装减压阀时，要按气流的方向和减压阀上所示的箭头方向，依照分水滤气器、减压阀、油雾器的安装次序进行安装。调压时应由低向高调，直至规定的调压值为止。阀不用时应把手柄放松，以免膜片经常受压变形。

2. 顺序阀

顺序阀是依靠气路中压力的作用而控制执行元件按顺序动作的压力控制阀，如图 13-1-8 所示，它根据弹簧的预压缩量来控制其开启压力。当输入压力达到或超过开启压力时，顶开弹簧，于是 P 到 A 才有输出；反之 A 无输出。

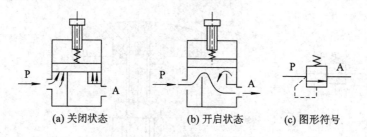

(a) 关闭状态　　　　　(b) 开启状态　　　　　(c) 图形符号

图 13-1-8　顺序阀工作原理图

顺序阀一般很少单独使用，往往与单向阀配合在一起，构成单向顺序阀。图 13-1-9 所示为单向顺序阀的工作原理图。当压缩空气由左端进入阀腔后，作用于活塞 3 上的气压力超过压缩弹簧 2 上的力时，将活塞顶起，压缩空气从 P 经 A 输出，见图 13-1-9(a)，此时单向阀 4 在压差力及弹簧力的作用下处于关闭状态。反向流动时，输入侧变成排气口，输出侧压力将顶开单向阀 4 由 O 口排气，见图 13-1-9(b)。调节旋钮就可改变单向顺序阀的开启压力，以便在不同的开启压力下，控制执行元件的顺序动作。

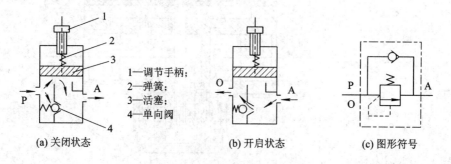

1—调节手柄；
2—弹簧；
3—活塞；
4—单向阀

(a) 关闭状态　　　　　(b) 开启状态　　　　　(c) 图形符号

图 13-1-9　单向顺序阀工作原理图

3. 安全阀

当贮气罐或回路中压力超过某调定值时，要用安全阀向外放气，安全阀在系统中起过载保护作用。

图 13-1-10 是安全阀工作原理图。当系统中气体压力在调定范围内时，作用在活塞 3 上的压力小于弹簧 2 的力，活塞处于关闭状态(见图(a))。当系统压力升高，作用在活塞 3 上的压力大于弹簧的预定压力时，活塞 3 向上移动，阀门开启排气(见图(b))。直到系统压力降到调定范围以下，活塞又重新关闭。开启压力的大小与弹簧的预压量有关。

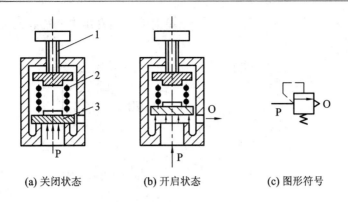

(a) 关闭状态　　　　(b) 开启状态　　　　(c) 图形符号

图 13 - 1 - 10　安全阀工作原理图

13.1.3　流量控制阀

在气压传动系统中,有时需要控制气缸的运动速度,有时需要控制换向阀的切换时间和气动信号的传递速度,这些都需要调节压缩空气的流量来实现。流量控制阀就是通过改变阀的通流截面积来实现流量控制的元件。流量控制阀包括节流阀、单向节流阀、排气节流阀和快速排气阀等。

1. 节流阀

图 13 - 1 - 11 所示为圆柱斜切型节流阀的工作原理图。压缩空气由 P 口进入,经过节流后,由 A 口流出。旋转阀芯螺杆,就可改变节流口的开度,这样就调节了压缩空气的流量。由于这种节流阀的结构简单、体积小,故应用范围较广。

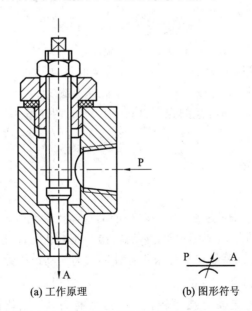

(a) 工作原理　　　　(b) 图形符号

图 13 - 1 - 11　圆柱斜切型节流阀工作原理图

2. 单向节流阀

单向节流阀是由单向阀和节流阀并联而成的组合式流量控制阀,如图 13 - 1 - 12 所示。当气流沿着一个方向,例如 P→A(见图(a))流动时,经过节流阀节流;反方向(见图

(b))流动，即 A→P 时单向阀打开，不节流，单向节流阀常用于气缸的调速和延时回路。

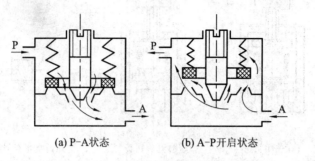

(a) P-A状态　　　　(b) A-P开启状态

图 13-1-12　单向节流阀的工作原理图

3. 排气节流阀

排气节流阀是装在执行元件的排气口处，调节进入大气中气体流量的一种控制阀。它不仅能调节执行元件的运动速度，还常带有消声器件，所以也能起降低排气噪声的作用。

图 13-1-13 为排气节流阀工作原理图。其工作原理和节流阀类似，靠调节节流口 1 处的通流面积来调节排气流量，由消声套 2 来减小排气噪声。

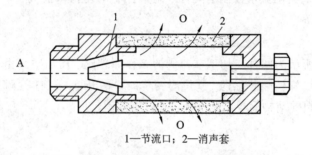

1—节流口；2—消声套

图 13-1-13　排气节流阀工作原理图

应当指出，用流量控制的方法控制气缸内活塞的运动速度，采用气动比采用液压困难。特别是在极低速控制中，要按照预定行程变化来控制速度，只用气动很难实现。在外部负载变化很大时，仅用气动流量阀也不会得到满意的调速效果。为提高其运动平稳性，建议采用气液联动。

13.1.4　气动逻辑元件

气动逻辑元件是用压缩空气为介质，通过元件的可动部件（如膜片、阀心）在气控信号作用下动作，改变气流方向以实现一定逻辑功能的气体控制元件。实际上气动方向控制阀也具有逻辑元件的各种功能，所不同的是它的输出功率较大，尺寸大。而气动逻辑元件的尺寸较小，因此在气动控制系统中广泛采用各种形式的气动逻辑元件（逻辑阀）。

1. 气动逻辑元件的分类

气动逻辑元件具有气流通道孔径较大、抗污染能力强、结构简单、成本低、工作寿命长、响应速度慢等特点。气动逻辑元件按工作压力可分为高压元件（工作压力 0.2～0.8 MPa）、低压元件（工作压力 0.02～0.2 MPa）及微压元件（工作压力 0.002 MPa 以下）。气动逻辑元件按逻辑功能分为与门元件、或门元件、非门元件、或非元件、与非元件、双稳元件等。

元件的结构总是由开关部分和控制部分组成。开关部分是在控制气压信号作用下来回动作，改变气流通路，完成逻辑功能。根据组成原理，气动逻辑元件的结构型式可分为截止式、滑阀式、膜片式等。本节仅对高压截止式逻辑元件作简要介绍。

2. 高压截止式逻辑元件

高压截止式逻辑元件是依靠控制气压信号推动阀心或通过膜片的变形推动阀芯动作，改变气流的流动方向以实现一定逻辑功能的逻辑元件。气压逻辑系统中广泛采用高压截止式逻辑元件。它具有行程小、流量大、工作压力高、对气源压力净化要求低、便于实现集成安装和实现集中控制控制等特点，其拆卸也方便。

1）或门元件

图示 13-1-14 为或门元件的结构原理图。A、B 为元件的信号输入口，S 为信号的输出口。气流的流通关系是：A、B 口任意一个有信号或同时有信号，则 S 口有信号输出；逻辑关系式为 S＝A＋B。

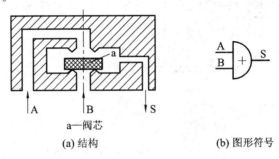

a—阀芯

(a) 结构　　　　　　　　(b) 图形符号

图 13-1-14　或门元件结构原理图

2）是门和与门元件

图 13-1-15 为是门元件及与门元件的结构图。图中，P 为气源口，A 为信号输入口，S 为输出口。当 A 无信号，阀片 6 在弹簧及气源压力作用下上移，关闭阀口，封住 P→S 通路，S 无输出。当 A 有信号，膜片在输入信号作用下，推动阀芯下移，封住 S 与排气孔通道，同时接通 P→S 通路，S 有输出，即元件的输入和输出始终保持相同状态。元件的逻辑关系为：S＝A。

当气源口 P 改为信号口 B 时，则成与门元件，即只有当 A 和 B 同时输入信号时，S 才有输出，否则 S 无输出。逻辑关系式为 S＝A·B。

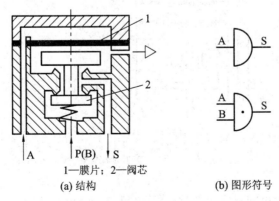

1—膜片；2—阀芯

(a) 结构　　　　　　　　(b) 图形符号

图 13-1-15　是门元件和与门元件结构图

3）非门和禁门元件

图 13-1-16 为"非门"及"禁门"元件的结构图。图中，A 为信号输入孔，S 为信号输出孔，P 为气源孔。在 A 无信号输入时，膜片 2 在气源压力作用下上移，开启下阀口，关闭上阀口，接通 P→S 通路，S 有输出。当 A 有信号输入时，膜片 6 在输入信号作用下，推动阀芯 3 及膜片 2 下移，开启上阀口，关闭下阀口，S 无输出。显然此时为"非门"元件。其逻辑关系式为 $S=\overline{A}$。

若将气源口 P 改为信号 B 口，该元件就成为禁门元件。在 A、B 均有信号时，膜片 2 及阀芯 3 在 A 输入信号作用下封住 B 孔，S 无输出；在 A 无信号输入，而 B 有输入信号时，S 就有输出，即 A 输入信号起"禁止"作用。逻辑关系式为 $S=\overline{A}B$。

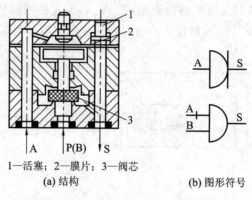

1—活塞；2—膜片；3—阀芯
(a) 结构　　　　　　(b) 图形符号

图 13-1-16　"非门"和"禁门"元件结构图

4）或非元件

图 13-1-17 为或非元件结构图。P 为气源口，S 为输出口，A、B、C 为三个信号输入口。当三个输入口均为无信号输入时，阀芯在气源压力作用下上移，开启下阀口，接通 P→S 通路，S 有输出。三个输入口只要有一个口有信号输入，都会使阀芯下移关闭阀口，截断 P→S 通路，S 无输出。元件的逻辑关系式为 $S=\overline{A+B+C}$。

或非元件是一种多功能逻辑元件，用它可以组成与门、或门、非门、双稳等逻辑元件。

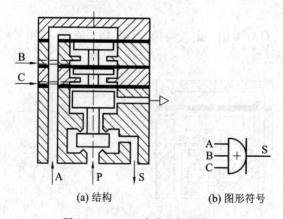

(a) 结构　　　　　　(b) 图形符号

图 13-1-17　或非元件结构图

5）双稳元件

记忆元件分为单输出和双输出两种。双输出记忆元件称为双稳元件，单输出记忆元件称为单记忆元件。下面介绍双稳元件。

图 13 - 1 - 18 为双稳元件结构图。当 A 有控制信号输入时，阀芯带动滑块右移，接通 P→S_1 通路，S_1 有输出，而 S_2 与排气孔 O 相通，无输出。此时"双稳"处于"1"状态，在 B 输入信号到来之前，A 信号虽消失，阀芯仍总是保持在右端位置。当 B 有输入信号时，则 P →S_2 相通，S_2 有输出，S_1→O 相通，此时元件置"0"状态，B 信号消失后，A 信号未到来前，元件一直保持此状态。元件的逻辑关系式为 $S_1 = K_B^A$；$S_2 = K_A^B$。

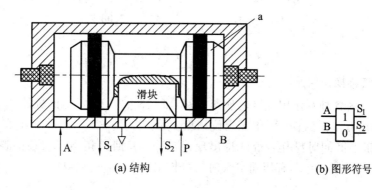

(a) 结构　　　　　　　　　(b) 图形符号

图 13 - 1 - 18　双稳元件结构图

3. 逻辑元件的应用

每个气动逻辑元件都对应于一个最基本的逻辑单元，逻辑控制系统的每个逻辑符号可以用对应的气动逻辑元件来实现，气动逻辑元件设计有标准的机械和气信号接口，元件更换方便，组成逻辑系统简单，易于维护。

但逻辑元件的输出功率有限，一般用于组成逻辑控制系统中的信号控制部分，或推动小功率执行元件。如果执行元件的功率较大，则需要在逻辑元件的输出信号后接大功率的气控滑阀作为执行元件的主控阀。

13.2　气动基本回路

气动系统由气源、气路、控制元件、执行元件和辅助元件等组成，并完成规定的动作。任何复杂的气路系统，都是由一些具有特定功能的气动基本回路、功能回路和应用回路组成。

13.2.1　方向控制回路

1. 单作用气缸换向回路

如图 13 - 2 - 1 所示的为单作用气缸换向回路，图 13 - 2 - 1(a) 是用二位三通电磁阀控制的单作用气缸上、下回路，该回路中，当电磁铁得电时，气缸向上伸出，失电时气缸在弹簧作用下返回。图 13 - 2 - 1(b) 所示为三位四通电磁阀控制的单作用气缸上、下和停止的回路，该阀在两电磁铁均失电时能自动对中，使气缸停于任何位置，但定位精度不高，且定位时间不长。

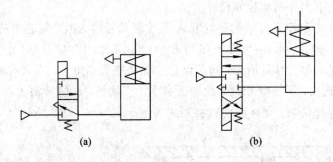

图 13 - 2 - 1　单作用气缸换向回路

2. 双作用气缸换向回路

图 13 - 2 - 2 为各种双作用气缸的换向回路，图 13 - 2 - 2(a) 是比较简单的换向回路，图 13 - 2 - 2(f) 还有中停位置，但中停定位精度不高，图 13 - 2 - 2(d、e、f) 的两端控制电磁铁线圈或按钮不能同时操作，否则将出现误动作，其回路相当于双稳的逻辑功能，对 13 - 2 - 2(b) 的回路中，当 A 有压缩空气时气缸推出，反之，气缸退回。

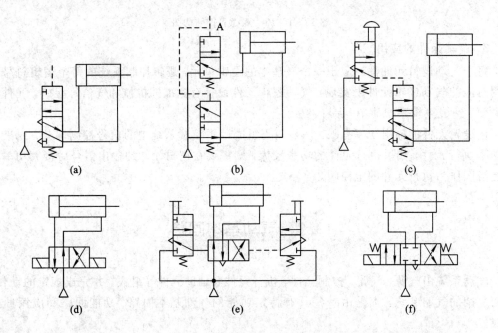

图 13 - 2 - 2　双作用气缸换向回路

13.2.2　压力控制回路

1. 气源压力控制回路

如图 13 - 2 - 3 所示的气源压力控制回路用于控制气源系统中气罐的压力，使之不超过调定的压力值和不低于调定的最低压力值。常用外控溢流阀或用电接点压力表来控制空气压缩机的转、停，使贮气罐内压力保持在规定的范围内。采用溢流阀结构简单，工作可靠，但气量浪费大；采用电接点压力表对电机及控制要求较高，常用于对小型空压机的控制。

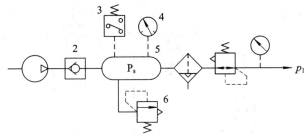

1—空压机；2—单向阀；3—压力开关；4—压力表；5—气罐；6—安全阀

图 13-2-3 气源压力控制回路

2. 工作压力控制回路

为使气动系统得到稳定的工作压力，可采用如图 13-2-4(a)所示基本回路。从压缩空气站来的压缩空气，经分水滤气器、减压阀、油雾器供给气动设备使用。调节溢流式减压阀能得到气动设备所需要的工作压力。

如回路中需要多种不同的工作压力，则可采用如图 13-2-4(b)所示的回路。

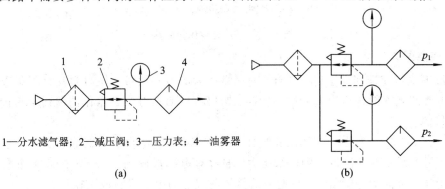

1—分水滤气器；2—减压阀；3—压力表；4—油雾器

(a)   (b)

图 13-2-4 工作压力控制回路

3. 高低压转换回路

在气动系统中有时实现高低压切换，可采用图 13-2-5 所示的利用换向阀和减压阀实现高低压转化输出的回路。

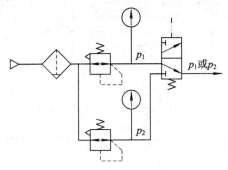

图 13-2-5 高低压转换回路

4. 过载保护回路

如图 13-2-6 所示为一过载保护回路。当活塞右行遇到障碍或其他原因使气缸过载时，左腔压力升高，当超过预定值时，打开顺序阀 3，使换向阀 4 换向，阀 1、2 同时复位，气缸返回，保护设备安全。

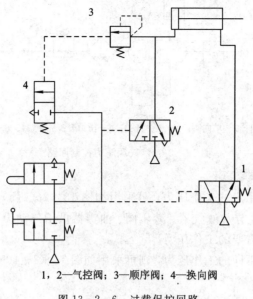

1，2—气控阀；3—顺序阀；4—换向阀

图 13 - 2 - 6　过载保护回路

5. 增压回路

气缸等执行元件和液压执行元件一样，输出力的大小与输入压力和元件的受力面积有关。因为气动系统的输入压力一般不太高，所以可以通过改变有效作用面积来实现提高输出力的目的。

图 13 - 2 - 7(a) 所示为利用串联气缸实现增力的回路。串联气缸的活塞杆上联接有数个活塞，每个活塞的两侧可分别供给压力。通过对电磁换向阀 1、2、3 的通电个数进行组合，可实现气缸的增力输出。气缸增力的倍数与气缸的串联段数成正比。

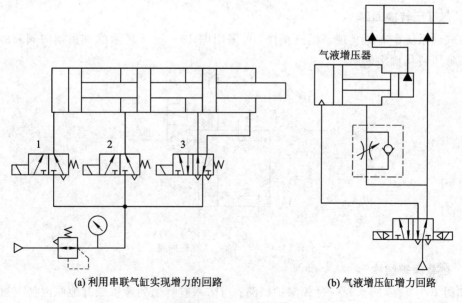

(a) 利用串联气缸实现增力的回路　　　(b) 气液增压缸增力回路

图 13 - 2 - 7　增压回路

图 13 - 2 - 7(b)所示为气液增压缸增力回路。该回路利用气液增压缸把较低的气压变成较高的液压，提高了气液缸的输出力。电磁阀左侧通电，对增压器低压侧施加压力，增压器动作，其高压侧产生高压油并提供给工作缸。电磁阀右侧通电可实现工作缸及增压器回程。使用该增压回路时，油、气关联处密封要好，油路中不得混入空气。

13.2.3　速度控制回路

因气动系统使用的功率不大，故其调速的方法主要是节流调速。

1. 单作用气缸调速回路

图 13 - 2 - 8 所示为单作用气缸速度控制回路，在图 13 - 2 - 8(a)中，由两个单向阀分别控制活塞杆的升降速度。在图 13 - 2 - 8(b)中，气缸上升时可调速，下降时通过快速排气阀排气，使气缸快速返回。

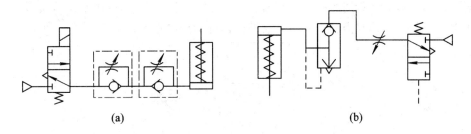

(a)　　　　　　　　　　　　　(b)

图 13 - 2 - 8　单作用气缸调速回路

2. 排气节流阀调速回路

如图 13 - 2 - 9 所示是通过两个排气节流阀来控制气缸伸缩的速度，可形成一种双作用气缸速度控制回路，实现双向节流调速。

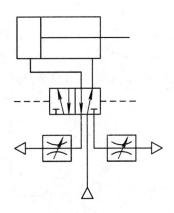

图 13 - 2 - 9　排气节流阀调速回路

3. 速度换接回路

图 13 - 2 - 10 所示回路是利用两个二位二通阀与单向节流阀并联，当挡块压下行程开关时发出电信号，使二位二通阀换向，改变排气通路，从而使气缸速度改变。

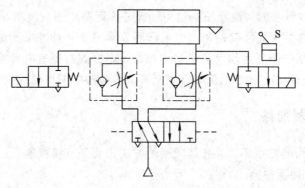

图 13 - 2 - 10　速度换接回路

4. 缓冲回路

由于气动执行元件动作速度较快，当活塞惯性力大时，可采用如图 13 - 2 - 11 所示缓冲回路。当活塞向右运动时缸右腔的气体经二位二通阀排气，直到活塞运动接近末端，压下机动换向阀时，气体经节流阀排气，活塞低速运动到终点。

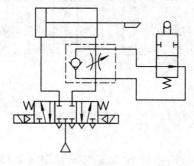

图 13 - 2 - 11　缓冲回路

5. 气液联动速度控制回路

由于气体的可压缩性，运动速度不稳定，定位精度也不高，因此在气动调速及定位精度不能满足要求的情况下，可采用气液联动。

图 13 - 2 - 12 所示回路通过两个调节两个单向节流阀，利用液压油不可压缩的特点，实现两个方向的无级调速。

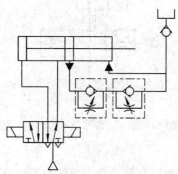

图 13 - 2 - 12　气液联动速度控制回路

图 13 - 2 - 13 所示回路通过用行程阀变速调节的回路。当活塞杆右行到挡块碰到机动换向阀后开始做慢速运动。改变挡块的安装位置即可改变开始变速的位置。

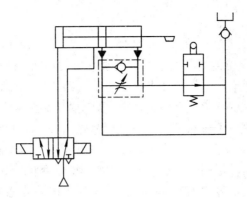

图 13 - 2 - 13　气液缸变速回路

13.2.4　其他基本回路

1. 同步控制回路

图 13 - 2 - 14 为简单的同步控制回路，采用刚性零件把 A、B 两个气缸的活塞杆连接起来。

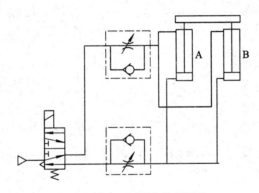

图 13 - 2 - 14　同步控制回路

2. 位置控制回路

如图 13 - 2 - 15 所示为采用串联气缸的位置控制回路，气缸由多个气缸串联而成。当换向阀 1 通电时，右侧的气缸就推动中侧及右侧的活塞右行到达左气缸的行程的终点。图 13 - 2 - 16 为三位五通阀控制的能任意位置停止的回路。

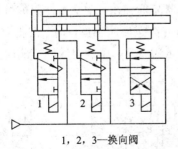

1，2，3—换向阀
图 13 - 2 - 15　串联气缸位置控制回路

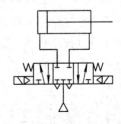

图 13 - 2 - 16　气控阀控制任意位置停止回路

3. 计数回路

计数回路可以组成二进制计数器。如图13-2-17(a)所示的回路中，按下手动阀1，则气信号经阀2至阀4的左位或右位控制端使气缸推出或退回。设按下阀1时，气信号经阀2至阀4的左端使阀4换至左位，同时使5切断气路，此时气缸向外伸出；当阀1复位后，原通入阀4左控制端的气信号经阀1排空，阀5复位，于是气缸无杆腔的气经阀5至阀2左端，使阀2换至左位等待阀1的下一次信号输入。当阀1第二次按下后，气信号经阀2的左位至阀4的右控制端使阀4换至右位，气缸退回，同时阀3将气路切断。待阀1复位后，阀4右控制端信号经阀2，阀1排空，阀3复位并将气导至阀2左端使其换至右位，又等待阀1的下一次信号输入，因此，第1、3、5、…次(奇数)按阀1，则气缸伸出；第2、4、6、…次(偶数)按阀1，则气缸退回。

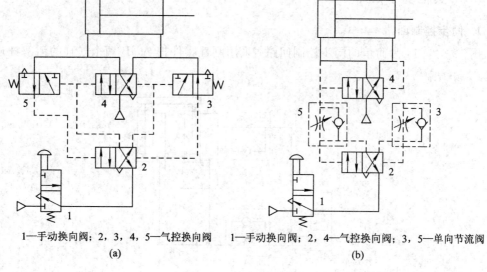

1—手动换向阀；2，3，4，5—气控换向阀　　1—手动换向阀；2，4—气控换向阀；3，5—单向节流阀

(a)　　　　　　　　　　　　　　　(b)

图13-2-17　计数回路

图13-2-17(b)的计数原理与图13-2-17(a)类似。不同的是按阀1的时间不能太长，只要使阀4切换就放开，否则气信号将经阀5或阀3通至阀2左或右控制端，使阀2换位，气缸反行，使气缸来回振荡。

4. 延时回路

图13-2-18所示为延时回路。图13-2-18(a)是延时输出回路，当控制信号切换阀4后，压缩空气经3向气容2充气。当充气压力经延时升高至使阀1换位时，阀1才有输出。图13-2-18(b)中，按下阀8，则气缸在伸出行程压下阀5后，压缩空气经节流阀到气容6延时后才将阀7切换，气缸退回。

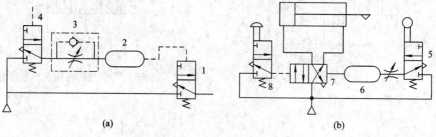

(a)　　　　　　　　　　　　　　　(b)

5. 气动顺序动作回路

气动顺序动作回路是指在气动回路中，各个气缸按一定程序完成各自的动作。单气缸有单往复动作、二次往复动作、连续往复动作；双气缸及多气缸有单往复及多往复顺序动作。

单缸往复动作回路可分为单缸单往复和单缸连续往复动作回路。前者指给入一个信号后，气缸只完成 A_1 和 A_0 一次往复动作（A 表示气缸，下标"1"表示 A 缸活塞伸出，下标"0"表示活塞缩回动作）。而单缸连续往复动作回路指输入一个信号后，气缸可连续进行 $A_1 A_0$ $A_1 A_0 \cdots$ 动作。

图 13 - 2 - 19 所示为三种单往复回路，其中图 13 - 2 - 19(a)为行程阀控制的单往复回路。当按下阀 1 的手动按钮后，压缩空气使阀 3 换向，活塞杆前进，当凸块压下行程阀 2 时，阀 3 复位，活塞杆返回，完成 A_1—A_0 循环；图 13 - 2 - 19(b)所示为压力控制的单往复回路，按下阀 1 的手动按钮后，阀 3 阀芯右移，气缸无杆腔进气，活塞杆前进，当活塞行程到达终点时，气压升高，打开顺序阀 2，使阀 3 换向，气缸返回，完成以 A_1—A_0 循环；图 13 - 2 - 19(c)是利用阻容回路形成的时间控制单往复回路，当按下阀 1 的按钮后，阀 3 换向，气缸活塞杆伸出，当压下行程阀 2 后，需经过一定的时间后，阀 3 方才能换向，再使气缸返回完成动作 A_1—A_0 的循环。由以上可知，在单往复回路中，每按动一次按钮，气缸可完成一个 A_1—A_0 的循环。

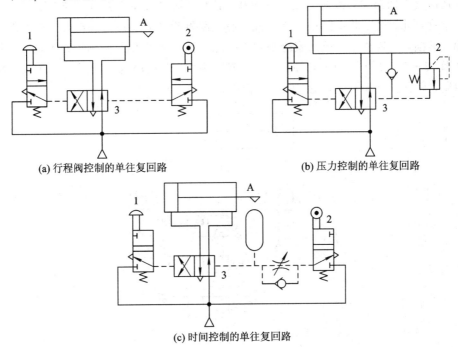

(a) 行程阀控制的单往复回路　　　　　　(b) 压力控制的单往复回路

(c) 时间控制的单往复回路

图 13 - 2 - 19　单往复回路

如图 13 - 2 - 20 所示的回路是一连续往复动作回路，能完成连续的动作循环。当按下阀 1 的按钮后，阀 4 换向，活塞向前运动，这时由于阀 3 复位将气路封闭，使阀 4 不能复位，活塞继续前进。到行程终点压下行程阀 2，使阀 4 控制气路排气，在弹簧作用下阀 4 复位，气缸返回，在终点压下阀 3，阀 4 换向，活塞再次向前，形成了 $A_1 A_0 A_1 A_0 \cdots \cdots$ 的连续往复动作，待提起阀 1 的按钮后，阀 4 复位，活塞返回而停止运动。

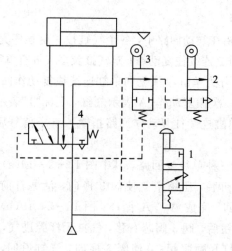

图 13 - 2 - 20　连续往复动作回路

6. 安全保护和操作回路

由于气动机构负荷的过载、气压的突然降低以及气动执行机构的快速动作等原因都可能危及操作人员或设备的安全，因此在气动回路中，常常要加入安全回路。需要指出的是，在设计任何气动回路中，特别是安全回路中，都不可缺少过滤装置和油雾器，因为污脏空气中的杂物，可能堵塞阀中的小孔与通路，使气路发生故障。缺乏润滑油，很可能使阀发生卡死或磨损，以致整个系统的安全都发生问题。下面介绍几种常用的安全保护回路。

如图 13 - 2 - 21 所示的为互锁回路，在该回路中，四通阀的换向受三个串联的机动三通阀控制，只有三个都接通，主控阀才能换向。

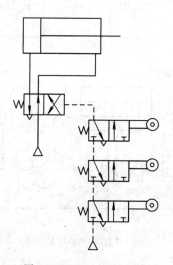

图 13 - 2 - 21　互锁回路

如图 13 - 2 - 22 所示为双手操作回路，就是使用两个启动用的手动阀，只有同时按动两个阀才动作的回路。这种回路主要是为了安全。这在锻造、冲压机械上常用来避免误动作，以保护操作者的安全。图 13 - 2 - 22(a)所示为使用逻辑"与"回路的双手操作回路，为使主控阀换向，必须使压缩空气信号进入上方侧，为此必须使两只三通手动阀同时换向，另外这两个阀必须安装在单手不能同时操作的距离上，在操作时，如任何一只手离开时则控制信号消失，主控阀复位，则活塞杆后退。图 13-2-22(b)所示的是使用三位主控阀的双手操作回路，把此主控阀 1 的信号 A 作为手动阀 2 和 3 的逻辑"与"回路，亦即只有手动阀 2 和 3 同时动作时，主控制阀 1 换向到上位，活塞杆前进；把信号 B 作为手动阀 2 和 3 的逻辑"或非"回路，即当手动阀 2 和 3 同时松开时（图示位置），主控制阀 1 换向到下位，活塞杆返回；若手动阀 2 或 3 任何一个动作，则将使主控制阀复位到中位，活塞杆处于停止状态。

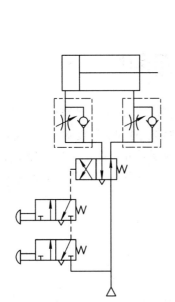

(a) 使用逻辑"与"回路的双手操作回路

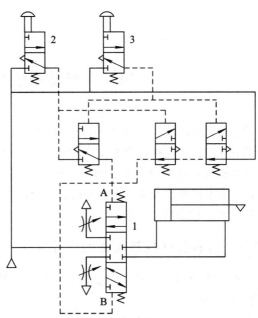

(b) 使用三位主控阀的双手操作回路

图 13-2-22　双手操作回路

思考题与习题

13-1　气压传动与液压传动的溢流阀、减压阀、顺序阀等在原理、结构及应用上有何异同之处？

13-2　气压传动的流量控制阀有几种？与液压传动的流量控制阀相比较在原理、结构、种类及应用上有何异同之处？

13-3　气动换向阀按结构不同分为哪些类型？它们的工作原理是什么？

13-4　梭阀和双压阀的结构原理是什么？用于什么场合？在逻辑气路中起什么作用？

13-5　按功能分，有哪几种最常见的基本回路？

13-6　气动系统中常用的压力控制回路有哪些？

13-7　延时回路相当于电气元件中的什么元件？

13-8　比较双作用缸的节流供气和节流排气两种调速方式的优缺点和应用场合。

13-9　为何安全回路中，都不可缺少过滤装置和油雾器？

第14章 气压传动系统及设计

14.1 气动系统程序控制设计

程序控制系统是工业生产领域(如液压、电气线路装置,尤其是气动装置)中广泛应用的控制系统。程序控制是根据生产过程中的物理量(如位移、时间、温度等)的变化使被控对象的执行元件按照预先给定的条件有序的动作。程序控制可分为简单程序控制和数字程序控制。根据控制信号的类型,气动简单程序控制又可分为行程程序控制、时间程序控制和时间—行程混合程序控制。

14.1.1 行程程序控制回路的设计方法

行程程序控制回路的设计方法常用的有以下几种。

1. 试凑法

试凑法是指控制回路由常用的气动基本回路、常用回路组成。在此方法中,一般先设计、选择控制回路,然后分析此控制回路是否满足要求,如果不满足要求则重新设计回路。此方法是常用的回路设计方法。

2. X-D线图法

X-D线图法又称为信号—动作线图法,X-D线图法是根据给定的工作程序,将各行程信号和各执行元件(汽缸或气动马达)在整个循环过程中的动作状态,用相应的图线表示在 X-D 线图中。此方法可以把复杂的计算用图解的方法化简。

此外还有卡诺图法、程序控制线图法、计算机辅助逻辑综合法、分组供气法等。

通常,在描述气动程序控制系统的工作程序时,遵循以下约定:

(1) 将所用的气缸依次用大写字母 A、B、C⋯来表示;字母下标"1"或"0"分别表示气缸活塞杆伸出或缩回的两种状态,例如:A_1 表示气缸活塞杆 A 伸出状态,A_0 表示气缸 A 活塞杆缩回状态。

(2) 用与气缸活塞杆相对应的小写字母 a、b、c⋯表示相应的行程阀发出的信号;其字母下标"1"或"0"分别表示气缸活塞杆伸出或缩回时,相应的行程阀发出的信号。例如:a_1 表示气缸 A 在伸出行程终点时行程阀发出的信号,a_0 表示气缸 A 在缩回行终点时行程阀发出的信号。

(3) 在经过逻辑处理而消除了障碍的信号的右上角加注" "号表示执行信号,如 a_0、a_1 等。不带"*"号的信号称为原始信号。

14.1.2 X-D 线图法

在 X-D 线图法中不仅可以直观地找出障碍信号（或干扰信号），而且可以方便地找到排除障碍信号的各种可能方案，从而写出各被控程序的控制逻辑函数表达式，进而绘制逻辑原理框图和气控回路图。同时，根据 X-D 线图，还可以看出各个程序在某一时刻各执行元件所处的状态，从而检查回路的正确性、可靠性以及管路的搭配是否合理。此外，还能够准确地显示气动回路处于静止状态时，每个元件和汽缸所处的状态。

应用 X-D 线图法设计程序控制回路的步骤如下：

（1）根据生产自动化的工艺流程要求，列出工作程序。

（2）绘制 X-D 线图，判别并消除障碍信号。

（3）写出所有执行元件的控制信号。

（4）绘制逻辑原理图。

（5）根据逻辑原理图绘制气动程序回路原理图。

14.1.3 气动顺序控制回路设计举例

图 14-1-1 为气控冲孔机结构示意图。

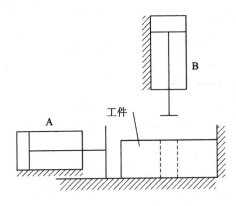

图 14-1-1 气控冲孔机结构示意图

1. 编制工作程序

将各执行元件和控制信号分别用前述的符号 A_1、A_0、B_1 … 及 a_1、a_0、b_1 … 代替，并根据生产自动化的工艺流程要求，列写工作程序。在工作程序列写中将各种动作一次列写出来后，用"→"符号把各个动作连接成一串动作，如图 14-1-2 所示。

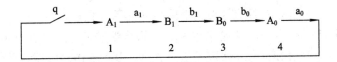

图 14-1-2 气控冲孔机的工作程序

2. 绘制 X - D 线图

(1) 画方格图(见图 14 - 1 - 3)。根据动作顺序第一行填入节拍号,第二行填入气缸动作,最右边一列留作填入经消障后的执行信号表达式。表的下端留有备用格,可填入消障过程中引入的辅助信号等。

(2) 画动作(D 线)。用粗实线画出各个气缸的动作区间,它以行列中大写字母相同、下标也相同的列行交叉方格左端的格线为起点,一直画到字母但下标相反的方格。

(3) 画主令信号线(X 线)。用细实线画出主令信号线,起点与所控制的动作线起点相同,用符号"○"表示,终点在该信号同名动作线的终点,用符号"×"表示。若终点和起点重合,则用符号"⊗"表示。

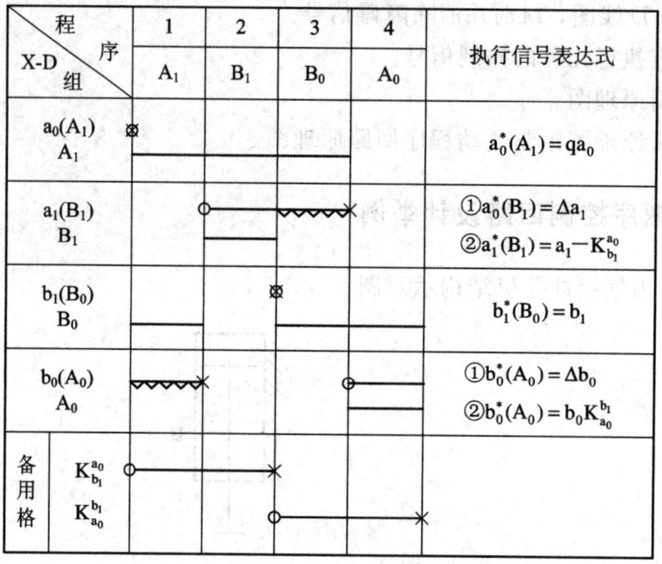

X-D 　　程序　组	1 A_1	2 B_1	3 B_0	4 A_0	执行信号表达式
$a_0(A_1)$ A_1	⊗				$a_0^*(A_1) = qa_0$
$a_1(B_1)$ B_1		○———×			① $a_0^*(B_1) = \Delta a_1$ ② $a_1^*(B_1) = a_1 - K_{b_1}^{a_0}$
$b_1(B_0)$ B_0			⊗		$b_1^*(B_0) = b_1$
$b_0(A_0)$ A_0	×			○———	① $b_0^*(A_0) = \Delta b_0$ ② $b_0^*(A_0) = b_0 K_{a_0}^{b_1}$
备用格	$K_{b_1}^{a_0}$　○———×				
	$K_{a_0}^{b_1}$		○———	×	

图 14 - 1 - 3　气控冲孔机 X - D 线图

3. 分析并消除障碍信号

1) 判别障碍信号

所谓障碍信号,是指在同一时刻,阀的两个控制侧同时存在控制信号,妨碍阀按预定行程换向,用 X - D 线图确定障碍信号的方法是检查每组信号线和动作线,凡存在信号线而无对应动作线的信号线即为障碍段,存在障碍段的信号为障碍信号,障碍段用锯齿线标出。

2) 消除障碍信号

无障碍的信号可直接用作执行信号,但控制第一节拍动作的执行信号一定是起动信号和无障碍信号相"与"。所有障碍信号必须消障后才能用作执行信号。

(1) 脉冲信号法。图 14 - 1 - 4 是采用机械活络挡铁或可通过式机控阀使气缸在一个往复动作中只发出一个短脉冲信号,缩短了信号长度,以达到消除障碍目的的回路。

(2) 逻辑回路法。逻辑回路消除障碍可采用"与门"消障法,即选择一个制约信号 y 有障信号 e 相"与",以缩短信号长度达到消障目的。其逻辑表达式为

$$z = ey$$

图 14-1-5(b)(c)为"与门"消障回路图。

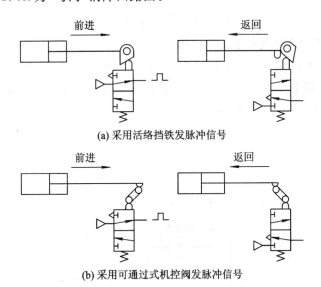

(a) 采用活络挡铁发脉冲信号

(b) 采用可通过式机控阀发脉冲信号

图 14-1-4 脉冲消障回路

制约信号可以从 X-D 线图中选取,选取的原则是此信号出现在有障信号之前,终止在有障信号的障碍段前。

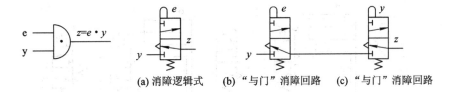

(a) 消障逻辑式　　(b) "与门"消障回路　　(c) "与门"消障回路

图 14-1-5 "与门"消障回路

若在 X-D 线图中找不到可选用的制约信号,则可引入中间记忆元件,借用它的输出作为制约信号,见图 14-1-6。其逻辑表达式为

$$z = eK_d^t$$

式中,K_d^t 为中间记忆元件的输出信号;t 为使 K 阀"通"的信号,其起点应在有障信号起点之前或同时,终点应在 t 起点至有障信号的无障碍段之中;d 为使 K 阀"断"的信号。其起点应在有障信号无障碍段上,其终点应在 t 起点之前。

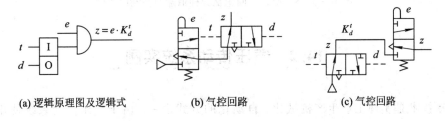

(a) 逻辑原理图及逻辑式　　(b) 气控回路　　(c) 气控回路

图 14-1-6 引入中间记忆元件消障回路

本例中引入 $K_{b_1}^{a_0}$ 和 $K_{a_0}^{b_1}$，如图 14-1-3 所示，消障后的执行信号为

$$a_1^*(B_1) = a_1 K_{b_1}^{a_0}, \quad b_0^*(A_0) b_0 K_{a_0}^{b_1}$$

4. 绘制逻辑原理图和气动回路原理图

根据 X-D 线图上的执行信号表达式，即可绘出逻辑原理图，然后根据气控逻辑原理图便可绘出气动控制系统图。本例只绘出气控冲孔机逻辑原理图及引入中间记忆元件消障的控制回路图，见图 14-1-7 和图 14-1-8。

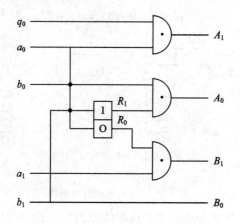

图 14-1-7　气控冲孔机逻辑原理图

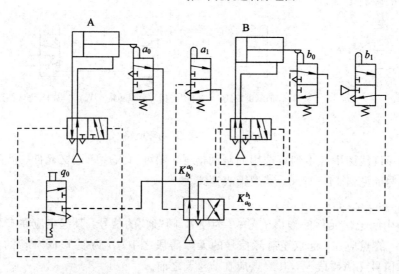

图 14-1-8　引入中间记忆元件消障的控制回路图

14.2　气压传动系统实例

气动技术是实现工业生产机械化、自动化的方式之一。由于气压传动系统使用安全、可靠，可以在高温、振动、腐蚀、易燃、易爆、多尘埃、强磁、辐射等恶劣环境下工作，所以应用日益广泛。

14.2.1　气—液动力滑台气压传动系统

气液动力滑台采用气—液阻尼缸作为执行元件。由于在它的上面可安装单轴头、动力箱或工件，因而在机床上常用来作为实现进给运动的部件。图 14-2-1 为其气压传动系统原理图，可完成两种工作循环。

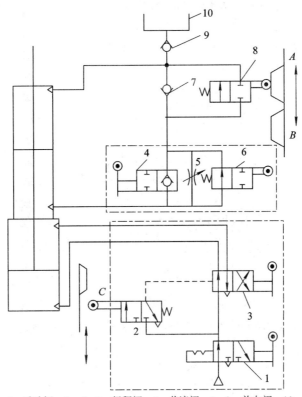

1，4，7—手动阀；2，6，8—行程阀；5—节流阀；7，9—单向阀；10—补油箱

图 14-2-1　气—液动力滑台气压系统原理图

1. 快进—工进—快退—停止

当图 14-2-1 中手动阀 4 处于图示状态时，可以实现该动作循环，动作原理如下：

当手动阀 3 切换到右位时，给与进刀信号，在气压作用下气缸中的活塞开始向下运动，液压缸中活塞下腔的油液经行程阀 6 的左位和单向阀 7 进入液压缸活塞的上腔，实现快进；当快进刀活塞杆上的挡块 B 切换行程阀 6 后（右位），油液只经节流阀 5 进入活塞上腔，调节节流阀的开度，即可调节气—液缸运动速度，所以活塞开始工进；工进到挡块 C 使行程阀 2 复位时，阀 3 切换到左位，气缸活塞向上运动。液压缸活塞上腔的油液经阀 8 的左位和手动阀中的单向阀进入液压缸下腔，实现快退。当快退到挡块 A 切换行程阀 8 时，切断油液通道，活塞停止运动。

2. 快进—工进—慢退—快退—停止

当手动阀 4 处于左侧时，可实现该动作的双向进给程序。动作循环中的快进—慢进的动作原理与上述相同。当慢进至挡块 C 切换阀 2 至左位时，阀 3 切换至左位，气缸活塞开始向上运动，这时液压缸上腔的油液经阀 8 的左位和阀 5 进入活塞下腔，实现慢退（反向进给；慢退到挡块 B 离开阀 6 的顶杆而使其复位后，液压缸活塞上腔的油液就经阀 6 左位而进入活塞下腔，开始快退；快退到挡铁 A 切换 8 而切断油路时，停止运动。

14.2.2　工件夹紧气压传动系统

工件夹紧气压传动系统是机械加工自动线和组合机床中常用的夹紧装置的驱动系统。图 14-2-2 为机床夹具的气动夹紧系统，其动作循环是当工件运动到指定位置后，气缸 A 活塞杆伸出，将工件定位后两侧的气缸 B 和 C 的活塞杆同时伸出，从两侧面对工件夹紧，然后再进行切削加工，加工完后各夹紧缸退回，将工件松开。

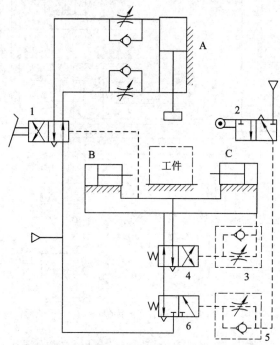

1—脚踏阀；2—行程阀；3，5—单向节流阀；4，6—换向阀

图 14-2-2　机床夹具气动夹紧系统

其工作原理如下：用脚踏下阀 1，压缩空气进入缸 A 的上腔。使活塞下降定位工件；当压下行程阀 2 时，压缩空气经单向节流阀 5 使二位三通气控换向阀 6 换向（调节节流阀开口可以控制阀 6 的延时接通时间），压缩空气通过阀 4 进入两侧气缸 B 和 C 的无杆腔，使活塞杆前进而夹紧工件，然后钻头开始钻孔，同时流过换向阀 4 的一部分压缩空气经过单向节流阀 3 进入换向阀 4 右端，经过一段时间（由节流阀控制）后换向阀 4 右位接通，两侧气缸后退到原来位置。同时，一部分压缩空气作为信号进入脚踏阀 1 的右端，使阀 1 右位接通，压缩空气进入缸 A 的下腔，使活塞杆退回原位。活塞杆上升的同时使机动行程阀 2 复位，气控换向阀 6 也复位（此时主阀 3 右位接通），由于气缸 B、C 的无杆腔通过阀 6、阀 4 排气，换向阀 6 自动复位到左位，完成一个工作循环。该回路只有再踏下脚踏阀 1 才能开始下一个工作循环。

14.2.3　数控加工中心气动系统

图 14 - 2 - 3 所示为某数控加工中心气动换刀系统原理图，该系统主要实现加工中心的自动换刀功能，在换刀过程中实现主轴定位、主轴松刀、拔刀、向主轴锥孔吹气排屑和插刀动作。

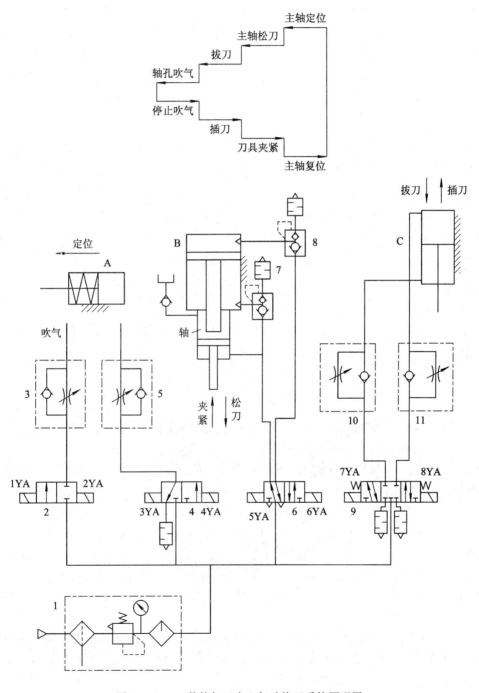

图 14 - 2 - 3　数控加工中心气动换刀系统原理图

其具体工作原理如下：当数控系统发出换刀指令时，主轴停止旋转，同时 4YA 通电，压缩空气经气动三联件 1、换向阀 4、单向节流阀 5 进入主轴定位缸 A 的右腔，缸 A 的活塞左移，使主轴自动定位。定位后压下开关，使 6YA 通电，压缩空气经换向阀 6、快速排气阀 8 进入气液增压器 B 的上腔，增压腔的高压油使活塞伸出，实现主轴松刀，同时使 8YA 通电，压缩空气经换向阀 9、单向节流阀 11 进入缸 C 的上腔，缸 C 下腔排气，活塞下移实现拔刀。由回转刀库交换刀具，同时 1YA 通电，压缩空气经换向阀 2、单向节流阀 3 向主轴锥孔吹气。稍后 1YA 断电、2YA 通电，停止吹气，8YA 断电、7YA 通电，压缩空气经换向阀 9、单向节流阀 10 进入缸 C 的下腔，活塞上移，实现插刀动作。6YA 断电、5YA 通电，压缩空气经阀 6 进入气液增压器 B 的下腔，使活塞退回，主轴的机械机构使刀具夹紧。4YA 断电、3YA 通电，缸 A 的活塞在弹簧力的作用下复位，回复到开始状态，换刀结束。其电磁铁动作顺序表如表 14-2-1 所示。

表 14-2-1　电磁铁动作顺序表

工况＼电磁铁	1YA	2YA	3YA	4YA	5YA	6YA	7YA	8YA
主轴定位				+				
主轴松刀				+		+		
拔刀				+		+		+
主轴锥孔吹气	+			+		+		+
吹气停	－	+		+		+		+
插刀				+		+	+	－
刀具夹紧				+	+	－		
主轴复位			+	－				

14.2.4　客车车门气压传动系统

门的形式多种多样，有推门、拉门、屏风式的折叠门等，下面就以拉门自动开闭系统介绍气压传动系统的应用。

该装置通过连杆机构将气缸活塞杆的直线运动转换成拉门商场、宾馆等公共场所使用的开闭运动，利用超低压气动阀来检测行人的踏板动作。在拉门内、外装踏板 6 和 11，踏板下方装有完全封闭的橡胶管，管的一端与超低压气动阀 7 和 12 的控制口连接。当人站在踏板上时，橡胶管里压力上升，超低压气动阀动作。其气动回路如图 14-2-4 所示。

首先使手动阀 1 上位接入工作状态，空气通过气动换向阀 2、单向节流阀 3 进入气缸 4 的无杆腔，将活塞杆推出（门关闭）。当人站在踏板 6 上后，气动控制阀 7 动作，空气通过梭阀 8、单节流阀 9 和气罐 10 使气动换向阀 2 换向，压缩空气进入气缸 4 的有杆腔，活塞杆退回（门打开）。

当行人经过门后踏上踏板 11 时，气动控制阀 12 动作，使梭阀 8 上面的通口关闭，下面的通口接通（此时由于人已离开踏板 6，阀 7 复位）。气罐 10 中的空气经单向节流阀 9、梭阀 8 和阀 12 放气（人离开踏板 11 后，阀 12 已复位），经过延时（由节流阀控制）后阀 2 复位，气缸 4 的无杆腔进气，活塞杆伸出（关闭拉门）。

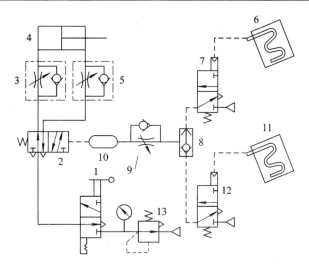

图 14-2-4　拉门自动开闭气压传动系统气动回路

该回路利用逻辑"或"的功能，回路比较简单，很少产生误动作。行人从门的任意一边进出均可。减压阀 13 可使关门的力自由调节，十分便利。如将手动阀复位，则可变为手动门。

14.2.5　气动机械手气压传动系统

1. 气动机械手简介

机械手是自动化生产设备和生产线上的重要装置之一，它可以根据各种自动化设备的工作需要，模拟人手的部分动作，按着预定的控制程序、轨迹和工艺要求实现自动抓取、搬运、完成工件的上料、卸料和自动换刀，因此，在机械加工、冲压、锻造、铸造、装配和热处理等生产过程中被广泛应用，以减轻工人的劳动强度。气动机械手是机械手的一种，它具有结构简单，重量轻，动作迅速、平稳、可靠，节能和不污染环境等优点。

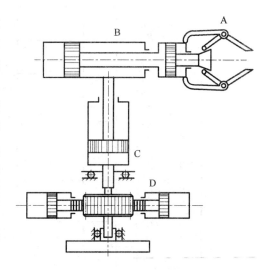

图 14-2-5　气动机械手结构示意图

如图 14-2-5 是用于某专用设备上的气动机械手的结构示意图，它由四个气缸组成，可在三个坐标内工作，图中 A 为夹紧缸，其活塞退回时夹紧工件，活塞杆伸出时松开工件。B 缸为长臂伸缩缸，可实现伸出和缩回动作。C 缸为立柱升降缸。D 缸为回转缸，该气缸有两个活塞，分别装在带齿条的活塞杆两头，齿条的往复运动带动立柱上的齿轮旋转，从而实现立柱及长臂的回转。

2. 气动控制回路的工作原理

该气动机械手的控制要求是：手动启动后，能从第一个动作开始自动延续到最后一个动作。其要求的动作顺序为

启动 → 立柱下降 → 伸臂 → 夹紧工件 → 立柱顺时针旋转 → 立柱上升 → 放开工件 → 立柱逆时针旋转 →

写成工作程序图为

$$\xrightarrow{q}(qd_0)\xrightarrow{}C_0\xrightarrow{a_1c_0}B_1\xrightarrow{b_1}A_0\xrightarrow{a_0}B_0\xrightarrow{a_0b_0}D_1\xrightarrow{d_1}C_1\xrightarrow{c_1}A_1\xrightarrow{a_1}D_0\xrightarrow{}$$

可写成简化式为 $C_0B_1A_0B_0D_1C_1A_1D_0$。

由以上分析可知，该气动系统属多缸单往复系统。

根据上述分析可以画出气动机械手在 $C_0B_1A_0B_0D_1C_1A_1D_0$ 动作程序下的 X-D 线图，从 14-2-6 图中可以比较容易地看出其原始信号 c_0 和 b_0 均为障碍信号，因而必须排除。为了减少整个气动系统中元件的数量，这两个障碍信号都采用逻辑回路来排除，其消障后的执行信号分别为 $c_0(B_1)=c_0a_1$ 和 $b_0(D_1)=b_0a_0$。图中列出了四个缸八个状态以及与它们相对应的主控阀，图中左侧列出的是由行程阀、启动阀等发出的原始信号（简略画法）。在三个与门元件中，中间一个与门元件说明启动信号 q 对 d_0 起开关作用，其余两个与门则起排除障碍的作用。

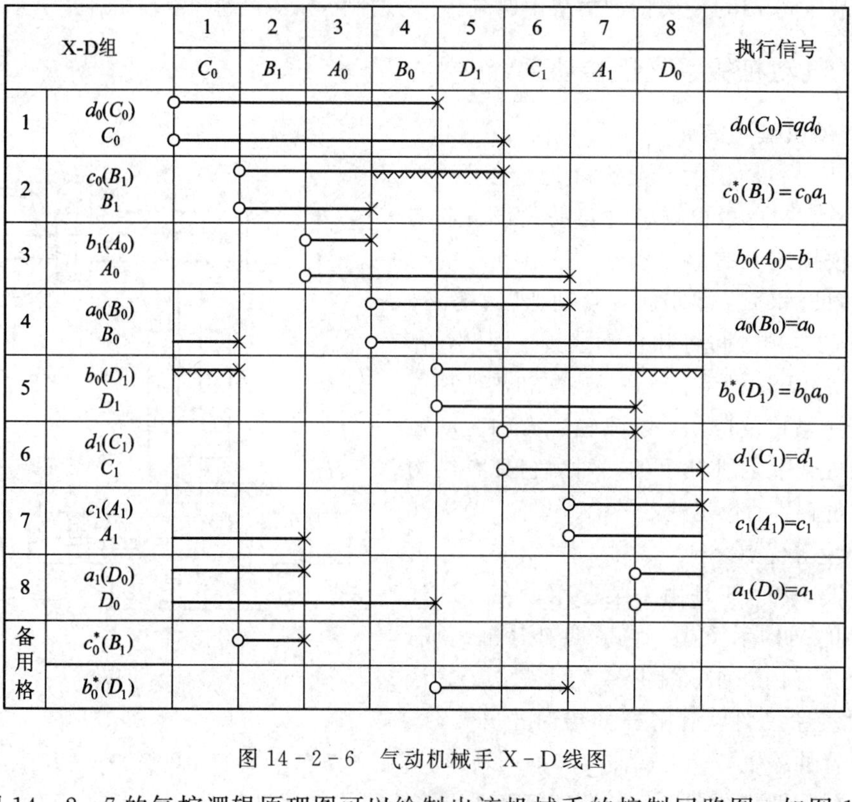

X-D组		1 C_0	2 B_1	3 A_0	4 B_0	5 D_1	6 C_1	7 A_1	8 D_0	执行信号
1	$d_0(C_0)$ C_0									$d_0(C_0)=qd_0$
2	$c_0(B_1)$ B_1									$c_0^*(B_1)=c_0a_1$
3	$b_1(A_0)$ A_0									$b_0(A_0)=b_1$
4	$a_0(B_0)$ B_0									$a_0(B_0)=a_0$
5	$b_0(D_1)$ D_1									$b_0^*(D_1)=b_0a_0$
6	$d_1(C_1)$ C_1									$d_1(C_1)=d_1$
7	$c_1(A_1)$ A_1									$c_1(A_1)=c_1$
8	$a_1(D_0)$ D_0									$a_1(D_0)=a_1$
备用格	$c_0^*(B_1)$									
	$b_0^*(D_1)$									

图 14-2-6 气动机械手 X-D 线图

按图 14-2-7 的气控逻辑原理图可以绘制出该机械手的控制回路图，如图 14-2-8 所示。在 X-D 图中可知，原始信号 c_0、b_0 均为障碍信号，而且是用逻辑回路法除障，故它们应为无源元件，即不能直接与气源相接，除障后的执行信号表达式为 $c_0(B_1)=c_0a_1$ 和 $b_0(D_1)=b_0a_1$ 可知，原始信号 c_0 要通过 a_1 与气源相接，同样原始信号 b_0 要通过 a_0 与气源相接。

由图 14-2-8 分析可知，当按下启动阀 q 后，主控阀 C 将处于 C_0 位，活塞杆退回，即得到 C_0；$a_1 c_0$ 将使主控阀 B 处于 B_1 位，活塞杆伸出，得到 B_1；活塞杆伸出碰到 b_1，则控制气使主控阀 A 处于 A_0 位，缸活塞退回，即得到 A_0；A 缸活塞杆挡铁碰到 a_0，a_0 又使主控阀 B 处于 B_0 位，B 缸活塞缸返回，即得到 B_0；B 缸活塞杆挡块又压下 b_0，$a_0 b_0$ 又使主控阀 D 处于 D_1 位，使 D 缸活塞杆往右运动，得到 D_1；D 缸活塞杆上的挡铁压下 d_1，d_1 则使主控阀 C 处于 C_1 位，使 C 缸活塞杆伸出，得到 C_1，C 缸的活塞杆上挡铁又压下 c_1，则 c_1 使主控缸 A 处于 A_1 位，A 缸活塞杆伸出，即得到 A_1；缸活塞杆上的挡铁压下 a_1，a_1 使主控阀 D

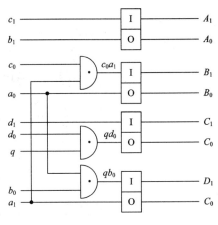

图 14-2-7　气控逻辑原理图

处于 D_0 位，使 D 缸活塞杆往左，即得 D_0，D 缸活塞上的挡铁压下 d_0，d_0 经启动阀又使主控阀 C 处于 C_0 位，又开始新的一轮工作循环。

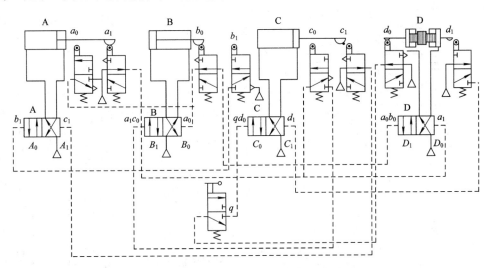

图 14-2-8　气动机械手控制回路图

思考题与习题

14-1　简述 $X\text{-}D$ 线图法设计程序控制回路的步骤。

14-2　什么是气动行程序控制回路中的障碍信号？如何判别与排除这些障碍信号？

14-3　试绘制 $A_1 B_1 A_0 B_0$ 的 $X\text{-}D$ 状态图和逻辑回路图，并绘制出脉冲排障法的气动控制回路图。

14-4　题 14-4 图所示为一个半自动装置的工作行程顺序图，试设计其气动控制回路。

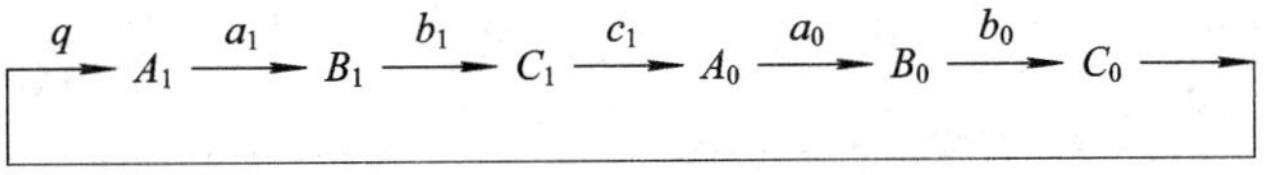

$$q \xrightarrow{} A_1 \xrightarrow{a_1} B_1 \xrightarrow{b_1} C_1 \xrightarrow{c_1} A_0 \xrightarrow{a_0} B_0 \xrightarrow{b_0} C_0 \xrightarrow{}$$

题 14-4 图　半自动装置的工作行程顺序图

附录　液压及气动图形符号

（GB/T 786.1—2001 摘录）

本附录从使用角度介绍主要符号的构成。

一、基础符号

名　称	符　号	说　明	名　称	符　号	说　明
液压源	▲	一般符号	温度计		
气压源		一般符号	转速仪		
电动机	M		转矩仪		
原动机	M	电动机除外	压力继电器（压力开关）		一般符号
压力指示器	⊗		行程开关		一般符号
压力表（计）			联轴器		
电接点压力表（压力显控器）			传感器		一般符号
压差控制表			放大器		
液位计			检流计（液流指示器）		

二、管路、管路连接和管接头

名　称	符　号	说　明	名　称	符　号	说　明
工作管路	——	压力管路 回油管路	交叉管路		两管路交叉 不连接
连接管路		两管路 相交连接	柔性管路		
控制管路	------	可表示 泄油管路	组合元件线	-----	
快换接头		无单向阀	旋转接头		单通路
快换接头		带单向阀	旋转接头		三通路

三、控制方法

名　称	符　号	说　明	名　称	符　号	说　明
人力控制		一般符号	机械控制		顶杆式
		按钮式			可变行程控制式
		拉钮式			弹簧控制式
		按—拉式			滚轮式，两个方向操作
		手柄式			单向滚轮式，仅在一个方向上操作，箭头可省略
		单向踏板式	电气控制		单作用电磁铁
		双向踏板式			双作用电磁铁

续表

名　称	符　号	说　明	名　称	符　号	说　明
电动机控制		旋转运动	液压先导加压控制		内部压力控制
直接压力控制		加压或卸压控制	液压先导加压控制		外部压力控制
		差动控制	液压二级先导加压控制		内部压力控制，内部泄油
	45°	内部压力控制，控制通路在元件内部	气一液先导加压控制		气压外部控制，液压内部控制，外部泄油
		外部压力控制，控制通路在元件外部	电一液先导加压控制		液压外部控制，内部泄油
电一液先导控制		电磁铁控制、外部压力控制，外部泄油	液压先导卸压控制		内部压力控制，内部泄油
先导型压力控制阀		带压力调节弹簧，外部泄油，带遥控泄放口			外部压力控制（带遥控泄放口）
反馈控制		一般符号	泄压控制		液压先导控制，内部泄油
		电反馈			液压先导控制，带遥控泄放口
		机械反馈 随动阀仿形控制回路等			电磁一液压先导控制，外部压力控制，外部泄油

四、泵和马达

名　称	符　号	说　明	名　称	符　号	说　明
液压泵		一般符号	液压马达		一般符号
单向定量液压泵		单向旋转、单向流动、定排量	单向定量液压马达		单向流动、单向旋转
双向定量液压泵		双向旋转、双向流动、定排量	双向定量液压马达		双向流动、双向旋转、定排量
单向变量液压泵		单向旋转、单向流动、变排量	单向变量液压马达		单向流动、单向旋转、变排量
双向变量液压泵		双向旋转、双向流动、变排量	双向变量液压马达		双向流动、双向旋转、变排量
气马达		一般符号	摆动马达		双向摆动、定角度
定量液压泵—马达		单向流动、单向旋转、定排量	变量液压泵—马达		双向流动、双向旋转、变排量、外部泄油
摆动气马达		定角度、双向摆动	液压整体式传动装置		单向旋转、变排量泵、定排量马达

五、缸

名　称		符　号	说　明	名　称		符　号	说　明
单作用	单活塞杆缸			双作用	单活塞杆缸		
			（带弹簧复位）		双活塞杆缸		

名　称	符　号	说　明	名　称	符　号	说　明
柱塞缸			伸缩缸		单作用伸缩液压缸
单向缓冲缸		不可调			单作用伸缩气缸
		可调	气—液转换器		单程作用
双向缓冲缸		不可调			连续作用
		可调	增压器		单程作用

六、方向控制阀符号

名　称	符　号	说　明	名　称	符　号	说　明
单向阀			二位二通电磁阀		常断
液控单向阀					常通
梭阀		或门型	二位四通电磁阀		
		与门型	二位五通液动阀		
快速排气阀			二位四通机动阀		
三位四通电磁阀			三位五通电磁阀		
三位四通电液阀		简化符号（内控外泄）	三位六通手动阀		

七、压力控制阀符号

名　称	符　号	说　明	名　称	符　号	说　明
溢流阀		一般符号或直动型溢流阀	减压阀		一般符号或直动型减压阀
先导型溢流阀			先导型减压阀		
先导型电磁溢流阀		（常闭）	溢流减压阀		
直动式比例溢流阀			先导型比例电磁式溢流减压阀		
先导比例溢流阀			定比减压阀		
卸荷溢流阀	p_2　　p_1	$p_2 > p_1$ 时卸荷	定差减压阀		
卸荷阀		一般符号或直动型卸荷阀	单向顺序阀（平衡阀）		
顺序阀		一般符号或直动型顺序阀	双溢流制动阀		
先导型顺序阀			溢流油桥制动阀		

八、流量控制阀符号

名　称	符　号	说　明	名　称	符　号	说　明
节流阀		可调	调速阀		
单向节流阀		可调	旁通型调速阀		
滚轮控制节流阀（减速阀）			温度补偿型调速阀		
分流阀			单向调速阀		
单向分流阀			集流阀		
分流集流阀			截止阀		

九、辅助元件符号

名　称	符　号	说　明	名　称	符　号	说　明
油箱		管端在液面上	过滤器		一般符号
		管端在液面下，带空气过滤器			带污染指示器的过滤器
		管端在油箱底部			磁性过滤器
		局部泄油或回油			带旁通阀的过滤器
		加压油箱或密闭油箱(三条油路)	气罐		

续表

名 称	符 号	说 明	名 称	符 号	说 明
空气过滤器			蓄能器		一般符号
温度调节器					气体隔离式
冷却器		一般符号			重锤式
加热器		一般符号			弹簧式
除油器		自动排出	辅助气瓶		
		人工排出	油雾器		
气源调节装置					

参 考 文 献

[1]　姜佩东. 液压与气动技术. 北京：高等教育出版社，2000.

[2]　王以伦. 液压传动. 哈尔滨：哈尔滨工程大学出版社，2005.

[3]　丁树模. 液压传动. 2 版. 北京：机械工业出版社，2009.

[4]　袁承训. 液压与气压传动. 2 版. 北京：机械工业出版社，2000.

[5]　张群生. 液压与气压传动. 2 版. 北京：机械工业出版社，2008.

[6]　王积伟，章宏甲，黄谊. 液压与气压传动. 北京：机械工业出版社，2005.

[7]　盛敬超. 液压流体力学. 北京：机械工业出版社，1980.

[8]　左键民. 液压与气压传动. 北京：机械工业出版社，1993.

[9]　徐文生. 液压与气动. 北京：高等教育出版社，1998.

[10]　陈书杰. 气压传动及控制. 北京：冶金工业出版社，1991.

[11]　许福玲，陈尧明. 液压与气压传动. 北京：机械工业出版社，2007.

[12]　郑宏生. 气压传动与控制. 北京：机械工业出版社，1996.

[13]　路甫祥. 液压气动技术手册. 北京：机械工业出版社，2002.

[14]　管忠范. 液压传动系统. 北京：机械工业出版社，1998.

[15]　苏尔皇. 液压流体力学. 北京：国防工业出版社，1979.

[16]　林文坡. 气压传动及控制. 西安：西安交通大学出版社，1992.

[17]　陈书杰. 气压传动及控制. 北京：冶金工业出版社，1991.